地质流体与成矿作用

Geological Fluids and Mineralization

邹 灏 杨玉龙 程文斌 等 编著

科 学 出 版 社

北 京

内容简介

本书在传统的《成矿流体》基础上，增加了国际上最新地质流体与成矿作用的研究成果，同时引入国内典型矿床成矿流体研究案例，体现成矿流体与成矿作用研究的学术价值。本书除围绕固体矿床的成矿流体方面外，还增加与油气资源相关的流体与成矿作用，具体介绍不同类型的地质流体及其成矿作用，可满足不同专业和不同层次的科研、教学需求。

本书可供从事地质流体与成矿的科研人员以及从事矿产资源研究的生产单位人员学习参考，也适合不同层次（研究生、本科生）的学生参考需求。

图书在版编目(CIP)数据

地质流体与成矿作用 / 邹灏等编著. — 北京：科学出版社，2024.2
ISBN 978-7-03-076376-1

Ⅰ. ①地… Ⅱ. ①邹… Ⅲ. ①地质-流体 ②成矿溶液 Ⅳ. ①P5 ②P611.5

中国国家版本馆 CIP 数据核字(2023)第 181317 号

责任编辑：罗 莉 / 责任校对：彭 映
责任印制：罗 科 / 封面设计：墨创文化

科学出版社 出版
北京东黄城根北街16号
邮政编码：100717
http://www.sciencep.com

四川煤田地质制图印务有限责任公司 印刷
科学出版社发行 各地新华书店经销

*

2024 年 2 月第 一 版 开本：787×1092 1/16
2024 年 2 月第一次印刷 印张：12 1/2
字数：300 000

定价：99.00 元

（如有印装质量问题，我社负责调换）

编　委　会

序　一

地质流体是地质作用中不可缺少的介质，在各种成矿作用中都扮演着十分重要的角色。地质流体与成矿作用研究涉及多个学科，已成为当前地质科学研究的一个重要方向。矿产资源是经济社会发展的重要物质基础，矿产资源勘查开发关系到国计民生和国家安全。地质流体及成矿作用研究受到矿床学界的高度重视，有助于保障国家矿产资源安全和促进国民经济可持续发展。

成都理工大学地球与行星科学学院资源勘查工程系矿床教研室历史悠久，人才辈出。在该教研室邹灏、杨玉龙、程文斌、王强等老师共同努力和已有相关地质流体研究的专著或教材的基础上，以成矿流体与成矿作用为主线，围绕矿床学中涉及的几类典型成矿流体，针对每类成矿流体及其作用，选择国内外典型矿床研究案例，完成了《地质流体与成矿作用》的编写。

《地质流体与成矿作用》主要内容包括：①地质流体的概念、类型与成因；②地质流体成矿作用；③典型成矿流体的成矿作用。内容丰富，层层递近，深入浅出，富有特色，尤其是将地质流体成矿理论与方法运用到具体矿床学研究案例中，大大增加了可读性，有助于激发学生对于地质流体研究热情和培养地质流体研究思维。

本书的问世，将为国内高等院校地质类研究生课程改革带来新的思路，为广大地质流体与成矿研究方向的研究生、教师、科研工作者和生产单位提供学习与参考。借着新时代“双一流”高校建设的契机，本书向世人展现了成都理工大学地球与行星科学学院秉承的“穷究于理、成就于工”的校训和“艰苦奋斗、奋发图强”的优良传统，同时也记录了学院师生们发扬“不甘人后、敢为人先”的进取精神，为创建“双一流”大学的一流地质学科而付出的不懈努力。

我衷心祝贺本书的出版，并向作者们致以敬意！

南京大学 倪培

2024 年 2 月 4 日

序　二

地质流体在地球演化过程中起着十分重要的作用，从流体的角度考察各种地质过程及其成矿过程，已成为当今地球科学研究的学科前沿。大部分矿床形成于地质流体(成矿流体)，因此地质流体研究是矿床成因研究不可或缺的一部分。地质流体与成矿作用的研究是建立成矿模式与指导成矿预测的重要手段，将在新一轮找矿突破战略行动中发挥重要作用，也将为国民经济建设提供有力物资保障。

目前，国内已出版一批有关地质流体研究专著、教材，如《成矿流体》(卢焕章，1997)、《成矿作用实验研究》(刘玉山，1990)、《深部流体成矿系统(第4版)》(毛景文等，2005)等，但缺乏专门研究地质流体与成矿的书籍。

读者眼前的这本《地质流体与成矿作用》，不仅深度剖析了成矿流体的基本理论及其作用机制，还精心挑选了诸多典型案例，将理论与实践紧密结合。特别值得一提的是，书中巧妙融入了作者所在矿床教研室最新的地质流体与成矿研究成果，充分展示了教研室在成矿流体与成矿作用领域多年来的深入研究、勘查实践以及丰富经验的总结、提炼与升华。这不仅是一部矿床学的综合性研究著作，更是一部充满创新与特色的教材，无疑将为地质学及相关领域的研究生提供宝贵的学术资源和启发。

本书着重论述了地质流体基本理论、各类典型地质流体与成矿的关系，在此基础上，翔实而细致地列举了地质流体成矿作用的典型案例。当前是地球科学飞速发展的时期，地质流体与成矿作用的研究也一样。希望本书的出版可以引起更多年轻地质工作者对地质流体，尤其是成矿流体的兴趣，将地质流体与成矿的研究发展到新的高度。

本书的出版可满足国内高等院校地质类专业不同层次研究生的地质流体与成矿的课程教学需求，同样对广大从事地质流体与成矿的科研工作者以及矿产资源研究的生产单位均有重要的参考价值。

借本书出版之际，特向作者致以衷心的祝贺，愿你们的辛劳结晶，在祖国的地质工作中长期地发挥作用。

加拿大里贾纳大学 池国祥

2024年1月6日

前　言

地质流体与成矿作用的关系是一个复杂而有趣的研究领域。地质流体是自然界中一种重要的物质，它们在地球的演化过程中起着重要的作用。而成矿作用则是地质流体与地球内部物质相互作用的结果，这种作用使地球内部形成了丰富的矿产资源。近年来，随着经济社会的快速发展，我国对矿产资源的需求剧增。探究地质流体及其成矿作用得到了社会各界的普遍重视。

地质流体的来源复杂多样，主要包括岩浆、以水为主的流体、以碳氢化合物为主的处于变形或塑变状态的岩石和地质体，其中以水为主的流体是最重要的地质流体。以水为主的流体主要有大气降水、海水、盆地卤水、岩浆热液和变质热液，它们在成矿作用中扮演着十分重要的角色，因此又称为成矿流体。一般而言，矿床的形成主要包括成矿物质来源、成矿物质迁移、成矿元素的沉淀三个环节，这三个环节均离不开成矿流体，没有流体就没有矿床的形成。流体包裹体是矿床形成过程中保存下的成矿流体，为地质流体成矿作用的研究提供最直接证据；反之，地质流体成矿作用主要借助流体包裹体获取有关成矿流体来源、金属元素迁移和沉淀机制等信息。

与同类书相比，本书参考了国内外最新成矿流体与成矿作用的研究成果，对于每一类成矿流体及其作用，匹配国内外典型矿床的地质流体研究案例，以使读者更加清晰理解流体成矿作用；本书围绕矿床学中典型成矿流体，将不同类型的地质流体与其相关的成矿作用联系起来进行介绍和阐述。

本书由邹灏、杨玉龙、程文斌任主编。编写分工为：第 1 章由邹灏、彭义伟、刘佳宇、朱贺、于会冬、喻黎明编写；第 2 章和第 3 章由杨玉龙、王勤、唐尧、范宏鑫、黄驰轩、张健康、张慧敏编写；第 4 章由程文斌编写；第 5 章由邹灏、刘佳宇、朱贺、于会冬、喻黎明编写；第 6 章由邹灏、王强、刘佳宇、朱贺、于会冬、喻黎明编写。全书由邹灏、杨玉龙统编定稿。

本书编写过程中，得到了成都理工大学地球科学与行星学院和研究生院领导以及资源勘查工程系领导和同事的大力支持与帮助，使本书资料搜集与汇总得以顺利完成。特别感谢成都理工大学李葆华教授、徐旃章教授、曹华文副教授、陈海锋博士、范蕾博士等提供了相关的数据资料。本书引用了前人及业界同行的研究成果，未能全部列出，敬请谅解。谨向上述领导、同事及提供帮助的所有人士表示由衷的敬意和感谢！

由于编者水平有限，疏漏难免，恳请读者批评指正，并将您的意见反馈给作者，以便重印或再版时更正。联系邮箱：zouhao@cdut.edu.cn。

目　录

第1章 绪　　论

1.1 地质流体的概念与类型

地质流体在地球各个圈层中无处不在，不仅在各种地质作用及动力学演化中扮演着重要的角色，而且在各类矿床与油气藏形成、各类地质灾害诱发以及环境污染物迁移演化中充当重要的媒介和作用剂。地质流体研究最早可追溯到20世纪70年代Fyfe等(1978)对地壳中的流体及相关地质作用的总结。经历50余年发展历史，对地质流体概念、类型与成因的认识已日趋完善，已涉及矿床学、岩石学、宝石学、沉积成藏、行星地质、构造地质、地质灾害、环境地质等众多地质学领域。

1.1.1 地质流体的概念

一般而言，地质流体常具有不同相态特征，如气态(CO_2、CO、CH_4、N_2、H_2和H_2S等)、液态(H_2O)、结晶水(固定在矿物晶格中或晶格之间的流体)、超临界流体以及熔体，但以H_2O为主，伴有含CO_2、各种盐类及含量变化很大的岩石组分。地质流体的不同相态常与特定的地质作用相关，如沉积作用、岩浆作用、变质作用以及构造运动等。因此，从这个角度来看，地质流体是指在一定的地质环境中由各种地质作用形成的地质产物。比如，在成岩环境，岩石熔融产生硅酸盐熔体，进一步演化分离出较低黏度和密度的热液；在俯冲环境，岛弧岩浆产生富水流体与含水硅酸盐熔体混溶的超临界流体；在变质环境，产生以CH_4、CO_2或H_2S为主的富还原性组分流体。

值得注意的是，地质流体在其形成过程中或之后将不可避免地与围岩发生相互作用：如在海底火山作用中，海底热液与玄武岩或玄武质熔岩发生相互作用；在岩浆作用过程中，岩浆热液与接触地层间发生相互作用；在变质作用过程中，变质流体与原岩发生相互作用。流体与岩石间的相互作用是地质流体演化为另一类特殊的地质流体(即成矿流体)的一个重要条件。成矿流体是地质流体在特定地质环境中经过特定的演化阶段形成的特征产物，是富含挥发分、卤素及不相容碱金属、碱土金属元素的流体溶液。它在矿床形成过程(如成矿物质来源、迁移与沉淀)中扮演着十分重要的角色。

1.1.2 地质流体的类型

地质流体具有类型多样和来源广泛的双重特征，其分类方案也多种多样，归纳起来主要有以下三类：

(1)性质分类：有机流体和无机流体，酸性流体和碱性流体，高温硅钾型、中温碳酸盐型、低温硫酸盐型等类型(肖荣阁等，2001；李荣西等，2018)。

(2)成因分类：岩浆流体、成岩流体、现代大洋海底热液、变质流体、超临界流体等(肖荣阁等，2001)。

(3)流体体系分类：与大陆地壳中-酸性岩浆热事件有关的热液流体体系、与海底基性火山活动有关的热液喷流流体体系、与海相沉积盆地演化有关的盆地流体体系、与区域变质作用有关的变质流体体系、与地幔排气过程有关的深部流体体系以及与大型剪切带的演化有关的流体体系(刘建明和储雪蕾，1997)。

但是，目前普遍适用的分类方案为流体性质-成因分类(卢焕章，1998)：

(1)岩浆，即硅酸盐熔融体。

(2)以水为主的流体，包括岩浆水、变质水、海水、大气降水和卤水(如孔隙水、地层水)。

(3)以碳氢化合物为主的流体，如石油和天然气。

(4)处于变形和塑变状态的岩石和地质体，如软流圈和蠕动状态的地质体。

然而，地质流体中研究程度最高、最具特色的流体是以水为主的地质流体，换句话说，以水为主的流体是地质流体中最重要的一类地质流体，许多矿床的形成离不开这类流体，如与火山成因块状硫化物(volcanogenic massive sulfide，VMS)矿床相关的流体为海水、与密西西比河谷型(Mississippi valley-type，MVT)矿床相关的流体则为盆地卤水，与造山型矿床相关的流体为变质水等。

1.2 地质流体成矿作用的研究思路、研究内容与研究方法

地质流体对地壳的演化及其地质过程起着极其重要的作用，包括热量的传递、组分的迁移、对围岩性质的影响、热液蚀变和热液矿床的形成、岩石的形变、构造作用、诱发地震等。但并不是所有地质流体都参与成矿，只有在特定环境经过特定演化后形成的成矿流体，才有可能参与成矿。一般而言，地质流体除了与流体来源有关外，需要经历如下过程最终成为成矿流体：流体与岩石的相互作用→岩石挥发性组分、碱金属、碱土金属、有机质→流体(含盐等)成矿元素→流体(含盐、挥发分、成矿元素等)→成矿流体。因此，成矿流体是富含金属元素及金属元素络合剂的以水为主的流体，几乎所有的矿床都与之相关。矿床的形成必然涉及成矿物质来源、成矿物质迁移、成矿元素的沉淀三个环节，而这些过程均离不开成矿流体，如初始成矿流体的渗流和扩散导致水-岩反应，甚至产生水致断裂和角砾岩带等非应力形成的构造，而这些构造又是吸取和搬运成矿物质的主要通道，使得成矿物质由分散到浓集，当流体的性质及周围环境改变时，成矿流体中的矿物质沉淀、堆积形成矿床(图 1-1)。

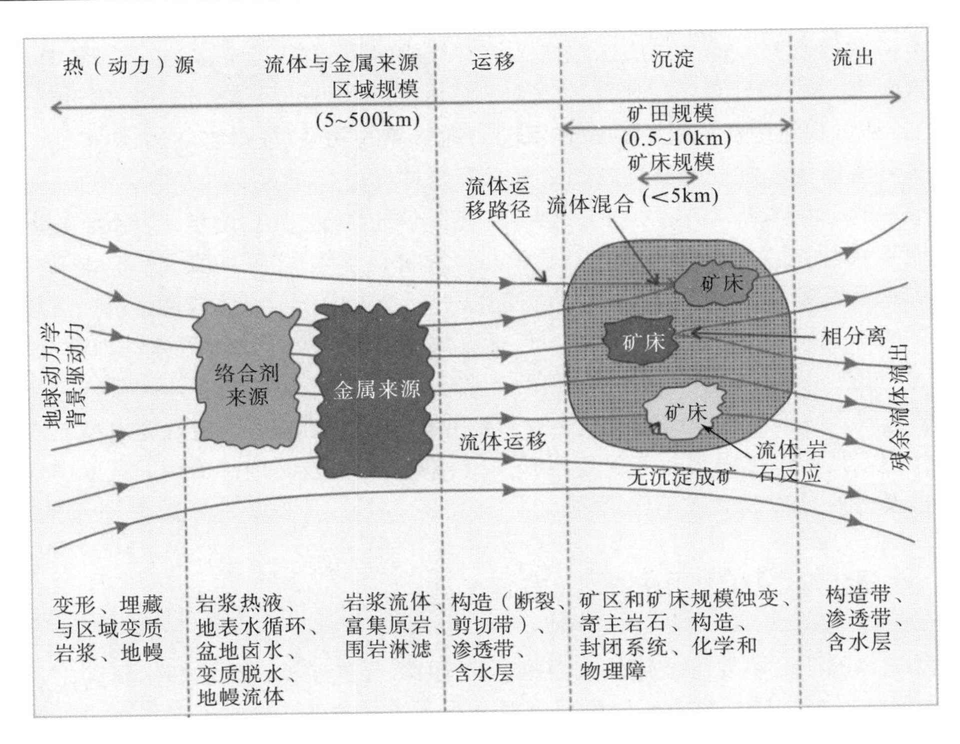

图 1-1　地质流体成矿作用简图(据 Heinrich and Candela，2014 修改)

20 世纪 70 年代以前，对于成矿流体的研究侧重不同成因流体与成矿的关系。现今，成矿流体的研究主要是应用现代分析技术(如包裹体分析技术、高温高压水-岩作用模拟技术、地幔流体成矿模拟技术等)分析矿床成因，当前研究的焦点是对成矿流体热力学领域中的高温高压成矿流体、气-液相分离、成矿流体专属性的研究，而利用流体力学交叉构造动力学来研究全球的或区域的成矿作用(即构造-流体-成矿)是当前研究的热点。

1.2.1　地质流体成矿作用的研究思路与研究内容

流体是成矿物质活化、迁移、富集的主要媒介，它贯穿于所有的地质活动，甚至对各种地质活动的产生和进行起着主导作用。流体的起源、演化、成分、数量、温度压力条件等地球化学性质对矿床的形成和发育具有重要的作用。任何关于成矿流体的研究，都需要借助流体包裹体，这是唯一直接的成矿资料，它能最真实、最直接地反映出成矿过程中的物化条件，也是解释成矿流体和成矿作用的关键。

地质流体的成因、运移、演化特征以及参与各类地质作用过程中的相互作用与效应已成为近年来地学界的前沿研究内容。地质流体研究内容具体包括以下几方面：①不同构造体系中地质流体成因研究，如俯冲带中流体赋存形式及其性质(肖益林等，2020)，将流体与构造结合对于探索构造环境中流体的行为(如流体交代与运移)具有十分重要意义；②不同岩石类型流体特征研究，如变质岩中流体特征研究(卢焕章等，2004；范宏瑞等，2008；Touret and Huizenga，2011)，可为大陆演化和壳幔相互作用提供有用信息；③不同矿床系统流体成矿效应研究，如斑岩成矿系统流体富集成矿机制(Williams-Jones and Heinrich，2005)；④流体动力学计算模拟研究，如脆-韧性转换条件下的流体运输与围岩性质关系(程超，2022)和沉积盆地演化过程中流体流动与地势差的关系(任得志，2018)，对于认识不同地质条件流体输运过程及其控制因素有着重要意义。

可见，地质流体研究内容可涉及地质领域的不同学科，如构造学、岩石学与矿床学及其与其他学科(如热力学、物理化学、数学与计算机科学等)之间的交叉，但本书主要侧重于不同矿床系统流体成矿效应，将重点关注以下三个方面：①流体成因，包括流体的来源与性质、成矿元素来源；②流体运移，包括流体运移方向及机制、流体动力学(流体运移的能量、质量、动量守恒)、成矿元素存在形式、溶解与搬运；③流体卸载，包括沉淀机理、成矿方式、成矿条件与成矿时代。本书将围绕这三方面着重论述几类典型热液系统流体成矿作用，具体包括岩浆热液及其成矿作用、海底热液及其成矿作用、盆地卤水及其成矿作用以及变质热液及其成矿作用等。

1.2.2 地质流体成矿作用的研究方法

地质流体的研究主要涉及流体来源、元素迁移、元素沉淀、流体演化和矿化时代五个方面。而流体成分和同位素及年代学研究对于揭示流体来源、元素迁移与沉淀机理以及矿化流体时代非常重要。近年来，已确定了地壳中主要流体的氢氧同位素值，但在流体年代学方面却存在许多困难，原因是流体的易混和易溶。尽管如此，最近几年对存在于岩石和矿物的古流体——流体包裹体的流体年代学研究却有很大进展，主要是采用 Rb-Sr、Sm-Nd 和 ^{40}Ar-^{39}Ar 方法。同时在研究成矿流体的成分方面由于单个流体包裹体激光剥蚀电感耦合等离子体质谱仪(LA-ICP-MS)分析技术日趋成熟，使得流体中的金属元素以及其他非金属元素的含量的成分测定成为可能。因此，地质流体采用的研究方法归纳于表 1-1。

表 1-1 研究地质流体主要方法一览表

应用领域	流体包裹体分析法	模拟实验法	数值模拟法
流体来源	包裹体 C-H-O-Sr 同位素、Na/Br、Cl/Br、N_2-Ar-He 以及单包裹体 LA-ICP-MS 成分分析	热液金刚石压腔和水热实验技术、人工合成包裹体技术	PetroMod、Temis Flow 等数值模拟软件
元素迁移	单包裹体激光拉曼分析、单包裹体 LA-ICP-MS 成分分析以及定向的流体包裹体平面法		
元素沉淀	透明矿物或不透明矿物中包裹体显微测温、单包裹体 LA-ICP-MS 成分分析		
流体演化	阴极荧光光谱(SEM-CL)分析、包裹体显微测温、单包裹体激光拉曼分析与单包裹体 LA-ICP-MS 成分分析以及定向的流体包裹体平面法		
矿化时代	包裹体 Rb-Sr 法、Sm-Nd 法和 ^{40}Ar-^{39}Ar 法		

1.2.2.1 流体包裹体分析法

流体包裹体是被矿物捕获的古流体，为揭示热液矿床流体温度、压力、成分以及重建古流体演化等重要地质信息提供了直接工具(卢焕章等，2004；倪培等，2021)。随着流体包裹体理论及分析技术的发展，流体包裹体分析法已成为地质流体领域主流方法，具体包括以下几方面：①阴极发光技术用于精细刻画石英样品中包裹体时代，重建流体演化过程(Ni et al.，2018；Pan et al.，2019)；②红外显微测温技术已广泛用于金属矿物流体包裹体，如黄铁矿(吴忠锐等，2019)、辉锑矿(苏文超等，2015)、赤铁矿(Rios et al.，2006)和硫砷铜矿(Kouzmanov et al.，2010)，可直接获取成矿流体信息；③单个流体包裹体 LA-ICP-MS 成分分析技术已成功用于成矿流体来源示踪、金属元素迁移机制、元素配分行为以及成矿机制精细解剖等研究，如共生黑钨矿和石英中的流体包裹体成分分析约束钨矿化流体特征(Pan et al.，2019)和单个萤石流体包裹体进行成分分析揭示成矿流体来源(Zou et al.，2020)；④激光拉曼光谱对单个流体包裹体进行相态分析，定量分析其成分含量(Rosso and Bodnar，1995)；⑤定向的流体包裹体平面法(FIP)可成功地用于成岩与成矿过程中流体作用与区域构造作用演化关系(倪培等，2001)；⑥流体包裹体定年分析技术，如 ^{40}Ar-^{39}Ar 和 Rb-Sr，已成功用于金属矿床和油气藏中，约束成矿与成藏时代(邱华宁和白秀娟，2019)。

1.2.2.2 模拟实验法

由于地质流体发生的地质历史遥远，谁也无法目睹其演化历程。因此，人们只有通过相对近似条件的实验来模拟流体形成过程。例如：利用热液金刚石压腔和水热实验技术，对高温高压条件下流体特征进行了研究(王新彦等，2015)；研究复杂体系(如 Na_2SO_4-SiO_2-H_2O 或 $MnWO_4$-Li_2CO_3)络阴离子行为(Cui et al.，2021)，对认识极端条件下元素在复杂流体中的迁移行为提供了重要手段；高温高压容器在矿物裂隙愈合或硅酸盐熔体淬火过程中合成流体包裹体，可以重现自然界流体包裹体形成过程。模拟实验法主要应用于研究金属元素在熔体-流体间的配分行为(袁顺达和赵盼捞，2021)、石油的形成、排烃与迁移(Zou et al.，2016)以及天然流体包裹体定量分析标定(倪培等，2011)。

1.2.2.3 数值模拟法

随着电子计算机技术的发展，数值模拟已能比较逼真地模拟流体迁移、演化过程，并成为一种常用方法。目前应用此法较多的是研究石油的形成、排烃和迁移，对评价基岩储集层的形成保存与气藏的形成机制，建立一套气藏成藏的评价和预测方法具有重要意义。经过多年测试与应用，已研发出许多实用的模拟软件包，如德国的 PetroMod、法国石油研究院的 Temis Flow、美国的 BasinMod 等油气生成、运聚的数值模拟软件和盆地模拟软件，为揭示油气的生成、运移、压力的演化过程等提供了定量且直观的手段。另外基于数值模拟软件，可以分析烃源岩生气增压影响因素并对其进行定量评价(郭小文等，2013)，也可以恢复古流体压力及重建流体演化史(刘建章等，2008)。

此外，计算机模拟、遥感和人造卫星也是地质流体的研究手段，如探测地壳表面流体的分布以及大断裂的位移与流体在断裂中的移动；计算海洋中海水的质量；测定海平面的升降、地下岩浆房的大致位置以及冰川的移动、融化和凝结的过程。

第2章　地质流体成矿作用

2.1　成矿流体的来源与特征

2.1.1　成矿流体的来源

目前，成矿流体分类标准并不统一，主要有以下四类方案：①按成矿流体的成分分类，如熔体、以 H_2O 为主的成矿流体和以 CO_2 为主的成矿流体(卢焕章，2011)；②按流体包裹体分类，有硅酸盐熔融体+金属、H_2O+NaCl+金属、H_2O+CO_2+金属和 H_2O+有机质+金属等(张文淮，1984)；③按成矿流体的相态分类，如镁铁质-超镁铁质岩浆、花岗质岩浆-挥发相-热水、热水和常温水等(芮宗瑶等，2003)；④按成矿流体的性质分类，包括岩浆流体、幔源流体、变质水、地层水、有机流体和地表流体等类型。

为方便讨论，本书采用成矿流体成因分类方案，大致按来源将成矿流体分为：大气降水、海水、盆地卤水、岩浆热液和变质流体。

大气降水：大气降水是从大气中降落到地面上的液态水或固态水，是水圈与大气圈相互循环的产物。

海水：包括大洋及其邻近的且相连的大海中的水。

盆地卤水：即热卤水。地层的孔隙或层间存在的水统称为盆地卤水，包括同生水和成岩后进入地层的水。同生水是指沉积作用时存在于沉积物之间的水，经压实作用后这些水被捕获在沉积岩的空隙和孔隙中。

岩浆热液：指由岩浆在演化过程中分异出的流体，是一种以水为主体，富含多种挥发分和成矿元素的热流体，有超临界相、气相和液相。

变质流体：变质流体指在变质作用中原岩脱水或脱气作用产生的水。

2.1.1.1　大气降水

大气降水指通过降水或流动地表水渗透进入上地壳的地下水。地下水是地壳中仅次于海水的第二大液态水储库，存在于近地表岩石和土壤的间隙孔隙空间，不包括含水矿物晶体结构中的结构水，也不包括地壳和地幔造岩矿物中微米尺度的流体包裹体水。

大气降水可以沿着地壳中的深断裂向下渗透，形成地壳尺度的水循环，同时产生形成某些类型热液矿床的流体，特别是在一些相对较低温度条件下能够迁移和沉淀的矿床，如砂岩容矿矿床和表生铀矿等。大气降水量与地理位置有关，由滨海到内陆，由热带到寒带，降水量逐渐减少。夏季降水量大，冬季降水量小，但是大气降水分布范围广，受时间或空间限制小，因此可以广泛参与到流体成矿过程中，几乎所有的成矿流体中都有大气降水的混入。

大气降水成分与湖水、河水的成分比较相似，但大气降水中溶于水的物质总量比河水和湖水中的要小得多。在降落过程中，大气降水与大气中的 CO_2、O_2、N_2 以及其他气体相溶可形成 CO_3^{2-} 和 HCO_3^-，有时也会含有微量的 NaCl，因此呈现弱酸性，其 pH 一般为 5～5.5。

据推测，大气降水每年挟带约 2.74×10^{15}g 的溶解物质。相较于海水，大气降水对岩石有很强的淋滤作用，因为它的盐浓度低，二氧化碳含量高，特别是在降水中含有大量有机质的地方。因此，碳酸盐在河水中占主导地位(Pirajno，2009)。

河水的平均盐度约为 100mg/L。表 2-1 给出了世界部分河流中溶解固体的平均组成。河流每年挟带的溶解固体量只是海洋中固体总质量(4.95×10^{22}g)的一小部分。Ca^{2+} 和 HCO_3^- 是河水中占主导地位的离子。

表 2-1　世界部分河流中溶解固体的平均组成

河流	HCO_3^-	SO_4^{2-}	Cl^-	Ca^{2+}	Mg^{2+}	$Na^+ + K^+$	Si	TDS	参考文献
汉江上游	147.57	32.30	6.23	38.3	8.17	4.6	4.25	248	Li and Zhang, 2008
长江	133.8	11.7	2.9	34.1	7.6	8.3	2.89	205.9	Chen et al., 2002
汉江(主航道)	148.7	10.5	3.0	35.6	7.1	9.5	3.03	222.3	
上亚马孙	68	7.0	6.5	19.1	2.3	7.5	5.18	122	Stallard and Edmond, 1983
下亚马孙	20	1.7	1.1	5.2	1.0	2.3	3.36	38	
恒河-雅鲁藏布江	163.7	14	6.0	28.1	11.9	16.8	4.43	196	Sarin et al., 1989
勒拿河	52.9	6.9	0.9	14.4	3.4	2.1	1.87	92	Huh et al., 1998
奥里诺科河	6.7	2.9	8.9	2.8	0.5	2.2	1.40	27	Chen et al., 2002
全球中位数	30.5	4.9	3.9	8.0	2.4	4.8		65	Meybeck and Helmer, 1989

注：表中数值单位为 mg/L，TDS 为总含盐量(total dissolved solid)。

到达地球表面的雨水或雪和冰融化后，一部分顺着斜坡流下，形成溪流和河流，最终排入大海，一部分蒸发，一部分则通过植物的蒸腾作用返回大气，其余的渗透到地下。地下水可以深入地下并渗透相当远的距离，特别是在较陡峭地形，具备一定地形梯度的地区。来自美国落基山脉的地下水流经约 1600km，在密苏里州以含盐泉的形式排出，盐度约为 3%(Cathles and Adams，2005)。同样，在澳大利亚东部的大分水岭上，降水通过孔隙率为 20%的沉积层向西运移约 1200km，形成了自流含水层。这些地下水以大约 0.5～1m/a 的速度流动，大约需要 100 万～200 万年的时间才能走完这段距离。

众所周知，地下水含有碳酸盐、硫酸盐、氯化物和碱金属，其含量取决于周围岩石的组成以及水与岩石接触时间的长短。在地温梯度高的地区，当地下水沿着裂缝或断层上升至地表时则形成温泉。火山地区的地下水通常被深部的岩浆加热，温度可能达到 350℃以上，在向上流动的过程中从溶液中沉淀出金属硫化物。这些大气降水在地表或接近地表排放的地方被称为地热场，如新西兰罗托鲁阿或美国黄石国家公园。这些地热系统的流体通常具有近中性的 pH、低硫和低盐度。地下水的流动对某些矿床的形成非常重要，如氧化地下水可以从其经过的岩石中浸出 U^{6+}，遇还原介质时发生还原反应，沉淀形成 U^{4+}矿物，形成卷状铀矿床。

2.1.1.2 海水

海水是咸化度较高的卤水体系，由于长期与海底玄武岩的作用，以及大陆溶解物质的补给，聚集了自然界所有的元素。矿床学的研究表明有许多成矿作用是在海洋中发生的，现代海底地热区仍是重要的成矿区，如海底火山喷气产生“黑烟囱”，许多海底火山熔矿的块状硫化物矿床都与之相关。因此将海水列为一种成矿流体的来源具有非常重要的意义。

海水中主要溶解组分是 Na^+、K^+、Ca^{2+}、Mg^{2+}、Cl^-、HCO_3^-、SO_4^{2-}。每千克海水所含固体物质约为 35g(盐度 3.5%)。海水的盐度变化范围有限，约 0.18%～7.3%，温度可高达 400℃。对陆地和海洋环境研究表明，自 4Ga 前第一批大型水体形成以来，早期海洋的盐度就已经确定。因此，原始海洋中一定含有大量的 Cl^-、Na^+、Ca^{2+}和 Mg^{2+}，其中 Na^+和 Cl^-分别是主要的阳离子和阴离子(Holland，1984，2007)。表 2-2 为 Goldberg(1972)给出的海水平均成分。海水蒸发的析出物是一些重要非金属矿床的成矿物质来源。古代蒸发岩的浸出可能会影响硫化物的组成和沉淀，如红海形成的硫化物盐水就是如此。表 2-3 列出了海洋蒸发岩中一些比较常见和重要的盐类。

表 2-2 海水的平均成分(Goldberg，1972)

成分	浓度/(mg/L)	成分	浓度/(mg/L)	成分	浓度/(mg/L)	总计/(mg/L)
Ca^{2+}	410	Cl^-	19000	Sr^{2+}	8.0	34579.2
Mg^{2+}	1350	SO_4^{2-}	2700	SiO_2	6.4	
Na^+	10500	HCO_3^-	142	B	4.5	
K^+	390	Br^-	67	F	1.3	

表 2-3 海洋蒸发岩的部分盐类

氯化物		硫酸盐	
名称	化学式	名称	化学式
岩盐	NaCl	钾盐镁矾	$KMgClSO_4·3H_2O$
钾盐	KCl	硬石膏	$CaSO_4$
光卤石	$KMgCl_3·6H_2O$	石膏	$CaSO_4·2H_2O$
		杂卤石	$K_2MgCa_2(SO_4)_4·2H_2O$
		硫酸镁石	$MgSO_4·H_2O$

2.1.1.3 盆地卤水

盆地卤水主要充填于沉积盆地岩石空隙中，以富含 Na、Br、Ca 和 Cl 为特征，特别是其 Ca 和 Br 的含量远高于海水(表 2-4)。得克萨斯州南部盆地卤水可视为 Na-Ca-Br-Cl 型卤水，有以下三种成因：①沉积物压实作用导致孔隙流体中水、不带电物质和一价阳离子优先过滤而产生(Kharaka and Berry，1973)；②源于海水的卤水经石盐沉淀，以及白云石化和硫酸钙沉淀等作用后形成(Carpenter et al.，1974)；③将溴化物分配到盐水中以及钙长石溶解可得到类似成分的溶液(Land and Prezbindowski，1982)。

表 2-4 美国得克萨斯州南部渐新世不同区域盆地卤水主要成分范围

区域	Na	Ca	Mg	Cl	Br
麦库克东部	2126～4816	1790～5400	1～7	6478～17416	13～49
麦卡伦	2023～29230	36～43472	1～185	3210～101980	12～544
蒙特克里斯托	8086～19027	1180～17029	9～101	14820～43030	27～120
雷蒙德维尔	32900～36300	3140～3670	360～427	57370～60700	280～350
萨里塔	25950～29000	6510～7670	112～287	55900～57800	157～239
施密特	15523～32243	4991～11371	83～301	34112～73680	106～120

注：除了 Br(mg/kg)，其余成分浓度单位为 mg/L。据 Land(1995)修改。

油田卤水是盆地卤水最重要的类型。油田卤水是指油气田区域内的地下水，是盆地卤水研究的重要对象，盆地卤水的研究资料主要来自对油田卤水的研究。基于密西西比河谷型铅锌矿床闪锌矿中包裹体数据资料，油田卤水在温度，压力，Cl^-、Na^+、Ca^{2+}、K^+等离子含量方面有非常相似之处(表 2-5)。这类卤水具有低 pH(小于 5.7)，含少量、近似等量的锌、铅和还原硫，是 MVT 型矿床潜在成矿溶液。

表 2-5 油田卤水成分与碳酸盐和砂岩容矿铅锌矿床中闪锌矿包裹体成分对比

参数	碳酸盐	砂岩
T/℃	100～150	130～150
P/bar	＜500	388～843
Cl^-/(mg/L)	59000～12000	71520～207400
Na^+/(mg/L)	27000～53400	29000～79100
Ca^{2+}/(mg/L)	17000～20400	4140～74800
K^+/(mg/L)	2500	243～7080
Na/K(原子比)	21～36	40～370
Na/Ca(原子比)	2.7	1.4～17

注：1bar=10^5Pa，据 Sverjensky(1984a)修改。

2.1.1.4 岩浆热液

岩浆热液是岩浆冷却过程中产生的以水和水蒸气为主，并富含 CO_2、N_2、SO_2、H_2S、CH_4、CO、HCl、HF、NH_3、O_2、氩、氦和氖等重要成分的流体。相较于非岩浆热液，岩浆热液的热源及流体本身均来自岩浆，因此岩浆热液体系的流体主要为岩浆热液，不排除有其他流体加入，而非岩浆热液体系由于其热源和流体均与岩浆无关，其流体主要为大气降水、变质水和盆地卤水，不会有岩浆热液加入(图 2-1)。

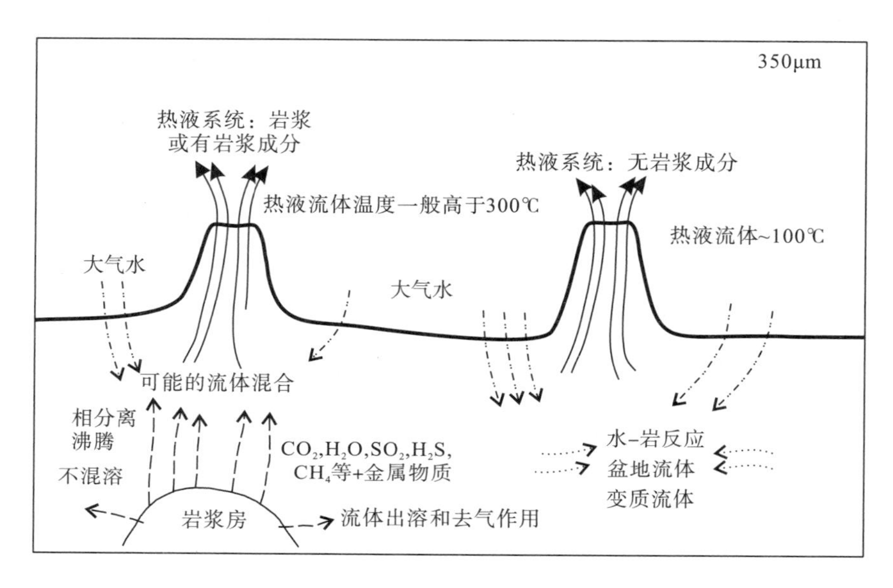

图 2-1 岩浆热液与非岩浆热液系统图解(据 Kumar and Singh，2014)

岩浆结晶分异控制了岩浆热液的组成，最主要表现在挥发分组分在硅酸盐熔体与流体之间配分行为的变化，因此挥发分组分在岩浆热液分异过程中的配分行为是目前地质学家关注的热点。一般而言，岩浆中挥发分主要为 H_2O、CO_2、HCl、HF 和 H_2S，这些组分会影响结晶相的液相线和固液线的位置，如 F、B 或 Li 增加会降低花岗岩浆的固相线温度。大量的熔体与流体的配分实验表明，Cl 在流体与熔体间配分系数通常大于 1 ($D_{Cl}>1$)，而 F 具有相反的配分行为($D_F<1$)。值得注意的是，Cl 配分系数增加有利于 Cu、Pb、Zn、W、REE、Li 等金属元素进入流体相，而硫的配分取决于岩浆氧逸度，如低氧逸度岩浆，其出溶流体相中硫含量通常很低，直接影响金属元素(如 Cu、Pb 和 Zn)与硫的结合。

流体不混溶作用伴随岩浆结晶分异全过程，控制了岩浆结晶分异不同阶段所出溶流体成分。一般而言，基性玄武质岩浆结晶分异早阶段会产生硫化物熔体与硅酸盐熔体不混溶，同时分异产生富 CO_2 的热液流体，而在晚期阶段由于 CO_2 相分异岩浆逐渐富水，产生富水热液，如果岩浆有 NaCl，会产生含 CO_2 的盐水溶液(图 2-2)。然而，长英质岩浆结晶分异通常会出现高盐熔体与含 CO_2 高盐热液不混溶，该含 CO_2 高盐热液流体也会出现在伟晶岩结晶分异过程中(图 2-2)。在岩浆演化的最后阶段，主要形成富水和富 Cl 的酸性热液(图 2-2)。

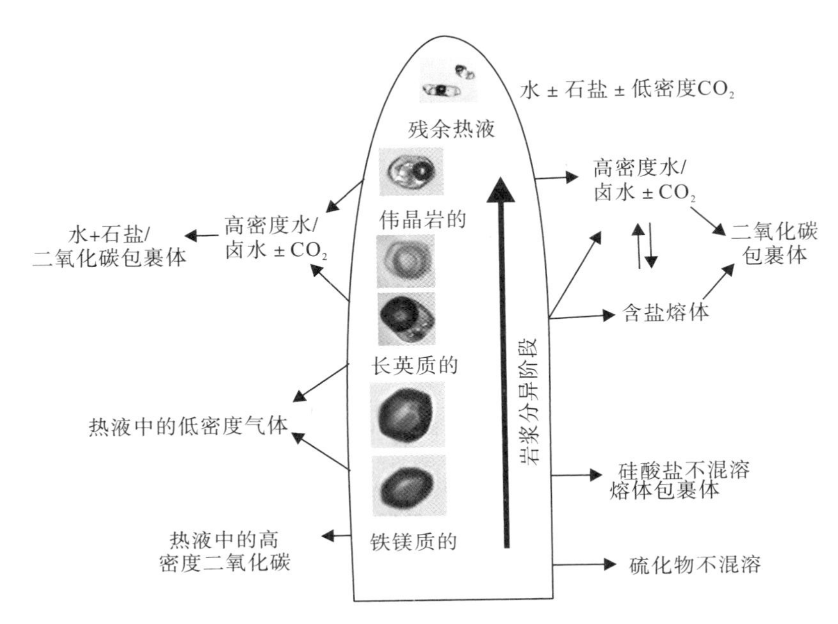

图 2-2　岩浆结晶分异作用不同阶段通过不混溶作用引起流体分离以及代表性样品中观察到的流体包裹体类型(据 Roedder，1992 修改)

2.1.1.5　变质流体

变质流体在严格意义上是指进变质作用产生的流体，通常包括变质前地层水和含挥发分矿物分解释放的流体。

变质岩通常经历了由相对多孔、水分含量较高的沉积物至孔隙度较少结晶岩的转变。一旦它们再重结晶为低孔隙度的变质岩，只有含有构造裂隙或产生次生孔隙度的特定变质反应，它们才能容纳显著水平(百分含量)的流体。变质岩并不是普遍存在的流体来源，而是在退变质作用中发挥吸水或其他流体组分的作用。因此，变质岩仅在变质过程中的特定阶段释放流体(图 2-3；Yardley and Cleverley，2015)，当它们被加热时，含挥发分矿物分解，并被挥发分含量较低的矿物所替代。在逐步加热过程中，流体被释放，流体压力上升，直到岩石获得足够的渗透性，流体发生逃逸。这种情况在进变质作用过程中广泛存在。相反，在冷却的退变质作用阶段，岩石迅速消耗残留孔隙流体，使岩石变得异常干燥。此时岩石可能是潜在的流体，任何沿裂隙或其他地方加入的流体都会与之反应形成退变质矿物组合，如橄榄石、斜方辉石、铝硅酸盐和黑云母等高温矿物与外来流体发生退变质反应，形成低温变质矿物。

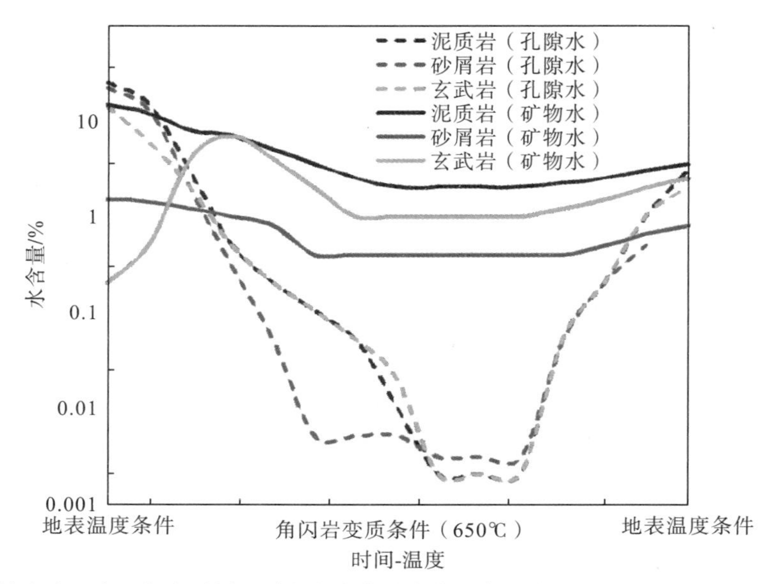

图 2-3 地表岩石在理想变质循环过程中水含量变化示意图(据 Yardley and Cleverley，2015)
横轴代表时间和温度，两端代表地表温度条件，中间为角闪岩相变质条件(650℃)，图中虚线和实线分别指示：随着温度升高或降低，泥质岩、碎屑岩和玄武岩的孔隙水和矿物水的含量变化趋势

脱水作用是产生变质流体主要的作用，通常发生在高绿片岩角闪岩相阶段，这一阶段绿泥石、白云母等富水矿物转变为贫水矿物钠长石、黑云母及角闪石等，这一过程会释放大量结晶水：

$(Mg,Fe)_5Al(AlSi_3O_{10})(OH)_8$(绿泥石)+$KAl_2(AlSi_3O_{10})(OH)_2$(白云母)+$2SiO_2 \longrightarrow$ $K(Mg,Fe)_3(AlSi_3O_{10})(OH)_2$(黑云母)+$(Mg,Fe)_2Al_4Si_5O_{18}$(堇青石)+$4H_2O$

$KAl_2(AlSi_3O_{10})(OH)_2$(白云母)+$SiO_2$(石英) $\longrightarrow$ $KAlSi_3O_8$(钾长石)+Al_2SiO_5(蓝晶石)+H_2O

在混合岩化后期和岩石熔融之前，黑云母、角闪石等含水矿物进一步脱水转化为不含水的辉石、石榴子石等矿物：

$2K(Mg,Fe)_3AlSi_3O_{10}(OH)_2$(黑云母)+$6SiO_2$(石英) $\longrightarrow$ $2KAlSi_3O_8$(钾长石)+$3(Mg,Fe)_2Si_2O_6$(辉石)+$2H_2O$

根据计算，由含水百分之几的绿片岩到麻粒岩，每立方米岩石最多可以释放几十千克的水溶液。在高级变质岩区变质流体中可以大量溶解硅质、碱金属或碱土金属物质，成为有效的成矿流体。

2.1.2 成矿流体的特征

2.1.2.1 成矿流体的成分

1. 大气降水

大气降水中水溶性离子主要是 Ca^{2+}、NH_4^+、K^+、Mg^{2+}、Na^+、SO_4^{2-}、NO_3^-、F^-和 Cl^-

等。中国降水中离子组分的总含量呈现出西北高、沿海低的特点(罗璇等，2013)。任仁等(2000)基于 1980～1998 年公开发表的有关降水化学的文献资料，通过化学计量分析表明中国降水化学成分可分为两大类，一是 Na^+、Cl^-，可能来自海洋；二是 Ca^{2+}、NH_4^+、K^+、Mg^{2+}、SO_4^{2-}、NO_3^-，可能是人工排放的 SO_2 或 NO_x 与土壤飘尘相互作用的结果。

2. 海水

海水中的成分可以划分为五类(曾凡辉，2015)：

(1)主要成分(大量、常量元素)：指海水中浓度大于 1×10^{-6}mg/kg 的成分。属于此类的有阳离子 Na^+，K^+，Ca^{2+}，Mg^{2+}和 Sr^{2+}五种，阴离子有 Cl^-，SO_4^{2-}，Br^-，HCO_3^-(CO_3^{2-})，F^-五种，还有以分子形式存在的 H_3BO_3，其总和占海水盐分的 99.9%，所以称为主要成分。由于这些成分在海水中的含量较大，各成分的浓度比例近似恒定，生物活动和总盐度变化对其影响都不大，所以称为保守元素。海水中的 Si 含量有时也大于 1mg/kg，但是由于其浓度受生物活动影响较大，性质不稳定，属于非保守元素，因此讨论主要成分时不包括 Si。

(2)溶于海水的气体成分，如氧、氮及惰性气体等。

(3)营养元素(营养盐、生源要素)：主要是与海洋植物生长有关的要素，通常是指 N、P 及 Si 等。这些要素在海水中的含量经常受到植物活动的影响，其含量很低时，会限制植物的正常生长，所以这些要素对生物有重要意义。

(4)微量元素：在海水中含量很低，但又不属于营养元素者。

(5)海水中的有机物质：如氨基酸、腐殖质、叶绿素等。

海水中溶解有各种盐分，海水盐分的成因是一个复杂的问题，与地球的起源、海洋的形成及演变过程有关。一般认为盐分主要来源于地壳岩石风化产物及火山喷出物。另外，全球的河流每年向海洋输送 5.5×10^{15}g 溶解盐，这也是海水盐分来源之一。从其来源看，海水中似乎应该含有地球上的所有元素，但是，由于分析水平所限，已经测定的仅有 80 多种。

3. 地层水

地层水在地层中长期与岩石和原油接触，通常含有相当多的金属盐类，如钾盐、钠盐、钙盐、镁盐等，尤其以钾盐、钠盐最多，故称为盐水。地层水中含盐是它有别于地面水的最大特点。地层水中的含盐量的多少用矿化度来表示。

地层水溶液中：

(1)常见的阳离子为 Na^+、K^+、Ca^{2+}、Mg^{2+}；

(2)常见的阴离子为 Cl^-、SO_4^{2-}、HCO_3^-及 CO_3^{2-}、NO_3^-、Br^-、I^-；

(3)不同种类的微生物，其中最常见的是非常顽固的厌氧硫酸盐还原菌，它们助长了油井套管的腐蚀，在注水过程中导致地层堵塞。这些微生物的来源尚不十分清楚，它们可能存在于封闭油藏中，或由于钻井而带入地层。

(4)微量有机物质，如环烷酸、脂肪酸、胺酸、腐殖酸和其他比较复杂的有机化合物等。因为这些有机酸对注入水洗油能力有直接影响，所以，在油田注水的水质选择上要对它们予以重视。

4. 岩浆热液

关于岩浆热液成分的报道不多，可以把火山喷发出的气体的成分作为参考，其气相主要是H_2O，其次为CO_2和H_2。其液相部分除了H_2O之外，还含有Na、K、Si等元素。

5. 变质流体

Crawford和Holliste(1986)曾总结出变质流体的主要组成，数据主要根据对变质岩中流体包裹体的研究获得：其成分主要为H_2O，占80%以上，其次为CO_2，大约占5%～20%左右，而盐类(以NaCl为代表)含量低于2%。根据变质岩岩石学研究和流体包裹体研究得知(卢焕章，2011)，变质流体的主要成分是H_2O和CO_2，前者是含水硅酸盐矿物在变质期间脱水反应的产物，后者是碳酸盐矿物脱碳反应的产物。因此，变质流体，从成分上来讲主要是H_2O-CO_2型的流体，这种流体的成分变化很大，其盐度一般小于3%，但CO_2的密度在高变质岩相中的流体中可高达1.23g/cm^3。

从成分上讲，这种变质流体实际上存在两个端元，即H_2O和CO_2。在低变质岩相中产生出的流体富含H_2O，而在高变质岩相中产出的流体则以CO_2或H_2O-CO_2为主，与变质程度高低有关。

变质流体除H_2O和CO_2外，其他物质取决于局部地质环境，并受与流体处于平衡的岩石所控制。如果岩石含石墨、硫化物、硫酸盐时，则会出现CH_4，H_2S或H_2，CO，SO_2等；原岩为蒸发岩时，可放出富含NaCl的卤水并且也取决于氧化还原条件。变质流体通常也含有各种可溶盐离子(如K^+，Na^+，Ca^{2+}，Mg^{2+}，Fe^{2+})和酸根(如Cl^-，F^-，CO_3^{2-}和SO_4^{2-}等)，含量变化很大，但一般浓度较低。应该记住，尽管SiO_2在水中的溶解度很低，变质流体总是SiO_2饱和的。

2.1.2.2 成矿流体的物理化学性质

根据气水热液矿床中主要矿物成分、围岩蚀变、矿物包裹体的研究，以及大量现代地热系统和实验研究的成果，普遍认为在气水热液成矿作用过程中，气水热液的化学性质是变化的。它随着温度、压力的降低，流经围岩性质的不同以及它们相互间的作用，气水热液与其他溶液的混合等因素的影响而变化。

气相中含有许多酸性组分(如HCl、HF、SO_2等)。当酸性气体离开岩浆源向上移动时，因温度降低而使气水热液变为酸性液体；若与围岩反应，则可以变为碱性液体。

岩浆期后热液一般经历早期碱性交代阶段，酸性淋滤阶段和晚期碱性交代阶段等三个阶段。

早期碱性交代阶段紧随花岗质岩浆而发生，强碱性阳离子活度增高，在与围岩的相互作用下，钾、钠、镁等交代进入围岩。因而引起许多矿床早期的碱性交代作用，以及出现碱性角闪石和碱性辉石等。

酸性淋滤阶段阴离子的活度增大，在酸性溶液作用下围岩中大量金属元素被淋滤。这一阶段发生的蚀变为云英岩化、次生石英岩化、绿泥石化、黄铁绢英岩化、绢云母化、高岭石化、硅化等，并伴有成矿作用。

随着温度进一步降低，当气水溶液重新转变为中性或碱性时便进入晚期碱性阶段。低温碳酸盐脉的出现可证实这一点。溶液酸度的降低，有的是由于它们和围岩相互作用时，发生了中和作用；有的则是由于温度下降所致而与围岩相互作用无关。石英脉中沉淀碳酸盐、黑钨矿被白钨矿交代、云英岩化时在硅化岩石中形成正长石和云母细脉等事实都证明了这一点。这些现象可以用随着温度降低而出现新的碱性热水溶液来解释。

综上所述，气水热液的 pH，在成矿作用过程中伴随环境的变化而不断改变。然而，大多数的化学反应是在中性、弱碱性和弱酸性环境中进行的。

关于气水热液的氧化-还原状态，根据对矿床中主要矿物成分的分析，可发现 Fe^{2+}常比 Fe^{3+}占优势，硫化物要比硫酸盐多得多，而 As、Sb 等元素也多以低价的 As^{3+}、Sb^{3+}状态出现。因此，可以推论在气水热液成矿过程中，多数情况是属于还原环境。

气水热液中盐度的研究亦很重要。利用矿物包裹体的冷冻法来测定盐度比较可靠。盐度在不同的矿床和同一个矿床的不同成矿阶段都可能不一样。因此系统地研究矿床中气水热液的盐度，能有助于认识成矿溶液的成分、性质、成矿作用的机理，对比划分矿床的类型，找寻盲矿体。比恩斯在 1980 年研究了美国新墨西哥州和亚利桑那州南部的一些斑岩铜矿床，根据温度和盐度的不同，划分出三类热液流体。第一类流体盐度较高，为 45%～70%，矿物包裹体均一温度超过 750℃；第二类流体的盐度为 35%～60%，均一温度一般小于 500℃，而第三类流体的盐度小于 15%，均一温度为 250～400℃。

2.1.2.3　氢氧同位素特征

地球上的水是 H 和 O 两种元素同位素的混合物。氢有三种同位素，^{1}H(氕，或简单地称为氢，1 个质子)，^{2}H(氘 D，1 个质子 1 个中子)和 ^{3}H(氚 T，1 个质子 2 个中子)。^{1}H和 ^{2}H 是稳定同位素，^{3}H 是放射性同位素，其自然丰度分别为 99.9844%、0.0156%和 10^{-18}。氧也有三种同位素：^{16}O、^{17}O 和 ^{18}O，丰度分别为 99.763%、0.0372%和 0.1995%。自然界中的 $^{18}O/^{16}O$ 比例由于两种同位素的质量差异导致分馏在一定范围内变化。因此，同位素分馏将导致两个共存相出现不同的同位素比值。

Misra(2000) 解释了同位素分馏的机制：①同位素交换反应，涉及元素的同位素在含有相关元素的相之间重新分配，而反应物和产物中相的整体化学性质没有任何变化；②细菌生成反应，例如以细菌为介质的硫酸盐还原为硫化物；③由于蒸发、冷凝、熔化、结晶、吸附和扩散作用造成的质量差异。

1. 大气降水的同位素组成

大气降水的重要地球化学特征是氢氧同位素组成随着远离海洋而逐渐变为更低的负值。在地表，大气降水的活动能量很强，它直接参与了表层岩石的风化剥蚀、搬运及元素的分散及成矿等作用。因此研究地表水的动能状态是研究大气降水成矿的一个重要方面。大气降水渗入地下之后，将与岩石发生一系列水-岩反应或与其他流体混合，而逐渐演化为不同成分、不同物理化学特性的流体溶液(肖荣阁等，2001)。

一般情况下，大气降水的 δD 和 $\delta^{18}O$ 呈现出系统性变化，在 $\delta^{18}O$-δD 图解中表现为一条直线，称为大气降水线。在大气降水中，δD 和 $\delta^{18}O$ 随纬度和海拔的变化而变化，因为

δD 和 δ^{18}O 往往在蒸气相中被耗尽。

在氢和氧的情况下，该标准被视为 δ^{18}O=0 和 δD=0 的海水(标准平均海水，standard mean ocean water，SMOW)。这个偏差由 δ 表示：

$$\delta=(R_{\text{sample}}/R_{\text{standard}}-1)\times 1000$$

式中，R_{sample} 是样品的同位素比率，R_{standard} 是标准海水的同位素比率。

因此，正值或负值代表相对于标准而言的富集或耗竭。海水和大气降水被认为是一种标准，因为它们的源头有明确的同位素特征。在研究氢和氧同位素体系时，必须考虑到大气降水线。大气降水在 δD 和 δ^{18}O 之间为线性关系：

$$\delta\text{D}=8\delta^{18}\text{O}+10‰$$

大气降水的同位素变化与纬度和海拔有关，δD 和 δ^{18}O 向高海拔和高纬度方向变化。这主要是由于较少的蒸发，因此只有较少的气液分馏，这往往有利于较轻的同位素分配到气相中，使流体富含重同位素。因此，从水蒸气中凝结的水相对于水蒸气富含 ^{18}O 和 D，因此相对于初始冷凝物，气团的重同位素逐渐减少。

此外，根据 Nesbitt(1996)的研究，O 和 D 同位素组成取决于围岩和流体之间的相互作用程度。水岩相互作用程度用水岩比(w/r)来衡量，即水的总质量与给定岩石质量的比值。当 $w/r>1$ 时，发生了广泛的同位素交换，围岩将倾向于与流体平衡；而如果 $w/r<1$，流体的同位素组成将倾向于与围岩平衡。

大部分大气降水，如果不蒸发的话，则其同位素组成值落在大气降水线上或附近，偏差不超过±1%。对于局部地区来说这是有变化的，这种变化取决于空气的湿度、温度、纬度和高度，离海岸的距离以及大气降水量，如图 2-4 所示。

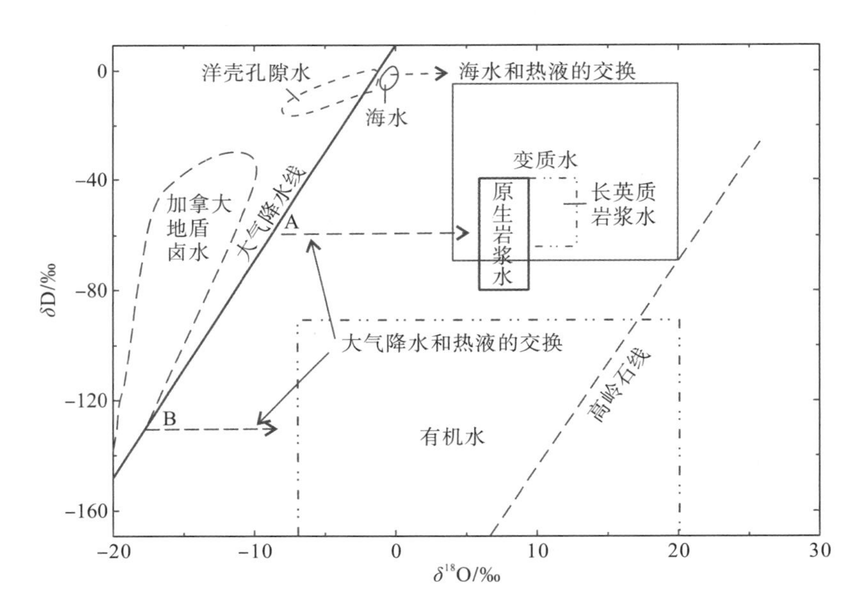

图 2-4　海水、大气降水、原生岩浆水、长英质岩浆水、变质水和有机水的氢氧同位素以及与热液的同位素交换(据 Heaman 和 Ludden，1991 修改)

地热水和温泉水的同位素组成表明，在所有情况下大气水成分都占主导作用。地热水的 δD 与当地大气水的 δD 基本相同。由于与围岩的同位素交换，现代地热水在 δ^{18}O 方面显示出与大气降水线的正向偏移（^{18}O 偏移），围岩的 δ^{18}O 通常大于 5.5‰。根据 Ohmoto（1986）的研究推测，δ^{18}O 的移动量随着流体的温度和盐度的增加而增加，这可能意味着流体通过与深埋和高温的岩石相互作用获得热量并溶解固体。δ^{18}O 的移动量的范围可能从高水岩比地区的 1‰～2‰，到高纬度地区热水的 15‰。δ^{18}O 的富集伴随着围岩中 ^{18}O 的耗损。另外，D/H 不受水-岩交换的控制。这主要是与循环流体相比，岩石含有很少的氢。因此，δD 往往保持不变，与当地的大气水大致相同（Taylor，1997）。

2. 海水的同位素组成

现代海水的 H 和 O 同位素组成相对来说是十分均匀的；其 δD 为−7%～5%，δ^{18}O 为−1.0%～0.5%（如图 2-4），其平均值近似为：δD=0，δ^{18}O=0.0，把 δD=0 和 δ^{18}O=0.0 定义为大洋水的标准值（SMOW），这个值只在特殊的情况下才有大的变化，例如，当高纬度冰川地带大量的冰融化流入海洋时，使近海水的 δD 和 δ^{18}O 降低；像红海这样的与大洋连通有限的海，由于蒸发作用而使 D 和 ^{18}O 含量升高；有的半封闭的海，如黑海、波罗的海的海水，由于大气降水的加入而使 D 和 ^{18}O 含量降低。

3. 盆地卤水的同位素特征

盆地卤水的 δ^{18}O 和 δD 范围很广。盆地卤水域的 δD 与大气水域一样随着纬度而降低。盆地卤水的 δD 和 δ^{18}O 的变化在很大程度上取决于原始流体是海水还是大气降水。一般来说，在大洋岩石的孔隙流体中，δ^{18}O 随着深度和盐度的增加而减少。对海底样品进行的测量表明，玄武岩与海水的变化是造成孔隙流体的这种同位素特征的原因（Ohmoto，1986）。相比之下，从沉积盆地流体中获得的 δD 和 δ^{18}O 显示出广泛的范围（δD 为–150‰～20‰；δ^{18}O 为–20‰～10‰）。此外，在盆地卤水中，同位素值随着盐度和温度而整体增加，因此温度最低的盐水接近当今当地大气降水的同位素组成。

在古老洋壳深部 100m 或更深处的沉积物中的孔隙水的氢、氧同位素值，要比实际海水的 δ^{18}O 和 δD 低，其主要特征是，随深度增加 Ca^{2+}的浓度增大，而 δ^{18}O 和 δD 则降低。许多研究者认为孔隙水的同位素组成的变化与沉积岩、玄武岩或火山岩的蚀变作用有关，即在高温下形成的矿物，受低温条件下交代作用的控制。

4. 岩浆水的同位素组成

岩浆水和变质水一样，可能有一系列 δD 和 δ^{18}O，这取决于所述岩浆的源区，以及在熔体冷却阶段可能与围岩进行的同位素交换。原生岩浆水是在温度≥700℃时与岩浆平衡计算出的 H_2O（Taylor，1997）。火山和深成火成岩的 δ^{18}O 为 5.5‰～10.0‰，相应的 δD 为−85‰～−50‰。根据对熔体和水之间分馏系数的实验研究而确定的同位素值，给出了岩浆水 δD 为−75‰～−30‰和 δ^{18}O 为 7‰～13%的范围（Ohmoto，1986）。由于火成岩和变质岩矿物中的 D/H 相似，因此不可能仅凭 δD 来区分岩浆水和变质水。此外，有些情况下火山岩的 δ^{18}O 很高（16‰），这是由于高 δ^{18}O 的沉积岩对岩浆的影响。因此，这些同位素异常的岩浆将具有超出正常范围的岩浆水。

岩浆水的 δD 和 δ^{18}O 同位素组成见图 2-4 和图 2-5，它是从未蚀变的新鲜火成岩，是应用 H_2O 和矿物的同位素分馏因子在温度为 700～1200℃时计算出来的。对于 I 型花岗岩，钙铁镁质组合的侵入岩或磁铁矿型的侵入岩，其 δD 为−90‰～−50‰，δ^{18}O 为 5.5‰～10‰，这个值为正常岩浆值。与这样的岩浆相平衡的岩浆水的同位素值 δD 为−80‰～−40‰，δ^{18}O 为 5.5‰～9.5‰。

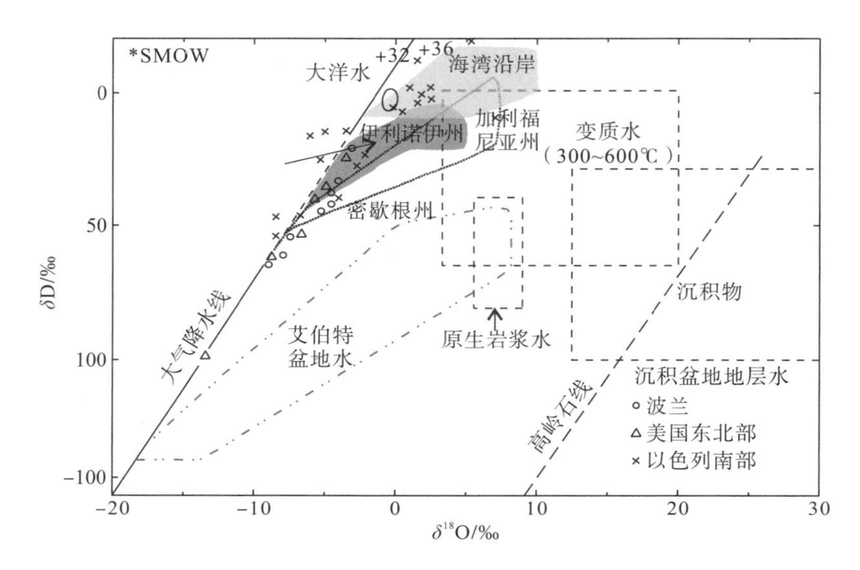

图 2-5 盆地中盆地卤水、大洋水、大气降水、变质水、岩浆水和常见沉积物的氢氧同位素组成(据 Heaman 和 Ludden，1991 修改)

与之比较，新鲜无蚀变的地幔岩的氢同位素 δD 为−90‰～−45‰。Zhang 等(2021)对华南钨矿的氢、氧同位素研究后认为，其岩浆水是一种原始平衡岩浆水，δ^{18}O 为 9.5‰～11.5‰，且随岩浆不同而有变化。Sheppard(1986)曾指出有一种名为 Cornubian 的岩浆水，其 δD 为−65‰～−40‰，δ^{18}O 为 9.5‰～11.5‰，海西期许多含矿侵入岩的岩浆水值均落在这个范围。

5. 变质水的同位素特征

变质水，与原生水类似，在同位素组成上仍然有些不受约束。它们来自区域变质事件期间矿物相的脱水作用。然而同位素组成显然也取决于原始岩石类型及其与流体相互作用的历史。Ohmoto(1986)指出，如果火山岩首先在低于 200℃的温度下被海水改造，然后经历变质作用，它们最终的 δ^{18}O 可能高达 25‰。另一方面，如果火山热液到大气降水的改变，而经历过高级变质作用，则热液中 δD 和 δ^{18}O 可能会低得多。变质水的 δD 变化范围为−70‰～0，δ^{18}O 为 3‰～25‰。Taylor(1997)将 δ^{18}O 一大部分取值范围归因于变质岩石中的原始值。

变质水的同位素组成，通常是从在一定温度下岩石的同位素组成计算出来的。典型的

变质沉积岩 δD 为−100‰～−40‰，^{18}O 为 8%～26‰（图 2-4 和图 2-5）。洋壳上蚀变的玄武岩和蛇绿岩套，其同位素 δD 为−70‰～−35‰，δ^{18}O 为 3‰～14‰。应用同位素分馏公式，计算出来变质水的同位素 δD 为−70‰～0，δ^{18}O 为 3‰～20‰。把 δD 扩展到 0，就是要把洋壳脱水作用过程中产生的变质水包括进去。变质流体的成分主要为 CO_2、H_2O 和少量 NaCl。

对变质岩中的石英脉和石英透镜体包裹体同位素分析表明，氢同位素落于变质水范围内，但由于包裹体的流体与主矿物石英发生过同位素交换，氧同位素不能采用主矿物的同位素联合均一温度方法计算获得。

2.2　成矿流体的成矿作用

2.2.1　运移机制

地壳中时时刻刻进行着各类化学反应，这些反应产生了许多岩石类型，如沉积岩、岩浆岩与变质岩，也形成了各类矿床（如岩浆矿床、热液矿床）。因此，地壳中岩石和矿床均可看作是化学反应的结果。在地球表面或浅部，流体运移可以在现场观察和研究；在地壳深处（大于 3～5km），虽然流体运移范围和重要性已经变得越来越突显，但它并不容易被观察到。深层地壳流体迁移能力需要从反应产物或物质的净通量来推断，而运移机制则需从对流体力学、岩石力学、地球物理学、地球化学和构造学等理论的理解进行推断。目前地质学家已经认识到地壳中流体流动的范围和变化特征，并通过数值模拟量化了流体运移的质量传递过程，以及对成岩与成矿作用的控制（如浅成低温热液金矿系统硅质运输与沉淀的数学模型，Cline et al.，1992；剪切带中断层阀模型，Sibson，1994；沉积盆地地下水重力驱动模型，Garven and Raffensperger，1997；海底热液系统流体对流模型，Cathles，1990）。地壳中流体运移可以由浮力、扩散、对流以及机械、生物来驱动，但根据能源来源不同，可分为重力驱动、热驱动和应力驱动三大驱动。下面将重点论述三类驱动力控制的流体运移规律。

2.2.1.1　重力驱动

一般而言，沉积盆地引发流体大规模运移的因素主要有（Garven and Freeze，1984；Hanor，1987；Bethke，1989）：①地下水位变化引起的势能差；②热梯度或盐度梯度引起的浮力；③沉积物负荷随沉降和埋藏造成的压实；④地壳受挤压和推覆而造成的构造载荷；⑤地壳伸展和正断层作用造成的扩张；⑥剥蚀卸载引起的应力松弛；⑦成岩作用产生的过压。

地形起伏是控制大陆地壳浅部和深部地下水大规模流动的主要机制。图 2-6（a）为具有地下水位坡的前陆盆地的典型剖面。深部含水层的最大流速为 1～10m/a，然而渗漏率要小得多（Garven and Freeze，1984）。地形、不均性、渗透性各向异性和盆地几何形态是控制流动模式的主要因素。如图 2-6（b）所示，自由对流单元由与温度和盐度场相关的流体密度梯度驱动。受控于含水层的厚度，流体密度梯度和岩石渗透率对流单元中的流速接近

0.1m/a(Raffensperger and Garven，1995)。当地形梯度或者温度和盐度场随地质历史发生变化，地形和浮力驱动的流体会经历瞬时变化。虽然重力驱动的流体流动(有时称为被迫对流)会在隆升盆地中淹没自由对流，但这两种对流共存会出现在断陷盆地中。

瞬态流场通常与压实作用、构造作用和成岩作用产生的异常压力梯度有关。挤压与推覆构造在大陆边缘附近产生超压[图 2-6(c)]。该条件下深部含水层的流速大约为1m/a(Garven et al.,1993)。年轻盆地快速沉降会产生接近上覆岩层负荷的超压[图2-6(d)]。脱水反应、压溶和生烃作用会进一步产生非常高的孔隙压力(Bethke，1989)。由于低渗透的页岩，压实产生的流速远低于 1cm/a，除非断层作用产生超压[图 2-6(e)]。这种过压常由密闭或不透水层来保持，从而将沉积盆地分隔成孤立的区域[图 2-6(f)]。

受地形起伏控制重力驱动流体运移是地壳中最为重要的流体迁移方式。特别是在沉积盆地，上述流体运移机制伴随沉积盆地从拗陷沉降，构造挤压和隆升，到最终剥蚀的全过程。在重力驱动流体运移机制下，沉积物中有机质和铅锌等金属元素将进行质量传递，形成浅成层控矿床或油气藏。因此，重力驱动流体运移机制对于沉积矿产形成具有十分重要意义。

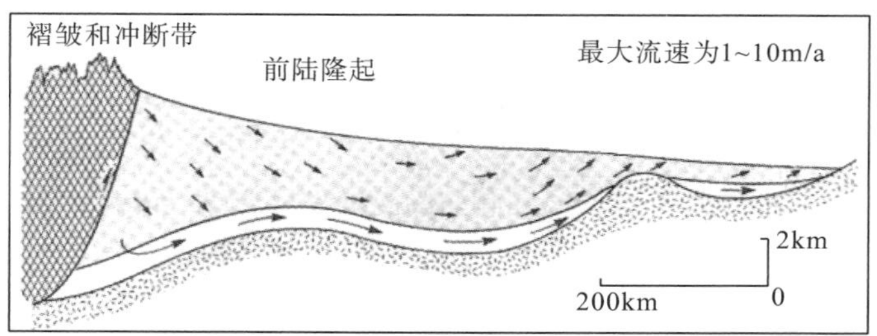

(a)前陆盆地受地形引起重力驱动流体流动

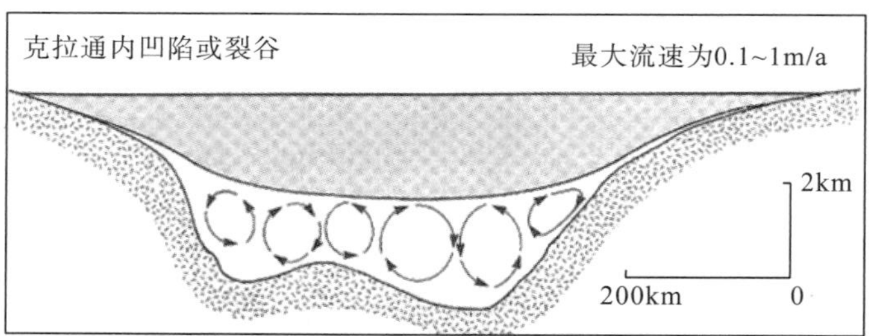

(b)克拉通内凹陷或裂谷盆地中的热驱动自由对流系统

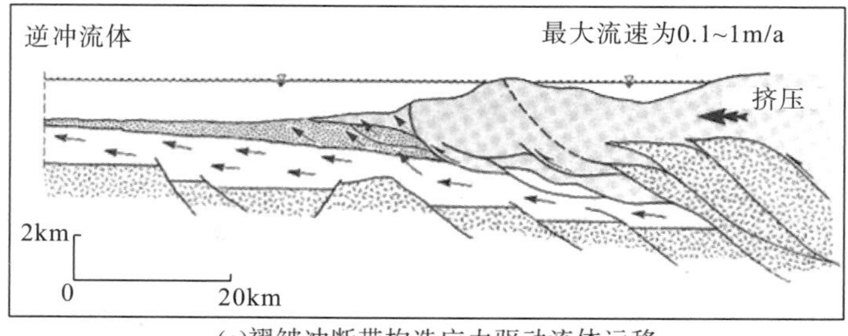

(c)褶皱冲断带构造应力驱动流体运移

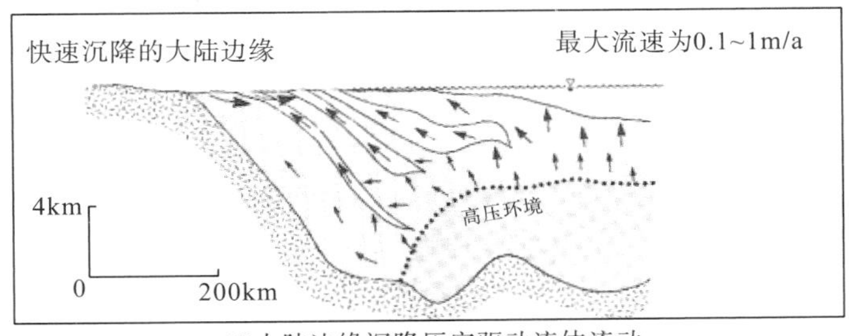

(d)大陆边缘沉降压实驱动流体流动

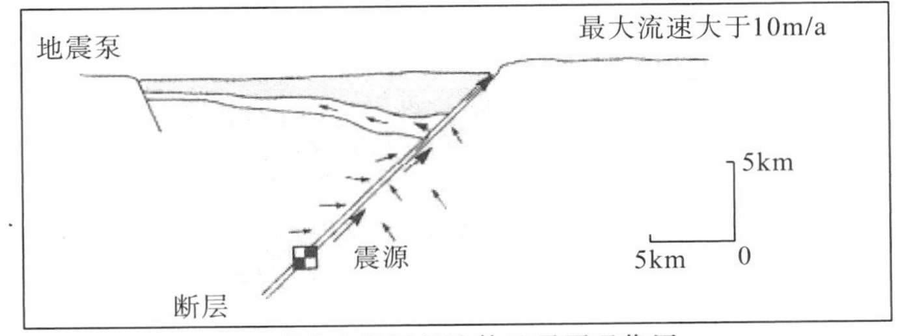

(e)裂谷中的深部流体地震泵吸作用

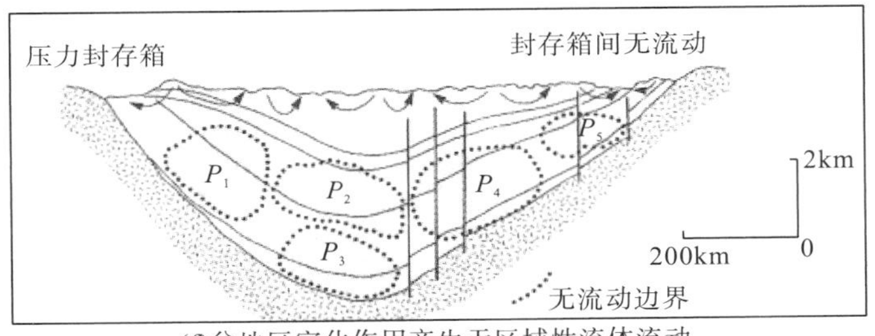

(f)盆地区室化作用产生无区域性流体流动

图 2-6　沉积盆地中流体迁移模型(据 Garven，1995 修改)

2.2.1.2　热驱动

热驱动的能量来自地球内部，它驱动岩石循环，并通过各种方式推动流体运移，包括对流、热膨胀、矿物脱水和有机质熟化反应。对流是热驱动最重要的一种机制。地壳中热对流主要发生在大洋中脊，如距离海底以下 1.2～2.4km 狭窄轴向岩浆房推动海水产生轴向和侧翼对流循环。据地震资料计算(Cathles，1990)，假设不考虑表面热流，每年在大洋中脊引入岩石圈的总热量约为 50×10^{18}cal(1cal=4.1868J)，如果轴向对流带走岩浆房提供的热量(约 14×10^{18}cal/a)，则每年在脊轴排出大约 40km^3 高温(350℃)流体；其余热量则通过侧翼对流消耗(约 36×10^{18}cal/a)，由于翼部对流温度小于 150℃，侧翼对流每年循环总量至少 240km^3。这种大规模对流循环驱动海底热液运移，对地壳和海洋化学有明显的影响。类似热对流循环也发育在大陆地壳活动环境中，如造山带内部的岩浆冷却过程、沿构造活动带和大型沉积盆地分布的系统以及高温高压变质带，控制了各类地质作用与成矿作用。

目前，热对流循环过程主要依据流体质量、能量(热)和动量的守恒(达西定律)进行数值模拟计算建立。因此，对复杂热系统中热对流的计算模拟为流体运移的动力学过程及解释热液矿床形成基本过程提供了相当大的帮助。根据赋存的大地构造背景，地壳中最为常见的热液对流模型主要有以下四类：①海底热液对流模型(Parmentier and Spooner，1978)；②岩浆冷却过程热液对流模型(Kerr et al.，1990a，1990b)；③区域变质过程流体对流模型(Etheridge et al.，1983)；④地热系统流体对流模型(Cline et al.，1992)。下面将分别论述这四类对流模型。

1. 海底热液对流模型

Parmentier 和 Spooner(1978)基于塞浦路斯特鲁多斯地体的蛇绿岩套中大量硫化物沉积物地质特征，构建了瑞利指数为 50 的稳态对流模型，以模拟洋中脊附近流体运移规律。在图 2-7 中，底部温度最高为 450℃，在上边界排出热流体的地方形成热边界层，热边界层以下上升热流体流动区域的中心部分温度为 300～400℃；在 200m 的海拔范围内，产生大约 300℃的温度变化。如果在上边界排放热流体，冷却梯度呈现舒缓形状，相反热柱上方的流体温度将会发生急剧变化，也将会引起流体中元素沉淀。图 2-7 中的热边界层厚度(200～300m)与塞浦路斯型网脉状矿化脉的深度相当(约 200m)。图中亦显示控制硫化物沉淀两个重要因素：①上升流体存在一个相对狭窄的核心区，该区会出现高温并在上边界附近具有急剧变化的冷却梯度；②核心区是最大流量区域，具有物质传递与矿物沉淀的潜力。海水循环进入 2km 厚和 2km 半径区域的总质量相当于该地区约 15 万年的沉积岩石的岩石质量，在 100 万年后，水岩比大约为 6.6，考虑到流量在百万年间不断衰减，该值与平均值 3.5 十分一致。

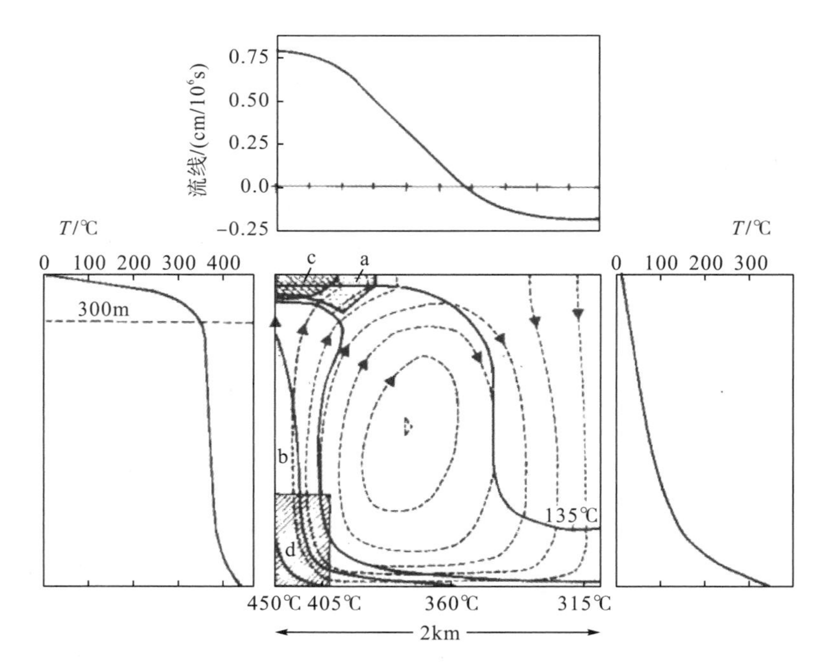

图 2-7 具有与温度相关黏度和热膨胀系数流体的稳态对流流线和等温线示意图

a.最强矿化作用的理论范围；b.最大浸出量的理论范围；c.网脉状矿化大致尺寸；d.含有塞浦路斯型铜矿床玄武岩大致范围

(据 Parmentier and Spooner，1978 修改)

2. 岩浆冷却过程热液对流模型

对流是岩浆房一个重要的热动力学过程，即使没有初始过热，岩浆房也会通过传导到上覆围岩中而失去热量，从而发生剧烈的对流、显著的冷却与结晶分异作用(图 2-8)。该模型中，岩浆在其液相线温度时面对冷的顶板岩石，当热量被传导到上覆岩石中，温度降低岩浆开始结晶。如果岩浆与围岩初始接触位置(Z=0)的温度(T_b)低于岩浆共结温度(T_e)，则在岩浆房顶部形成一种复合固体外壳。在共结点位置(Z=h_e)以下，形成由晶体和残留岩浆组成的糊状层。只有当温度(T_i)低于熔体液相线温度(T_l)，在糊状层和熔体界面上(Z=h_i)晶体才会生长。在没有任何过热的情况下，界面过冷驱动了岩浆中的热对流。对流冷却了整个岩浆房，除了在其顶部附近结晶外，也促使晶体内部生长。这些晶体可能会保持悬浮，也可能沉降在底板或其附近边缘生长。模型假定顶板下的额外结晶发生在岩浆房的底部，形成深度为 $h_f(t)$ 的固体层。由生长的地板层释放的残余岩浆对流上升，与熔体内部混合。因此，岩浆成分随时间的推移而变化，从而降低其液相线温度，并抵消由顶板驱动热对流所引起的过冷。岩浆房热对流在将相对黏稠过冷流体从凝固前端附近输送到岩浆房内部中发挥着重要作用，这对岩浆房内岩浆演化有着重要影响。

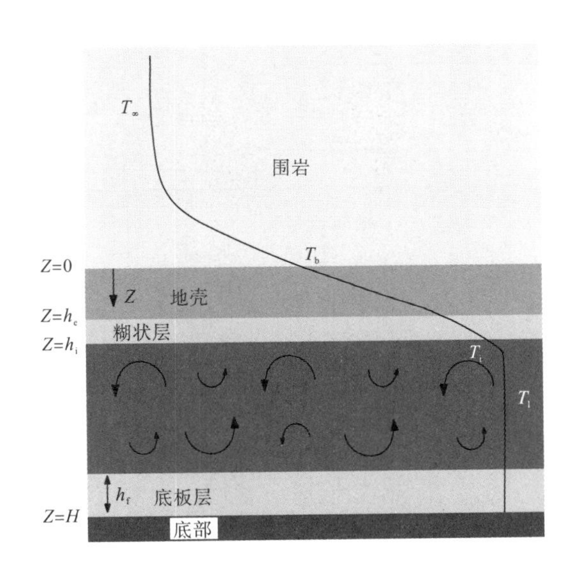

图 2-8　岩浆从顶板开始冷却过程示意图(据 Kerr et al.，1990a，1990b 修改)

3. 区域变质过程流体对流模型

在中低级区域变质作用中，通常会产生大量活动性流体，它们在变质反应、物质转移和变形作用中发挥重要作用。在中低级变质条件下，变质孔隙度主要为颗粒边界毛细管、气泡以及愈合裂隙。变质作用产生相互连通的孔隙，从而提高了岩石渗透性，为流体运移提供了有效通道。渗透性一致的地壳板片瑞利-达西模型(图 2-9；Etheridge et al.，1983)可以用来解释中低级变质带中流体的流动。模型认为在变质体制下要想保持高流体压力，需要覆盖一层低渗透性介质。该低渗透性介质位于热的、上升的变质流体和较冷的大气降水之间过渡带，由于其足够低渗透性可充分限制流体流动，并使流体压力接近静岩压力，经历流体循环并沿剪切带汇聚。在大多数情况下，随着持续加热，低渗透介质层将通过地壳逐渐上升，它位于静岩与静水压力过渡带附近，代表了传统意义上的上覆成岩体制和下伏变质体制之间的界面。如果低渗透性介质层在构造作用、水压作用下产生破裂，其下变质流体将被充填于介质层之上，由此发生的矿物沉淀可能会重新愈合裂隙，这将导致流体间歇性流动。因此，在中低级变质环境中大规模的流体对流循环对变质带的热量转移和热演化将产生重要的影响。

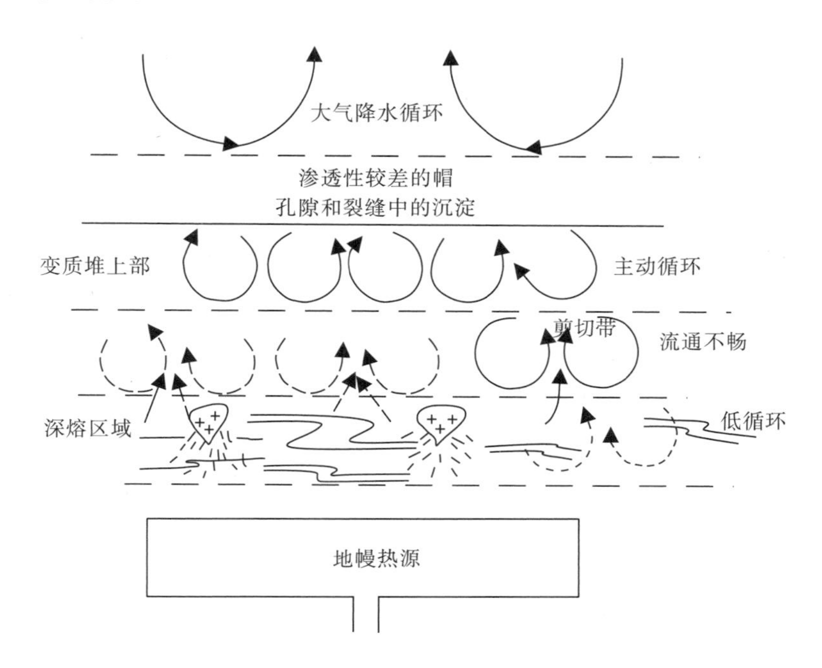

图 2-9 区域变质带流体循环对流模型(据 Etheridge et al.，1983 修改)

4. 地热系统流体对流模型

大陆地壳内部存在很多地热系统，如构造活动带和大型沉积盆地中分布有大量中低温地热系统，这些地热系统也是热液活动地带，广泛地进行物质与能量转移与交换。近年来，在地热系统中相继发现高品位金银等贵金属与基本金属的矿化，这些地热流体的金含量在其饱和极限的一个数量级内(1.5×10^{-9})，相当于形成具有经济价值的贵金属矿床所需的浓度。因此，地热系统中热液运移特性研究，可为认识与地热系统相关的浅成低温热液矿床形成机制提供重要线索。

对地热系统中热液流体运移规律描述最为经典的模型为一维数值物理模型(图 2-10；Cline et al.，1992)。该模型基于新西兰怀拉凯地热系统观察模拟流体流动规律，以解释硅在沸腾(液体+蒸气)热液流体中的运移和沉淀，并模拟计算形成含有经济价值含金石英脉所需的最佳物理条件。该模型结果与已知的浅成低温热液矿床的形成条件十分吻合。该模型假定地表温度和压力分别为100℃和 1bar，通道底部的压力由补给系统的静水压力约束，温度是压力沿沸腾曲线的函数(图2-10)。在模型中，具有温度T和质量通量Q的单相流体进入渗透率k和导热率(饱和介质)k_m的系统底部。深部加热导致流体对流，热液沿裂隙通道向上运移。在系统底部，单相热液的P-T路径与水的气液两相曲线相交，流体发生沸腾作用。含有蒸气热液沿开放的通道上升，该开放性通道为破碎岩石，被等效为“多孔介质”。

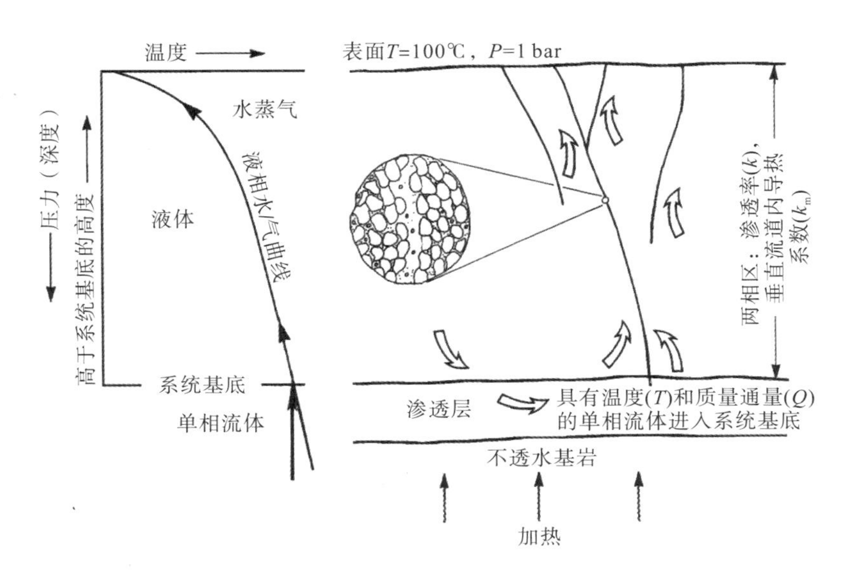

图2-10 地热系统中稳定态流体热对流模型(据Cline et al.，1992修改)

2.2.1.3 构造驱动

岩石力学实验和野外研究表明，区域尺度的变质作用足以产生开放的裂隙，流体可通过这些裂隙快速地进行地质循环。地壳应力状态控制着地壳的破裂，从而可以控制受断裂控制的流体流动的大小和方向。深部地壳流体得到了地球物理调查的有力支持。许多研究者指出，下地壳高压下的孔隙流体可以解释相对较低的地震速度、地震反射率的增加和极高的电导率。流体在深部地壳中的作用也可以部分解释断层、拆离带和地震复发的力学性质。不仅如此，应力体制下大规模流体运移在断层作用、岩浆产生、油气运输、变质作用以及造山带矿床形成过程均起着非常关键的控制作用。目前，应力体制下流体运移模型以造山带构造驱动流体模型(Oliver，1986)和剪切带断层阀模型(Sibson，1994)最为流行。

1. 造山带构造驱动流体模型

沉积物中流体在构造应力驱动下，部分流体向上迁移形成热液脉与岩脉，也有些流体迁移至离造山带更远的地方，形成热泉。此外，仍有大部分流体被排出到前陆盆地和台地的渗透性岩层中(图2-11)。这些热液挟带热量、矿物、石油或石油的成分进入前陆盆地，甚至可能进入大陆内部。在运移过程中它们可以加热和活化来自前陆盆地和台地沉积物中的物质。它们也可能与大气降水混合。换言之，在某些时候，一股含矿物和有机质的流体进入盆地的水文系统。流体的流动可以是简单的或高度复杂的。当流体沸腾或冷却时，它们会沉积出矿物，碳氢化合物则通常在矿物结晶过程中被捕获。

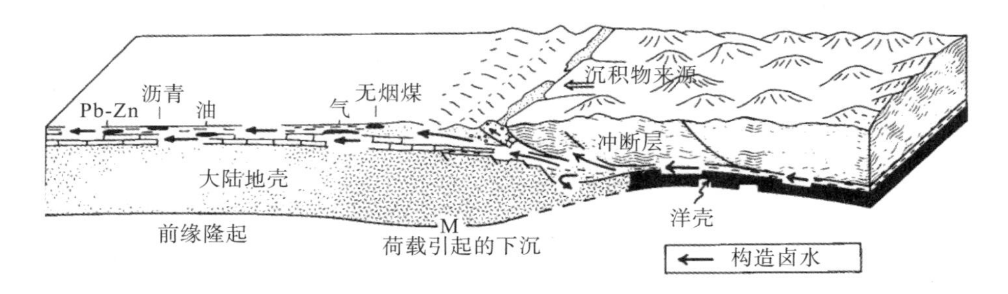

图 2-11 造山带中构造驱动流体运移示意图(据 Oliver，1986 修改)

2. 剪切带断层阀模型

在剪切带系统中，流体流动往往是偶发性的，动态应力循环效应广泛存在(图 2-12)，岩石渗透性和流体通量可通过一系列机制与周期性地震相联系，导致应力循环、密闭体系开合，以及流体流动之间存在某种特定的对应关系。该模型指出，在破裂发生之前，通过水力裂隙膨胀作用形成近于水平伸展裂隙，从而形成静压储层，连同相关的粒级膨胀，可能包含大量的流体。断裂失效与通过上地壳破裂，使来自过压储层的流体向上排水，流体压力迅速下降至静水压力值。排泄可能伴随着相分离作用、矿物快速沉淀和断层的自封闭。随后，流体压力恢复到触发下一次断层滑移所需的临界值，这样循环重复。

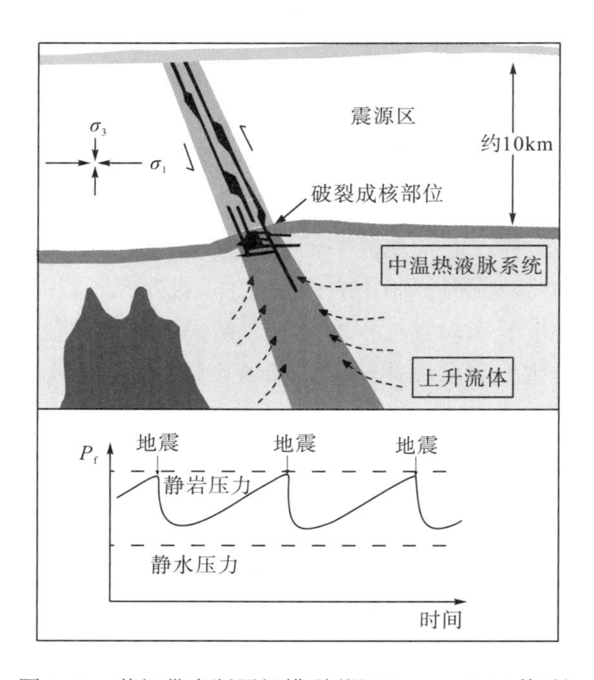

图 2-12 剪切带中断层阀模型(据 Sibson，1994 修改)

因此，应力和断裂渗透性的波动不仅调节流体流动，而且会触发热液矿物的周期性沉淀，在矿床的形成中发挥关键作用。这种断层阀作用一般发生于高角度断层系统中，致使大量流体的排放，流体压力在破裂前静岩压力和破裂后静水压力之间循环。

2.2.2 成矿元素的迁移形式

2.2.2.1 络合离子团及配体在热液中的作用

在热液作用中，络合离子团是一种金属离子通过配位共价键与中性分子或负离子连接的带电物质(Masterton et al.，1981)。络合物也可以定义为配位化合物，其中心原子或离子 M 与一个或多个配体 L 结合形成 $ML_iL_jL_k$(Cotton et al.，1999；Rickard，2006)。例如，在络合物 $Cu(NH_3)_4^{2+}$ 中，一个 Cu^{2+}离子与四个中性的 NH_3 分子结合，每个 NH_3 提供一对未共享电子与 Cu^{2+}离子形成共价键，结构如图 2-13(a)所示。有形成络合物倾向的金属是那些放在过渡系列右边的金属(如 Ni、Cu、Zn、Pt、Au、Co、Cr、Mo、W)，非过渡金属(Al、Sn、Pb)形成的络合物离子数量更有限。络合物的中心离子是金属阳离子，与金属阳离子结合的中性分子或阴离子称为配体。

中心离子形成的化学键数是配位数。在图 2-13(a)所示的情况下，Cu 的配位数为 4。带电的络合物离子，如 $Cu(NH_3)_4^{2+}$或 $Al(H_2O)_6^{3+}$，除非电荷平衡，否则不能以固态形式存在。例如，$Cu(NH_3)_4Cl_2$ 是一个由 2 个 Cl^-平衡的络合物离子。因此，在这种情况下，络合物离子充当阳离子。其他的例子有：

$$Pt(NH_3)_4^{2+}\text{(络合阳离子)}+2Cl^- = Pt(NH_3)_4Cl_2$$

$$Pt(NH_3)Cl_3^-\text{(络合阴离子)}+K^+ = Pt(NH_3)Cl_3K$$

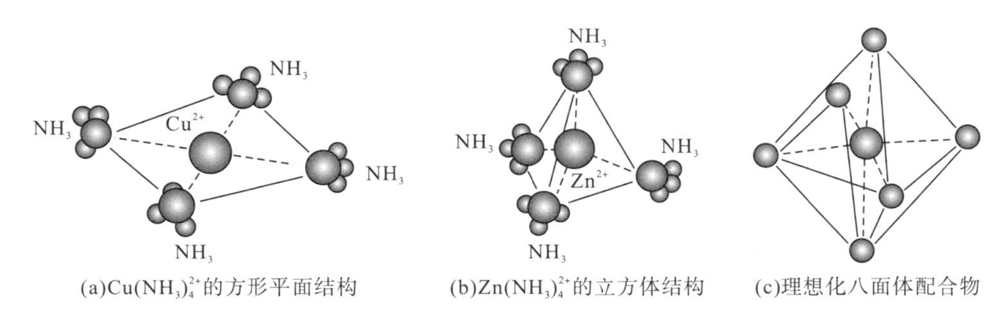

(a)$Cu(NH_3)_4^{2+}$的方形平面结构　(b)$Zn(NH_3)_4^{2+}$的立方体结构　(c)理想化八面体配合物

图 2-13　络离子的分子结构(据 Masterton et al.，1981 修改)

如果一个配体有一个以上的键，那么它就被称为螯合剂。配体通常包含原子电负性元素(C、N、O、S、F、Cl、Br、I)，最常见的配体是 NH_3、H_2O、Cl^-、OH^-和 HS^-。配位数通常是 6、4 和 2，罕见奇数配位数。

配位数也决定了络合离子的几何形状，因此，对于中心离子只形成两个键的络合离子，配体与指向 180°的键是线性的。配位数为 4 的金属配合物可以形成四面体结构或正方形平面结构[图 2-13(a)(b)]，而对于六个配体环绕一个金属离子的离子配合物，则得到八面体几何结构[图 2-13(c)]。根据所讨论离子的电子构型，我们只考虑了价键模型和晶体场模型。

金属-配体的相互作用类似于酸碱反应，金属是电子受体，配体是电子供体。金属和配体可以分为硬质金属和软金属。对于硬质金属而言，金属和配体具有电价高、体积小以及可轻微极化的特征。相比之下，软金属具有体积大、电价低和强极性特征。因此，软金属常倾向于与软配体结合，而硬金属倾向于与硬配体结合。Brimhall 和 Crerar(1987)根据它们的行为列出了热液中重要的金属和配体。

从表 2-6 可以看出 HS^-是一种软配体，因此常与 Au、Ag、Hg、Cu 和 Cd 等软金属形成强络合物，而与 Pb 和 Zn 形成较弱的配合物，与 Sn 和 Fe 形成更弱的络合物。过渡金属在较高的温度下硬度也会增加，因此与中等硬度配体(如 Cl^-和 OH^-)结合的络合物在较高温度下变得更稳定。这种特征表明氯络合物在高温下具有很高的稳定性。电负性、离子势和配体场稳定能被认为是热液中过渡金属行为的重要参数。

表 2-6 金属和配体的分类(据 Brimhall and Crerar，1987 修改)

硬金属和配体	过渡金属和配体	软金属和配体
H^+, Li^+, Na^+	Fe^{2+}, Co^{2+}, Ni^{2+}	Cu^+, Ag^+, Au^+
K^+, Rb^+, Cs^+	Cu^{2+}, Zn^{2+}, Sn^{2+}	Cd^{2+}, Hg^+, Hg^{2+}
Ca^{2+}, Mg^{2+}, Ba^{2+}	Pb^{2+}, Sb^{3+}, Bi^{3+}	金属原子
Ti^{4+}, Sn^{4+}, MoO^{3+}	SO_2	
WO^{4+}, Fe^{3+}, CO_2		
NH_3, H_2O, OH^-	Br^-	CN^-, CO
CO_3^{2-}, NO_3^-		H_2S, HS^-
PO_4^{3-}, SO_4^{2-}		I^-
F^-, Cl^-		

Brimhall 和 Crerar(1987)发现，在 30 种过渡金属中，只有 Mn、Fe、Cu、Zn、Mo、Au、Ag、W、Hg 和 Co 通常会形成相当可观的热液矿床。一个可能的解释是在正在结晶的岩浆中存在可利用的四面体和八面体位置。高 $Al_2O_3/(Na_2O+K_2O)$似乎有利于残余熔体中的八面体配位，从而富集热液流体中的金属，然而，该比值可能受到岩浆中挥发分的影响。

2.2.2.2 热液中的络离子

硫化物络合物(HS^-和 H_2S)和氯化物络合物(Cl^-)对热液中金属的迁移起着重要作用。这两种络合物都能在天然热液系统中迁移大量的金属。虽然其他配体，如 OH^-、NH_3、F^-、CN^-、SCN^-、SO_4^{2-}和一些有机络合物(如腐殖酸)不太常见，但也很重要。流体的迁移金属元素能力主要取决于配体的活性，而不是流体中金属元素的浓度。这种活性是浓度、温度、离子强度、pH 和 Eh 的函数。对金属硫化物在热液中的溶解度非常重要的络合物是 H_2S 和 HS^-(Rickard，2006)。$Zn(HS)_3^-$和 $HgS(HS)^-$等络合物已被证明在热液中进行大量迁移。活动热液系统和浅成低温热液型金矿的研究结果表明，硫代硫化物络合物是金迁移的主要机制之一。Au^+与 HS^-络合，特别是在接近中性条件件，Au^+主要以 HS^-络合物形式迁移(Seward and Barnes，1997)，并且 Au-HS 络合物浓度比任何其他形式络物要高好几个数量级。Au^+的硫络合物在 pH 为 3～10、温度为 300℃和压力为 1500bar 条件下是稳定的。在接近中性条件，Au 与 HS^-的络合可定义为

$$Au+H_2S+HS^- = Au(HS)_2^- + \frac{1}{2}H_2$$

在大多数 pH 条件下，$[Au(HS)_2^-]$是主要的硫化物络合物(Stefánsson and Seward，2004)。然而，在硫化物络合作用下，如果络合物要保持稳定，溶液中还原硫的浓度必须远远大于金属的浓度(Krauskopf，1979)。因此，由沸腾、冷却、氧化或硫化物沉淀造成的 H_2S 损失将增大热液 pH、降低 HS^-活性以及硫化物和 Au 的沉淀。硫化物沉淀机制可以表达为

$$M(HS)_3^- = MS+HS+H_2S(aq)$$

流体包裹体中 NaCl 的含量可揭示氯化物络合物在热液体系中的重要性，如 $ZnCl_2$、$CuCl_2^{3-}$ 和 $AgCl_2^-$ 络合物形成于富氯溶液中。在温度高于 350℃条件下，氯化物络合物比硫化物络合物更稳定(Barnes，1997；Krauskopf，1979)。图 2-14 显示了低温以硫化物络合物为主和高温以氯化物络合物为主，以及它们与从高温夕卡岩到低温热液脉型矿床的对应关系。

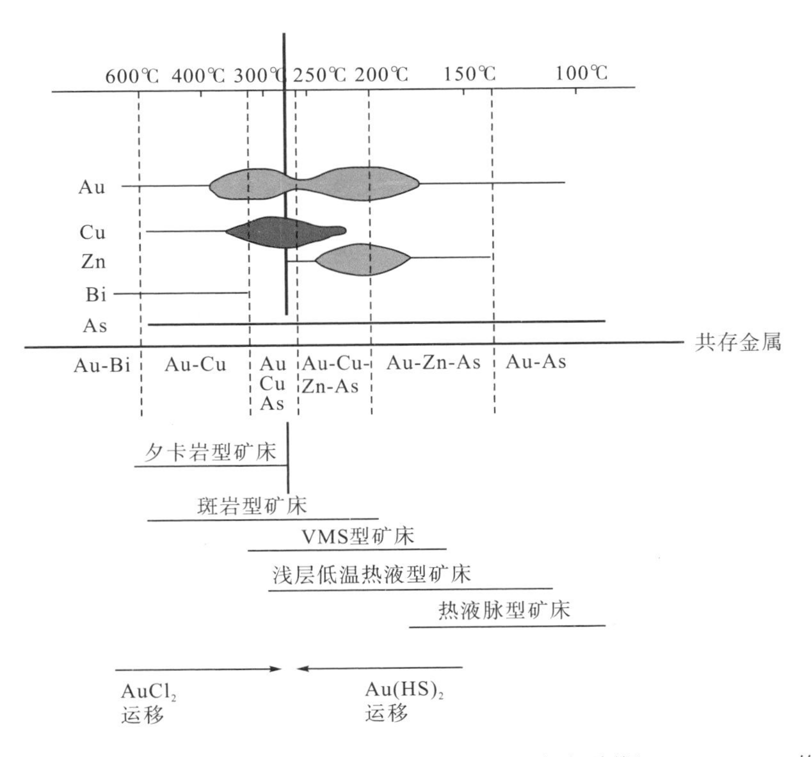

图 2-14　金属元素迁移形式与温度的关系及其相关的矿床类型(据 Pirajno，2009 修改)

Au 在含氯溶液中的溶解度通过以下方程定义：

$$Au+H^{+}+2Cl^{-}=\!=\!=AuCl_2^{-}+\frac{1}{2}H_2$$

这种络合作用在岩浆热液系统的根部和变质脱水产生的流体中是有效的。从氯化络合金属中硫化物沉淀的表达式：

$$MCl_2(aq)+H_2S(aq)=\!=\!=MS+2H^{+}+2Cl^{-}$$

Cole 和 Drummond（1986）基于热液中 Ag/Au 模拟研究证实了氯化物络合物在较高温度下比硫化物络合物更稳定。他们认为在高温（>250℃）和中酸性条件下，Au 以 $AuCl_2^{-}$ 络合物形式迁移为主，热液有较高的 Ag/Au。当温度低于 250℃时，Au 以硫化物络合物形式迁移，导致溶液中 Ag/Au 较低。H_2S 浓度增加、pH 升高、氯化浓度降低和温度降低均会导致金属元素从氯化物络合物中沉淀，而减压沸腾、氧化、硫化浓度与 pH 降低则会引起硫化物络合物沉淀（Barnes，1997）。

必须指出的是，如果维持硫化物络合物稳定性，则流体中需含有高浓度的 H_2S。然而，硫酸盐受到有机质的还原作用，会产生还原硫从而降低热液 H_2S 浓度。因此，富金属氯化物流体和富还原硫流体的混合会导致金属元素的沉淀，如方铅矿由 H_2S 加入富铅流体而沉淀（Evans，1987）：

$$PbCl_2+H_2S=\!=\!=PbS+2H^{+}+2Cl^{-}$$

墨西哥科利马火山喷气口附近矿物沉积物研究表明，Au 以挥发性 AuS(g)或 AuH(g)络合物的形式从岩浆中释放（Taran et al.，2000）。在高氧化环境中，将发生以下反应：

$$AuS(g)+2H_2O=\!=\!=Au(g)+2H_2+SO_2$$

$$2AuH(g)=\!=\!=2Au(g)+H_2$$

Au(g)和 AuH(g)稳定温度大约为 600℃，而 Au 沉淀温度为 500～600℃。

2.2.3　成矿元素沉淀机制

造成热液矿床成矿物质沉淀的因素很多，但可归结为 4 个主要因素，即温度变化、压力变化、水-岩反应以及流体混合。其共同特点是，通过改变成矿热液的物理化学条件（*T*、*P*、Eh、pH 和成矿元素的浓度等），使热液中成矿元素达到过饱和而产生矿质沉淀。

2.2.3.1　温度变化

温度的变化影响硫化物和氧化物的溶解度，以及络离子的稳定性。热液与近地表冷的大气降水混合可导致温度变化。在海底，温度高达 350℃的上升热液与仅高于零摄氏度的海水混合，导致硫化物快速沉淀，产生黑烟囱。绝热减压也会导致温度在短距离内迅速下降，并在压力从静岩压力转变为静水压力时发生。绝热过程是指与外界隔绝的系统中没有能量的交换。由于热在岩石中的流动需要时间，只要流动足够快，任何过程都可以看作是绝热的。因此，快速压缩会导致温度上升，同样的快速减压会导致温度下降。

以石英脉型黑钨矿床为例，温度降低是黑钨矿沉淀的重要因素。钨的溶解度实验和热力学模拟结果表明，热液中大部分钨都会在 300～350℃的温度区间内沉淀（Eugster，

1985)，即含 Fe-W 流体的冷却可能是黑钨矿沉淀最高效的方式(Heinrich，1990)。黑钨矿的红外显微测温研究也揭示出冷却机制是南岭成矿带石英脉型黑钨矿床的主要形成机制，并在多个典型矿床研究中得到证实。从顶部的脉带至深部尖灭带，含黑钨矿石英脉石英中包裹体均为两相富水包裹体，其盐度基本一致，而温度呈现显著变化。这可能表明黑钨矿是由早期热且活动时间较短的流体产生的，流体通过裂隙快速冷却沉淀形成；而大部分石英脉均晚于黑钨矿形成，是由成矿后流体形成，流体冷却导致温度和盐度均降低。

2.2.3.2　压力变化

压力的变化也会引起溶解度的变化，但需要很大的变化(约 1×10^8Pa)才能发生沉淀。受压力控制最重要的现象是流体沸腾。沸腾是溶液浓度突然增加和挥发性成分被去除的结果，从而降低残余溶液迁移组分的能力。在地热系统中流体沸腾对 Au 的沉淀是非常重要的。在这些情况下，矿物沉淀造成的自我愈合可能是沸腾的主要因素，其他因素包括温度升高或挥发分积聚。如果密封突然被打开，如地震，压力骤降导致剧烈沸腾。在沸腾过程中，H_2S、CO_2 等进入气相：

$$HCO_3^- + H^+ = CO_2(g) + H_2O$$

$$HS^- + H^+ = H_2S(g)$$

氧逸度的增加和 HS^-的快速消失将会导致硫化络合物(如[$Au(HS)_2^-$]、[$Au^{2+}(HS)$])失稳和氧化作用($HS \rightarrow H_2S \rightarrow H_2SO_4$)。因此，沸腾区内及以上的氧化导致硫酸($H_2SO_4$)形成，pH 降低和酸性淋滤(如泥化)。在该过程中，Au^+被还原为中性 Au^0，使其以自然金属形式沉淀。

石英脉中的气液两相盐水包裹体在两相共存区域呈现压力和温度降低以及盐度增加演化规律。这类包裹体的捕获条件位于气液比一致的两相包裹体组合(代表静岩压力)和低温沸腾包裹体组合(代表静水压力)之间。这是由于黑钨矿中记录了大量富液与富气包裹体共存的沸腾包裹组合，并且黑钨矿与锡石共生样品中所出现的温度差别较大的两类沸腾包裹体组合表明一个快速沉淀的动力学过程，如裂隙打开时的减压作用。静岩压力至静水压力的转变导致热液中气相组分从流体体系中溢出，从而使残余热液冷却和盐度增加。

通常 Sn^{2+}和 Sn^{4+}在热液中通过与 Cl^-络合形式迁移，而 W 则以 WO_4^{2-} 的形式迁移。因此，锡石沉淀可以通过降低流体中 HCl 的活性来实现(Schmidt，2017)：

$$[SnCl_4(H_2O)_2]^0 = SnO_2 + 4HCl$$

$$[SnCl_3]^- + H^+ + 2H_2O = SnO_2 + 3HCl + H_2$$

黑钨矿的沉淀则需要的 Fe^{2+}和 Mn^{2+}等阳离子加入，它们主要以氯化物络合物形式迁移(Heinrich，1990)：

$$H_2WO_4 + (Fe, Mn)Cl_2 = (Fe, Mn)WO_4 + 2HCl$$

云英岩化(长石和黑云母的蚀变)使锡反应向右移动，因此可以沉淀锡石，而钨仍然可以留在溶液中，例如，铁和锰被消耗形成铁锂云母，钨仍然留在溶液中(Tischendorf et al.，1997)。在流体相分离过程中，挥发性成分(如 HCl、Cl^-、H^+)优先分配到气相中(Bischoff et al.，1996；Simonson and Palmer，1993)，由于其密度低，容易离开系统，导致流体的化学成分发生变化，从而同时沉淀锡石和黑钨矿(Heinrich，1990)。流体相分离可能是间歇性的，但高盐包裹体的存在和纯气相包裹体的缺乏排除了瞬时事件中压力骤降(Clark and Williams-Jones，1990；Moncada et al.，2017)。因此，在相对较低的压力下，相分离产生的矿质沉淀是最有效的。

2.2.3.3 水-岩反应

围岩蚀变是引起成矿物质沉淀的一个重要因素，而蚀变矿物学的研究为热液矿床形成机制提供了重要手段。围岩蚀变的本质就是流体与围岩的化学反应，即通常所说的水-岩反应。水-岩反应的结果势必改变流体的化学成分。流体化学成分的改变既可能增大成矿元素的溶解度使它们从围岩中萃取出来，也可能降低成矿元素的溶解度使它们沉淀，视具体的水-岩反应、流体中成矿元素的初始浓度及其他物理化学条件而定。Skinner(1979)总结了三种有利于矿质沉淀的水-岩反应：①氢离子交代作用，主要是长石及不含水的镁铁矿物的水化作用(形成云母和黏土矿物)。斑岩型矿床的围岩蚀变绝大部分属于水化反应，是有利于矿质沉淀的。这种水-岩反应使流体 pH 升高及氯的络合物的稳定性降低，从而有利于矿质沉淀；②围岩中还原硫加入流体而使硫化物沉淀；③流体与围岩的氧化还原反应使流体中成矿元素的价态发生变化而沉淀。

Lecumberri-Sanchez 等(2017)对葡萄牙帕纳什凯拉超大型钨矿床成矿作用进行研究表明，热液流体与围岩反应控制了钨沉淀，即岩浆热液提供反应所需的钨，而赋矿围岩提供沉淀黑钨矿所需的铁，并且从围岩至矿脉，逐渐亏损铁，并富集 K、Al、B 和 Sn，导致了靠近矿脉出现以电气石、白云母、毒砂为主蚀变矿物，远离矿脉则出现绿泥石和黑云母蚀变。热液中富集元素(如 B、K、As、W)在围岩中也相应地富集这些元素，然而热液中缺失的元素(如 Fe)在主岩中被耗尽。黑钨矿沉淀反应将涉及富钨贫铁流体加入、主岩提供 Fe，以及流体提供 Al 和 B(图 2-15)。具体反应过程可以通过以下几类矿物反应式表达：

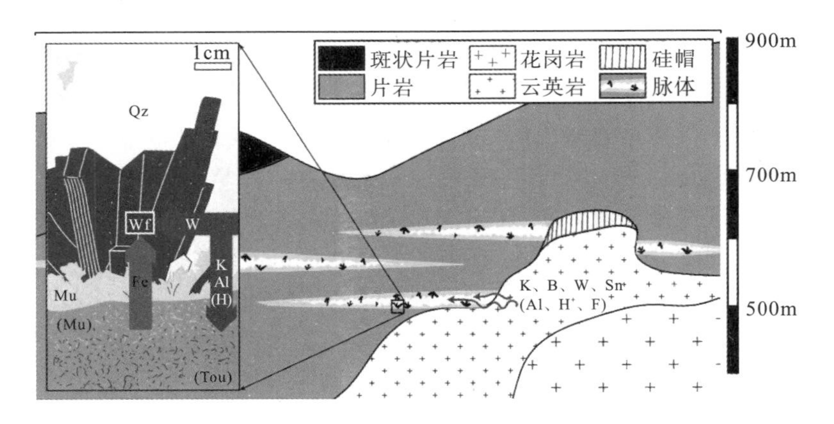

图 2-15 黑钨矿($FeWO_4$)矿化的水-岩反应过程示意图(据 Lecumberri-Sanchez et al.，2017 修改)。Wf-黑钨矿，Mu-白云母，Tou-电气石，Qz-石英

白云母化：

$$Fe_5Al[AlSi_3O_{10}](OH)_8+K^++Al^{3+}+6H^+ = K\{Al_2[AlSi_3O_{10}](OH)_2\}+5Fe^{2+}+6H_2O$$

$$KFe_3[AlSi_3O_{10}](OH)_2+2Al^{3+}=K\{Al_2[AlSi_3O_{10}](OH)_2\}+3Fe^{2+}$$

电气石化：

$$Fe_5Al[AlSi_3O_{10}](OH)_8+3SiO_2+4Al^{3+}+Na^++3B(OH)_3+9OH^-$$
$$=2Fe^{2+}+11H_2O+NaFe_3Al_6[Si_6O_{18}][BO_3]_3(OH)_4$$
$$KFe_3[AlSi_3O_{10}](OH)_2+5Al^{3+}+Na^++3SiO_2+3B(OH)_3+15OH^-$$
$$=NaFe_3Al_6[Si_6O_{18}][BO_3]_3(OH)_4+11H_2O+K^+$$

以上这些反应将铁从赋矿围岩萃取到流体中，而消耗绿泥石的反应则将碱类(如 Na、K)从流体分离至赋矿围岩形成蚀变岩。其他的白云母化和电气石化反应将导致热液 pH 升高。不同元素的富集或亏损程度取决于未蚀变围岩中绿泥石或黑云母组成和含量，远离矿脉的白云石和电气石的组成和含量以及围岩渗透性。

根据以下两个反应式说明黑钨矿从贫铁热液中的沉淀是由水-岩相互作用对钨铁矿溶解度的三重效应所驱动。

$$Fe^{2+}(aq)+(Na，K)_2WO_4(aq)=FeWO_4+2(Na，K)^+$$
$$Fe^{2+}(aq)+H_2WO_4(aq)=FeWO_4+2H^+$$

在上述反应中，由于围岩电气石化和白云母化作用，流体中 Na 及 K 亏损及流体中和作用降低了钨铁矿的溶解度。同时，流体中铁的富集增加了钨酸亚铁离子活性。这三个作用共同作用促进黑钨矿发生沉淀。

2.2.3.4　流体混合

流体混合作用在各种地质背景热液脉型矿床形成中都起了重要作用，如世界级加拿大阿萨巴斯卡盆地和澳大利亚麦克阿瑟河中铀矿床(Boiron et al.，2010)，以及爱尔兰中部(Wilkinson，2001)和瑞士宾恩谷地区阿尔卑斯山中部铅锌银矿床(Klemm et al.，2008)。一般而言，混合作用通过改变流体物理化学条件(如温度、氧逸度和成分)引起矿物的沉淀：①降温冷却，大气降水在这一过程中起着关键性作用，由于大气降水具有低温的特征，当富金属热液与大气降水混合时，含矿热液受到大气降水冷却，导致成矿流体的温度降低从而造成矿物的沉淀。②氧逸度降低，这种效应在 MVT 型铅锌矿床中十分普遍，MVT 型铅锌矿床形成涉及两种端元流体，即富金属卤水和富还原硫热液，其中富还原硫热液为混合体系提供还原硫，导致还原硫活性增加从而引起硫化物沉淀。③盐度改变，该作用是喀斯特地区碳酸盐溶解的主要机制，也是许多碳酸盐中铅锌矿形成机制之一。混合实验研究表明，钙浓度不同的两种溶液形成混合溶液中方解石倾向于过饱和，然而盐度反差较大的两种溶液混合，方解石在溶液中倾向不饱和，这是由于盐度变化影响了钙离子的活度(Wigley and Plummer，1976)。

目前，流体混合作用主要是通过同位素地球化学、矿物化学及流体包裹体地球化学等地球化学证据来揭示。尽管如此，混合作用的物理过程仍然不清楚。一些学者提出了流体流动轨迹在发生混合的矿质沉淀地点收敛(Boiron et al.，2010；Kendrick et al.，2011)。Bons 等(2014)基于地质观察提出一种流体流动不同时的流体混合物理模型，用以解释热液运移与混合作用(图 2-16)。

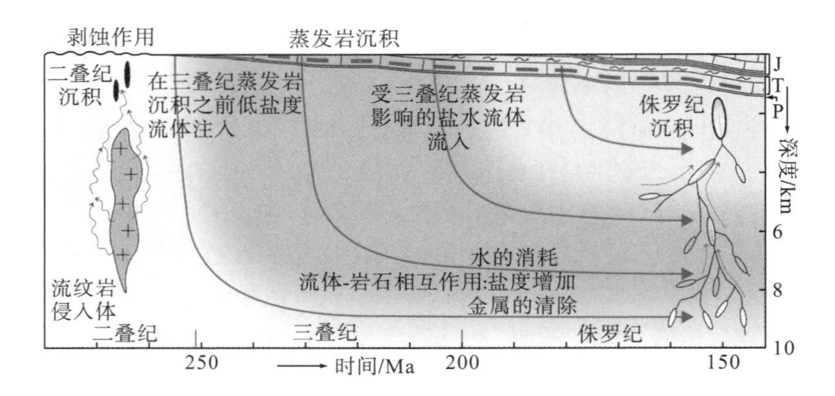

图 2-16　流体混合作用物理模型（据 Bons et al.，2014 修改）

该模型包括流体下渗过程与上升过程中混合作用：

(1) 流体下渗过程，在二叠纪，结晶基底中的流体为低盐度无矿流体，并从二叠纪开始向下渗透到大约 10km 深度。在没有重力驱动的情况下，流体向下流动可能是由于深部矿物脱水反应引起缺水，导致流体下渗补充消耗的水。这些流体最初来自大气降水或海水，随后封存在沉积物孔隙中。缺水和流体下渗会导致盐度随着深度逐渐增加。盐度的增加和相应的水活性降低、基底岩石的水化，以及水化反应引起的孔隙率和渗透性的降低，可以减缓甚至停止这一过程。一旦不再发生水消耗和渗透性显著降低，流体压力开始上升并与静岩压力平衡。随着时间的推移，超静水流体压力可能会在深度形成。自晚华力西期以来，流体的渗入会导致流体年龄随着深度增加而增加，到侏罗纪成矿期基底最古老的流体年龄约为 100Ma（图 2-16）。这些流体通过与围岩相互作用改变了它们的化学性质，拥有较高的深度温度，有利于热液萃取金属元素。在大约 250Ma 之后，从地表渗入的流体受到三叠纪蒸发岩的影响，这使它们具有高盐度和高 Cl/Br 值。由于较老的流体已停留在深部，这些新的流体仍然停留在浅部，浅部较低的温度抑制了水-岩相互作用。因此，这些流体具有三叠纪蒸发岩特征，而不明显吸收金属。

(2) 流体上升过程中混合作用，盖层压力降低导致孔隙流体压力超过静岩压力产生裂隙，流体通过裂隙向上逸出。地壳伸展和减薄也会导致减压作用，可以提供足够的流体以形成热液脉矿床。这些微裂隙相互连通形成更大的裂隙，一旦这些充满液体的水压裂隙超过临界长度（几十米量级），它们就可以通过末端向上迁移。流体在不同深度被释放出来，并向上排出。较深的流体通过地壳浅部上升，与不同深度流体发生混合，矿质发生沉淀形成热液矿床。这种浅部流体和深部流体混合模型可以解释大多数热液矿床形成过程。

第3章　岩浆热液及其成矿作用

3.1　岩浆热液的定义

一般地，当岩浆上升至地壳浅部(≤8km)，富含挥发分的岩浆水将从岩浆中分离出来形成岩浆热液。岩浆热液出溶要么通过在岩浆上升期间的减压作用，即第一次沸腾，要么通过降低熔体的结晶作用，即第二次沸腾(图3-1；Vigneresse，2007)。由于第二次沸腾可出现在岩浆作用任何阶段和任何时间，因此，这里"第一"和"第二"并不代表这些事件发生的先后顺序。第一次沸腾是由岩浆房内部流体压力突然大于静岩压力所致。大多数挥发分在非常低的压力范围(＜10MPa)内被释放，相当于靠近地表上部2km内。在不断上升的岩浆中快速产生的挥发分降低了岩浆的密度，增加了岩浆的内部压力(Fournier，1999)。第二次沸腾是由于结晶时熔体体积降低，增加了残余熔体的流体饱和度。挥发分出溶增加岩浆黏度，特别是靠近挥发分的岩浆，这阻碍了挥发分的增长(Toramaru，1989)。当大约95%的岩浆已经结晶时，流体就会出现第二次沸腾(Cline and Bodnar，1991)。流体快速出溶会导致岩浆房顶部破裂，从而引起岩浆房的沸腾逐渐停止(Shinohara and Kazahaya，1997)。

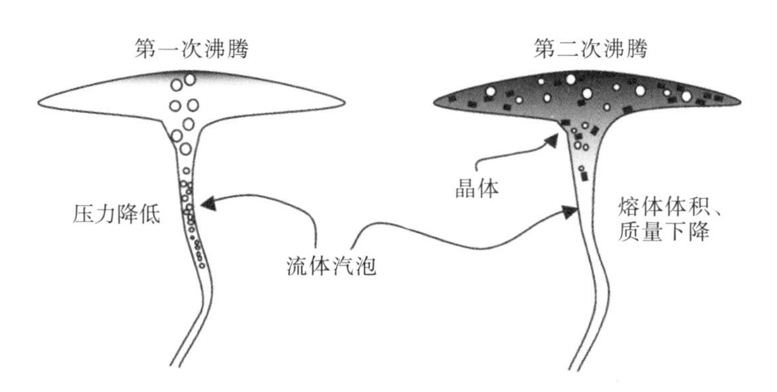

图3-1　花岗岩质岩浆中的第一次沸腾和第二次沸腾图解(据Vigneresse，2007修改)

岩浆通过第一次沸腾或第二次沸腾产生的流体成分(如蒸气或盐水)受岩浆中氯与水的比例、初始水浓度和结晶压力等因素的影响(Metrich and Rutherford，1992；Webster，1992；Shinohara，1994；Candela and Piccoli，1995)。例如，在温度为800℃，压力大于临界压力(即P＞1.5kbar)条件下，出溶的流体为单相流体，并且流体中Cl的浓度随熔体结晶而降低；在同样温度条件下，当压力低于临界压力，产生不混溶相的蒸气和盐水，

如果熔体有较低的 Cl/H_2O 初始值，出溶流体为蒸气，而 Cl 的含量随熔体结晶而增加，相反，高 Cl/H_2O 初始值将会导致液相出溶，而 Cl 的含量随熔体结晶而降低。随着岩浆演化，气相和液相最后都会同时出溶，且出溶的气相和液相组成和熔体中 Cl 浓度都将保持不变。

因此，岩浆热液可以理解为在地壳浅部岩浆上升过程中通过减压或者结晶作用引起沸腾产生富含挥发分流体相(如卤水或者蒸气)。关于此定义，需要特别指出：①流体出溶作用，即第一次沸腾和第二次沸腾，这两次作用常发生于地壳浅部，可以同时发生，也可单独发生，但没有先后顺序；②流体出溶成分，大体可分为以水为主蒸气相和以卤水为主的液相，这些出溶流体成分主要取决岩浆初始含水量、氯浓度及溶解组分压力等因素；③这里给出的定义主要针对岩浆作用过程中产生流体，不包括岩浆体系周围地层中的热液。

3.2 岩浆热液的特征

水及其蒸气是岩浆热液中最常见且最主要的成分，其他重要成分包括 CO_2、N_2、SO_2、H_2S、CH_4、CO、HCl、HF、NH_3、O_2、Ar、He 和 Ne。包裹体是最直接获取岩浆热液成分证据的方法，如花岗岩黄玉-电气石-石英脉中发现了初始酸性富卤岩浆水，其 Na、Cl 和 B 含量显著较高。来自深成侵入体的岩浆热液较来自浅成侵入体的更富氧化、酸性岩浆具有富含 CO_2 的挥发分的特征，并含金属和稀土元素。

岩浆热液成分随岩浆演化而发生变化，即从早期玄武质岩浆产生挥发性含量低且富 CO_2 热液，演化为晚期长英质岩浆产生的富含水热液。值得注意的是，岩浆热液中金属元素含量取决于体系中 Cl 和 F 活度。由于 Cl 在流体与熔体间配分系数(D_{Cl})通常大于 1，而 F 配分系数(D_F)常小于 1(Kilinc and Burnham，1972；Manning and Pichavant，1984；Candela，1992；Webster and Holloway，1990)，Cl 优先进入流体相，F 则进入熔体相中。D_{Cl} 随温度、压力和流体中水含量的增加而增加，但温度、水含量、熔体在流体相中溶解度的增加，以及熔体黏度的降低，会致使 D_F 增加。例如，岩浆热液中 Cl 浓度的增加有利于 Cu、Pb、Zn、W、REE、Mn、Li、Rb、Sr 和 Ba 等元素浓度随 Cl 浓度增加而增加。因此，随着卤素浓度的增加，金属元素从熔体进入岩浆热液中。

盐度变化范围大是岩浆热液成分的另一个重要特征。岩浆热液的盐度由接近 0 的纯水到高达 60%～70%的热卤水不等。这种变化在很大程度上受热液出溶过程中熔体物理化学条件的影响。对简单钠长石-NaCl-H_2O 体系实验和理论研究表明，NaCl 浓度的变化可以定义为压力的函数(Bodnar，1992)。在较高压(＞1.3kbar)下，初始熔体的盐度较高，随着熔体结晶而逐渐降低，最终出溶热液将接近纯水；在低压下，初始熔体的盐度较低，随着结晶过程而增加。即使体系的 NaCl 含量超过 50%，从岩浆体系中最后出溶流体相也是高盐的；在 1.3kbar 压力下，初始熔体的盐度较低至中等，为 10%～15%，并且在恒压结晶过程中保持不变。实验研究表明(Wen and Nekvasil，1994；Zeng and Nekvasil，1996；Hellmann，1994)，在 832℃和 2kbar 的水饱和液相线下，H_2O-钠长石体系会在 57%的熔体结晶后释放出水。该流体相的盐度为27.4%，在晚期相分离过程中进一步降低至1%以下。因此，浅成热液流体较深成热液流体有相对高盐度特征。熔体结晶初期含水量较低，导致晚期水饱和，因此早期出溶流体在室温下达到盐饱和。然而，流体不混溶是室温条件下热液盐度饱和最常见机制。在气液两相体系约束的 *P*、*T*、*X* 条件下，岩浆热液的不混溶产生高盐卤水和低盐水蒸气。这可用简单的 H_2O-钠长石体系固相线来解释，在压力低于1.6kbar时，盐度为20%～44%，出溶流体将分离成低盐气相(20%)和高盐的液相(44%)。这种情况一直持续到90%的熔体结晶，最终流体将进入一个单相区。岩浆热液中的NaCl对于热液矿床的形成至关重要，因为富NaCl热液可以溶解金属，从而可以形成盐与金属结合的络合物。这些氯络合物可以挟带金属(Romberger，1982；Sharma et al.，2003)，随后导致金属的沉淀和富集。然而，这类含金属氯络合物的形成取决于金属元素与NaCl的相容性，如Cu与Cl形成化合物，在富盐热液中迁移，由于Mo与Cl不具有亲和力，因此Mo浓度在富盐热液中并不增加。

3.3　岩浆热液产生的过程

目前，岩浆热液形成过程的研究主要来自斑岩成矿系统中成矿流体的研究。这些研究揭示岩浆热液流体演化为一个周期性过程，控制了产生蚀变的热液流体特征和在不同演化阶段从岩浆产生金属元素的混合(Candela and Holland，1986；Cline and Bodnar，1991；Sillitoe，2010；Reed et al.，2013)。岩浆热液演化的模型主要有液相岩浆热液模型(Burnham，1979)和气相岩浆热液模型(Williams-Jones and Heinrich，2005)。

3.3.1　液相岩浆热液产生机制

Burnham(1979)详细研究了在含3%水的花岗闪长岩体冷却过程中产生的岩浆热液系统。侵入岩体的冷却被认为发生在次火山环境中，因此，这意味着在冷却的最初阶段，该系统是开放的，允许挥发分通过岩体上方的裂隙逸出。在晚阶段，岩体通过凝固的外壳成为一个封闭系统[图3-2(a)]。假设岩体内部最高温度是1025℃，将1000℃的等温线延伸到2.5km的深度，并且该等温线包围了90%的熔体，因此从1000℃等温线向上和向外，残余岩浆水含量增加，并在3.3%时达到饱和。从饱和带至低于固相线温度的外边界(S1)，岩浆热液系统由含辉石的结晶相、花岗质成分的残余岩浆和富水流体相组成。从1000℃的等温线延伸至更深区域，角闪石和黑云母分别在800～900℃和780～850℃的温度范围保持稳定。残余岩浆与角闪石反应形成黑云母，从而导致残余岩浆富硅和石英。这些过程导致残余岩浆中水达到饱和，而岩体仍大部分熔融且 H_2O 不饱和。岩体熔化的部分被饱和水的岩浆所包裹，这些富水岩浆又被凝固的外壳包裹。饱和水带的厚度随深度增加而减少，形成了挥发分向围岩运移的屏障，从而增加了岩浆内部的蒸气压力。在水饱和带上部发生第二次沸腾，导致大量富水流体相的形成。

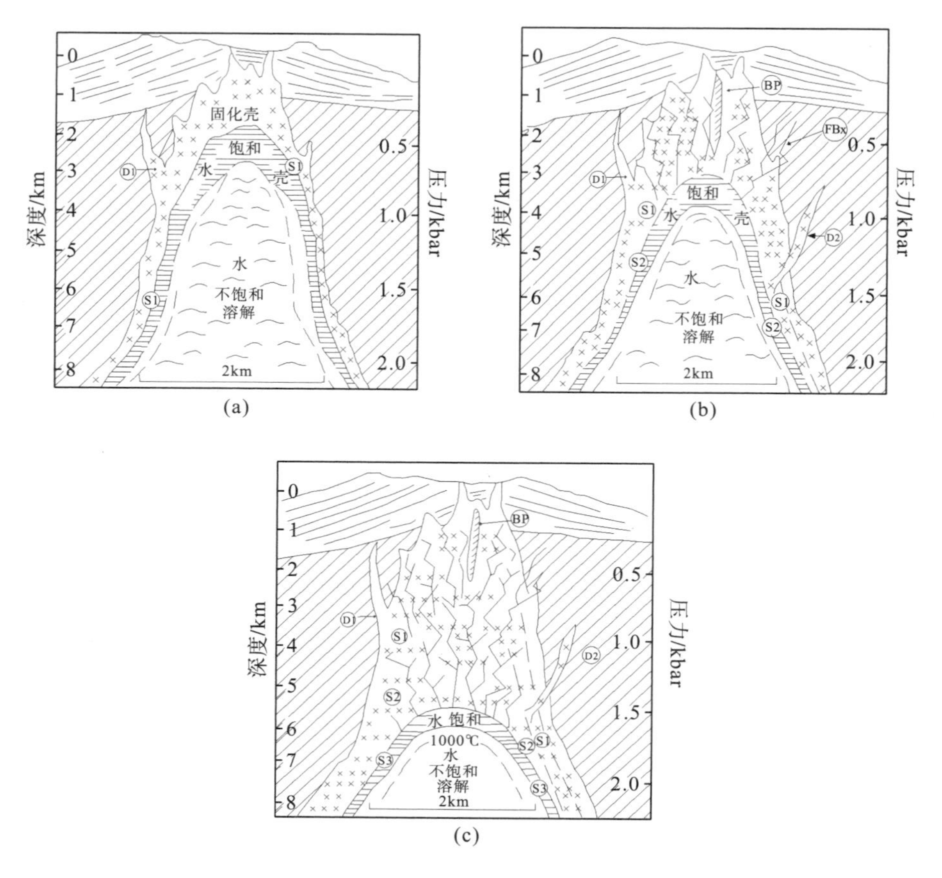

图 3-2　斑岩侵入体冷却过程中岩浆-热液系统的演化模型(据 Burnham，1979 修改)

S1.岩浆低于固相温度的外边界；S2.岩浆低于固相温度的内边界；S3.水饱和带；D1.岩体边部凝固部分；D2.岩体中心仍处于熔融部分；BP.角砾岩筒；FBx.结晶壳破裂和角砾化

在图 3-2(b)中，蒸气压增加所产生的机械能超过了岩石的抗拉强度和围压，导致水饱和带上方的围岩快速膨胀产生破裂和角砾化。该作用的进一步结果是流体压力降低，促使饱和水熔体结晶和演化出更多的富水流体。这种流体将穿过上部裂隙，通过水力压裂进一步向上延伸。裂隙的产状与局部应力场有关，多为近垂直的，其最大主应力方向是垂直的，而最小主应力应为近水平方向。持续的冷却会导致固相线温度外边界向内边界迁移，水的饱和带转移至岩体的更深处。如果水饱和带的破裂发生在饱和带的加厚上部，在那里通常会聚集大量的含水流体，则有可能形成角砾岩筒。相反，在水饱和带较深和较薄地方破裂，将导致含斜长石和角闪石的岩脉从岩体的中心和仍处于熔融状态的部分侵入围岩。在图 3-2(b)所示的阶段，岩浆热液系统已恢复到与破裂前相同的情况，唯一的区别是水饱和带位于更深的地方。在第二次沸腾阶段形成的裂隙系统由于石英的晶出而愈合。岩浆的进一步冷却将重复上述过程。

如图 3-2(c)所示，在最后阶段岩体上方发育复杂的裂隙系统是含矿热液和来自下方仍在冷却的岩体热量运移的主要通道。矿石矿物集中在流体相中，并被迁移至裂隙网络中。成矿作用通常与岩浆热液的晚期活动有关，岩浆热液周期性活动将形成大型矿床。根据这一模型，岩浆在 3km 深度完全结晶后，水饱和带可以扩大 30%，但在 5km 深度不超过 5%。这些热液系统大多局限于地壳的上部，岩石能够发生脆性断裂和大气降水的渗透。伴随以大气降水为主流体的加入，叠加甚至抹去先前岩浆热液系统的特征。

3.3.2 气相岩浆热液产生机制

Williams-Jones 和 Heinrich(2005)基于对含水气相中金属物质稳定性的大量实验研究结果，结合流体包裹体的研究，提出岩浆热液成矿作用的流体是岩浆蒸气而不是含水溶液。他们指出，气相是热液系统中金属元素迁移潜在的重要的媒介，超出了普遍被接受的流体沸腾的作用。气相被认为是富水蒸气，而液相可以是卤水(>26%)或者水溶液(<26%)，含有水、CO_2、SO_2、H_2S、N_2 等挥发分，以及不同浓度的可溶性组分(如 NaCl)。

热液系统中气相密度随着温度和压力的增加而增大，在 374℃和 225bar 的临界点时，气相和液相变得难以区分而演变成超临界流体。在火山喷气孔周围发现的火山升华物，为气相在运输大量金属元素方面提供了直接证据。这些升华物表明，除 H_2O 外，其他重要成分是 CO_2、H_2S、HCl、CO 和 H_2。火山气体中金属元素的浓度是变化的，取决于岩浆的成分和性质。例如，玄武质岩浆富集 Cu、Zn、Pb、Sb、Ag、Au；安山质岩浆富集 Cu、Pb、Zn、As、Mo、Hg；在长英质岩浆中上述元素含量较低，但 Sn 和 Mo 的浓度较高。

大陆和海底地热系统为我们约束岩浆热液体系的物理化学特征提供了另一种数据来源。大陆地热系统具有近中性的 pH 和气液两相共存的特征，而海底热液系统明显由加热的海水主导，因此与大陆地热系统有不同演化过程。黑烟囱中的相分离在海水的临界点附近(407℃和 298bar)发生，导致两种流体，其盐度与海水略有不同。海底热液喷口的气相通常富 CO_2、H_2S 和 $B(OH)_3$，但金属浓度在气相和液相中没有显著差异，而与氯化物络合物的浓度成正比，氯化物络合物很容易从海水中获得。然而，来自大陆和海底热液系统的高温火山气体都具有显著的富集和运输金属元素的能力。

Williams-Jones 和 Heinrich(2005)提出的在岩浆热液系统中金属元素以气相形式迁移对斑岩型 Cu、Cu-Mo、Cu-Au 系统和浅成低温热液 Au-Cu 系统中的金属沉淀尤为有效。他们指出，流体从含水岩浆中出溶的深度和流体到达地表的温压路径是关键因素，在岩浆房以上的不同深度，可独立发育流体体系，形成不同的矿床(如火山喷气型矿床、斑岩型矿床和浅成低温热液型矿床)，或者这些系统在同一位置连续出现并相互叠加。下面将详细论述火山喷气、斑岩和浅成热液三类热液系统演化过程(图 3-3)。

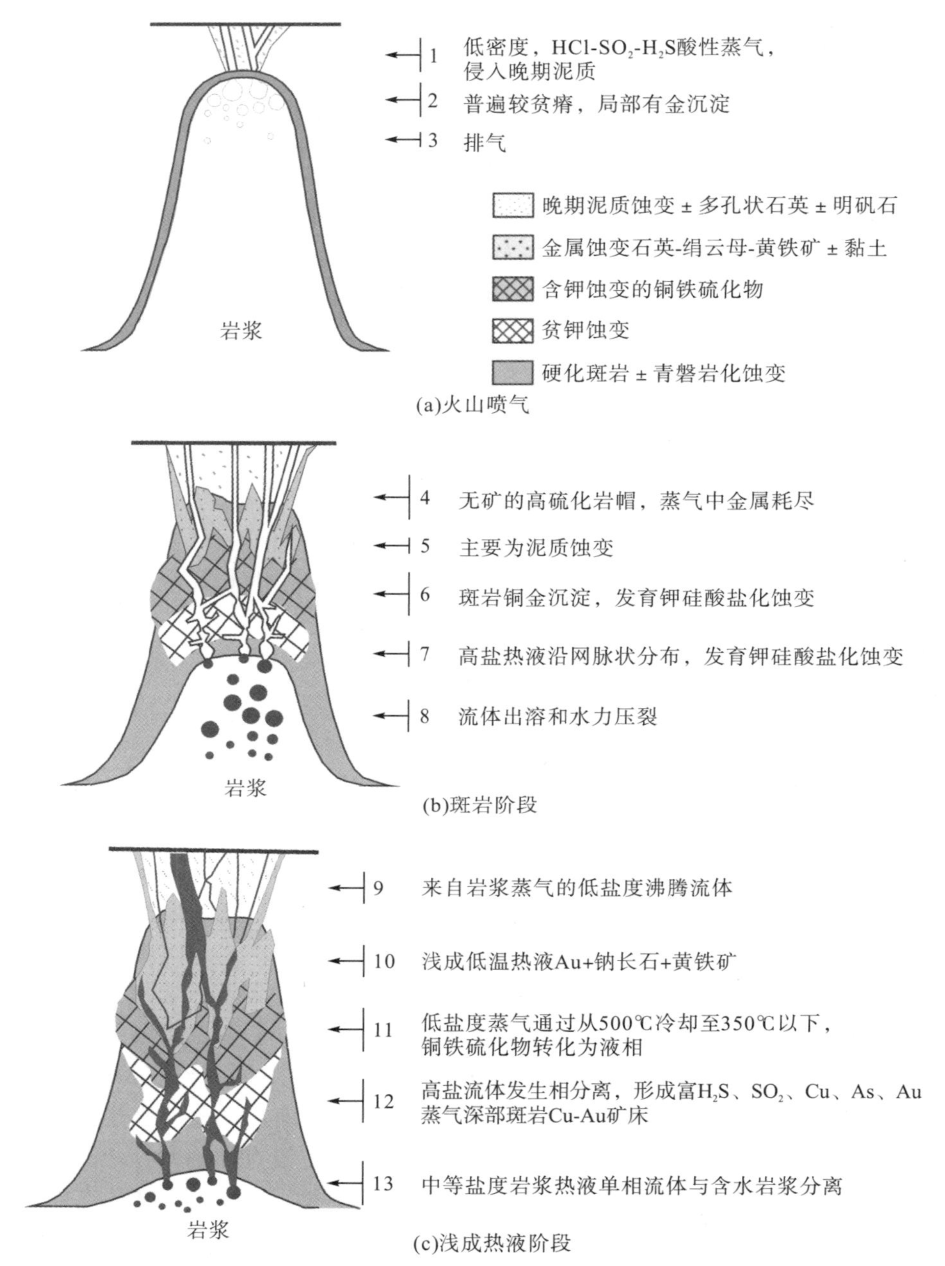

图 3-3 三类热液系统演化过程示意图(据 Williams-Jones and Heinrich，2005 修改)

活火山或次火山侵入岩体的喷气物为缺 NaCl，富 SO_2、H_2S 和 HCl 的气体，导致残留的流体中的盐分较高[图 3-3(a)]。火山气体在冷却时冷凝，形成含有盐酸和硫酸的液体，因此 pH 很低，通常产生高级泥化蚀变，其特征矿物是叶蜡石和明矾石，并伴有强烈的淋滤作用。这种类型的蚀变通常在火山喷气孔附近和高硫化型浅成低温热液系统中观察到。这些气体挟带金属，并可能通过直接从气态流体中沉淀或在与大气降水混合后沉淀进而形成工业矿床。以气相为主的岩浆热液系统的典型实例为新西兰的凯科希地热田，汞沉淀形成辰砂和含丰富有机质的沼泽沉积物中的液态天然金属。图 3-3(b) 中的斑岩阶段显示了正岩浆阶段挥发分的出溶。在超静岩压力下出溶的流体通过水力致裂向上流动以高盐卤水气相凝结的方式形成网脉状矿化和钾硅酸盐化蚀变，而与卤水共生中低盐度富硫气相形成斑岩型 Cu-Au 矿床。

对宾厄姆斑岩型铜金矿床中包裹体研究表明，低盐度气相是金属运输的主要介质，而且单相气相流体从斑岩系统下的岩浆房上升，凝结了小部分卤水，但随着气相继续向上迁移，两种共存的流体(气相和卤水)冷却到 425℃以下，从气相中沉淀出斑铜矿和黄铜矿。硫、铜和金在岩浆蒸气体系中同时迁移的现象表明，硫可用性是形成斑岩成矿体系重要因素。在斑岩矿化形成后，晚期贫金属的蒸气在斑岩系统顶部产生高级泥化，如图 3-3(b) 所示。在图 3-3(c) 浅成低温热液阶段，中盐度岩浆流体作为单相从含水岩浆中分离，随后是富 H_2O、SO_2、Cu、As 和 Au 的气相，这些气相从富含 $FeCl_2$ 的高盐卤水中分离出来。岩浆蒸气冷凝形成富水流体，温度从 500℃冷却到 350℃以下，促使 Cu-Fe 硫化物沉淀，而 Au 仍将留在流体中。该低盐度流体将在斑岩系统浅部沉淀出金、硫砷铜矿和黄铁矿。因此可以建立起斑岩成矿系统和浅成低温热液成矿系统之间的联系，其中在浅成低温热液阶段，Cu-Au-As 从低盐度酸性的流体中沉淀，而非蒸气的影响，同时围岩发生强烈的酸性淋滤作用，形成多孔状石英。

3.4　岩浆热液的成矿作用

自然界主要有两大类流体：以 SiO_2 为主体的硅酸盐熔体和以 H_2O 为主体的水溶液流体(热水溶液)，而热水溶液是最重要的成矿流体，因为水具有普遍性、流动性、润湿性，另外水还可作为极性物质溶剂。热水溶液(简称热液)，是一种热的含水溶液，包含主要组分 Na、K、Ca、Cl 和微量组分 Mg、B、S、Sr、CO_2、H_2S、NH_3、Cu、Pb、Zn、Sn、Mo、Ag、Au 等(Skinner，1979)。热液矿床的形成不仅与地壳中大量流体的产生密切相关，也与成矿流体通过地壳循环和聚集进入构造变形过程中形成的构造通道(剪切带、角砾岩等)的能力密切相关(Audétat and Pettke，2003)。根据对流体包裹体的研究，形成典型的岩浆热液矿床的成矿流体主要是金属浓度极高的岩浆卤水。

岩浆热液矿床的形成与地壳和地幔多种地质过程有关，制约岩浆热液矿床形成的主要因素包括上地壳岩浆房的形成、镁铁质和长英质岩浆的分离结晶作用、热水溶液从岩浆中出溶、低于岩浆固相线的流体-矿物相互作用、热水溶液通过狭窄空间的聚集、蒸气与卤水不混溶以及矿石矿物的沉淀等(Burnham，1967，1979，1997；Ishihara and Takenouchi，1980；Taylor and Strong，1988；Whitney and Naldrett，1989；Stein and Hannah，1990；Hedenquist and Lowenstern，1994；Hedenquist and Richards，1998；Audétat et al.，2008)，这些过程与岩浆热液系统事件发生的大致序列相对应(从深到浅)。中酸性岩浆就位过程中的物理化学条件(温度、压力、盐度、酸度、氧逸度和挥发分等)和广泛分布的流体组分(S、CO_2、As)直接影响成矿金属元素的浓度、运移、沉淀和其在硅酸盐熔体相和流体相之间的配分，进而控制形成不同的金属矿床(图 3-4；陈光远等，1993；李鸿莉等，2007；Vaughn and Ridley，2014；Pokrovski et al.，2014)。

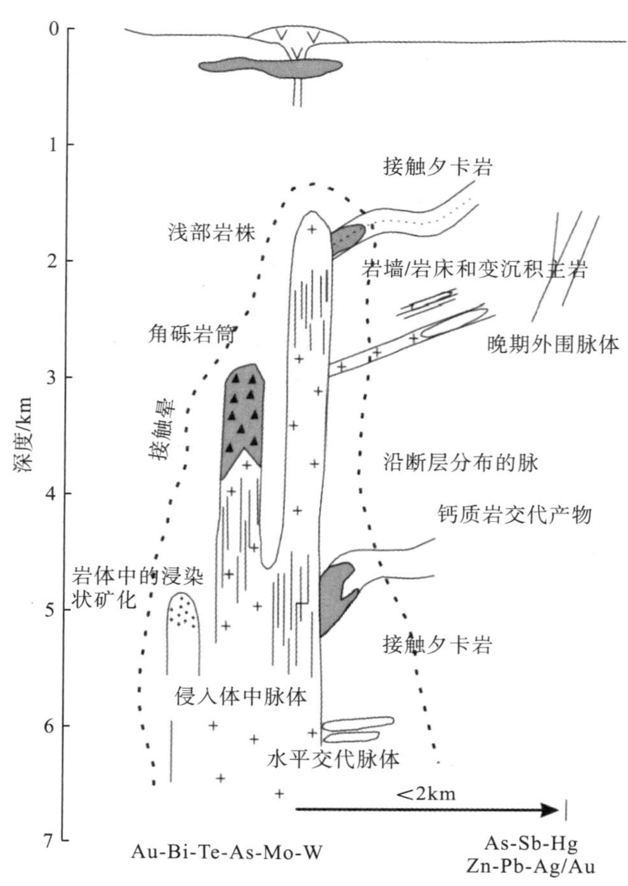

图 3-4 与侵入岩体有关的热液成矿系统概念模型(据 Lang and Baker，2001；Lang et al.，2000 修改)

含矿岩体的金属物质主要是通过冷却、减压、与围岩的化学反应、流体混合等过程从热液流体中沉淀的(Seward and Barnes，1997；Robb，2005；张德会，2020)。岩浆热液矿床形成的最大深度可能达到 10km(Skinner，1997；Uchida et al.，2007)。在该深度以浅，尽管与主岩的流体混合和化学反应对成矿有一定的控制作用，但在许多情况下，无矿和矿化侵入体在相似的深度侵位、在相同岩性且邻近的位置形成，因此认为矿石沉淀阶段不是判别侵入体是否成矿的主要控制因素。虽然，选择性金属沉淀必然对矿石的金属含量有很大影响，如澳大利亚东部浅色花岗岩形成的基本为纯锡矿床(Henley et al.，1999)，尽管 Cu、Pb 和 Zn 在成矿流体中的浓度分别比 Sn 高出一个数量级，但选择性矿物沉淀不是控制矿石金属比的唯一因素，对于一些元素，成矿流体中金属含量与矿化类型之间成正相关，如斑岩铜矿床流体中 Cu 的含量高等。

流体不混溶和相关成矿金属的蒸气-卤水间的配分主要通过以下方式影响成矿过程：①流体沸腾、H_2S 的逸出及其他因素等直接使矿石发生沉淀；②化学组成不同流体的分离可形成一定规模的金属分带；③与氯络合的金属元素在残余卤水中积聚。其中，流体沸腾、H_2S 逸出是浅成低温热液矿床和造山型矿床中 Au 的有效沉淀机制，蒸气与卤水不混溶的物理过程可能不会直接导致金属发生沉淀，但可以造成金属在两相之间发生不同的分配，与氯络合的元素 Pb、Zn、Fe、Mn、Ag、K 分离进入卤水，S、Cu、As、Au、B 则分离进入气相(Heinrich et al., 1999; Williams-Jones and Heinrich, 2005)，因此两种流体相的物理分离可以导致空间上的金属分带，如富 Cu 蒸气的逃逸导致美国新墨西哥州斑岩型钼矿床缺乏铜矿化(Klemm et al., 2008)。来自低密度母岩流体的冷凝及其在深部的富集可能是有限岩石空间中集中氯络合金属的有效机制，增加了形成岩浆-热液系统矿床的机会。许多金属(Sn、W、Mo、REE，而非 Cu 和 Au)在卤水中的溶解度比在蒸气中更高，并且卤水占据的体积小于相同质量的蒸气，从而增加在小体积岩石中金属沉淀的可能性。因此与蒸气和卤水不混溶相关的过程不是控制形成矿化的唯一因素，这一过程只是在成矿早期阶段发挥了重要作用。

我们对岩浆到亚固相线条件这些过程的转变仍然知之甚少。在岩浆条件下稳定的矿物质可能会变得不稳定并转化为其他矿物质，导致矿物和溶解的含水流体之间的金属和配体的重新分配。选择性金属沉淀和流体不混溶对亚固相线条件下流体的组成具有很大影响，但相当大部分岩浆流体的矿床特定金属性质是在较早阶段获得的(从岩浆结晶和/或较早阶段流体的出溶期间)，该阶段是否会促进或降低矿化潜力仍有待确定。但该阶段在无矿和矿化岩体中的发生程度相似，所以似乎不太可能对矿化潜力起到主要的控制作用。流体聚集是岩浆-热液成矿的关键过程，因为只有相对大量的流体在相对有限的岩石空间中沉淀金属矿物才能形成工业矿化。在各种尺度范围内都能发生流体集中，从千米范围大小岩枝到网脉状角砾岩中的毫米级裂隙。关于侵入体形状和水力致裂程度对矿化潜力影响的研究很少。Rehrig 和 Heidrick(1972)对比美国亚利桑那州的贫矿和矿化岩体，指出关键的结构上的差异是微小裂隙的强度和复杂性。但许多与云英岩和/或夕卡岩相关的侵入仅产生很少的脉，表明水力压裂对于矿床的形成并不是必需的，还需要做更多的工作来充分评估这方面的相对重要性。然而，即使流体集中至关重要，它可能也只影响矿床的大小和几何形状，并不影响矿床的类型。

含矿与无矿侵入体的判别是一个非常复杂的科学问题，涉及成矿作用从发生到最终沉淀富集的整个过程。Barton 等(1991)指出岩浆形成矿床的能力主要取决于水的可获得性，“干”的侵入体不能传输和在局部集中金属，即使它们富集某些元素，而微量元素异常高的“湿”侵入体具有显著高的成矿潜力。岩体湿度可根据侵入体周围及上部蚀变晕的类型、强度及岩石结构进行推断，岩体的成矿潜力和含矿性则根据钾长石、钠长石、石英、黑云母、绢云母、绿泥石和其他矿物为标志的热液蚀变晕特征来分析判断(Laznicka, 2010)。黑云母和角闪石等含水矿物可以反映结晶过程中 HF、HCl、O_2、H_2 和 H_2O 相对逸度(Wones and Eugster, 1965; Munoz, 1984; Brimhall et al., 1985)，能有效地记录成岩过程中物理化学条件之间的变化，并可提供成岩物质来源、形成环境及成矿等方面的信息(Wones and Eugster, 1965; 陈光远等, 1988)。与花岗岩类有关的矿床主要是与花岗岩类具有时-空和成因联系的热液矿床，因此岩浆能出溶热液且出溶相当数量热液成为制约花岗岩类成矿的必要前提，直接制约着岩浆岩的成矿潜力。

3.4.1　成矿元素在岩浆热液中的迁移形式

成矿元素的迁移，本质上是金属元素在地壳中不断进行转移再分配的问题。热液矿床中大部分金属矿物是硫化物，有人认为金属元素是以简单的硫化物真溶液形式在热液中迁移。但许多金属硫化物的溶解度都非常小，如要形成金属硫化物矿床所需要的含矿水溶液数量之大难以想象，因此是不大可能的。例如，金属离子呈胶体状态，仅可能在低温条件下迁移，因为它们在高温和电解质溶液中是不稳定的，故在内生成矿中呈胶体迁移的形式也是较少的。大量资料说明，许多溶解度小的金属，它们的络合物在高温下溶解度很大，并相对稳定。例如，当温度低于200℃时，铅在水溶液中的溶解度低于成矿的最低浓度相当于2～3mg/L，但铅在NaCl溶液中以络合物形式存在时其浓度比在纯水中提高3～4个数量级。这主要有两方面的原因：一方面，络合物在成矿热液中可以显著增强从矿物和岩石中萃取某些金属元素的能力，提高金属元素在气相和液相中的溶解度和稳定性；另一方面，天然热液中普遍存在各种阴离子，如F^-、Cl^-、S^{2-}、CO^-、HS^-、CO_3^{2-}和OH^-等可作为络合物配位体，普遍认为金属离子在流体溶液中主要以络合物的形式进行迁移。

Heinrich等(2004，2007)研究发现Cu、Au、As等元素在富含S的岩浆流体相分离时优先进入蒸气相，而Cu、Fe、Zn、Pb等元素在富Cl的岩浆流体相分离时优先进入卤水相，从而逐渐认识到岩浆热液中金属元素以气相形式迁移的重要性。

下面将以Au元素在岩浆热液流体中的迁移为例，着重介绍成矿元素在岩浆热液中的迁移形式。

3.4.1.1 金在气相中的迁移

在已发表的大多数矿床模型中，金属成矿物质运移的最主要介质是水溶液，然而来自富气流体包裹体、地热系统(大陆和海底)、火山气体以及实验研究的证据表明，气相在一些热液系统中可能是很重要乃至占主导地位的成矿流体。同时，金的气相迁移实验证明，在有机化合物生烃过程中，金会随烃类气体迁移。

火山气体及其升华物为气体溶解大量金属元素提供了重要地质证据，酸性的气体组分能够作为金属络合物的配位体。经统计，世界上几大火山喷口气体组分中，主要成分是H_2O(＞90%，摩尔分数)，其次是CO_2(＜10%，摩尔分数)、SO_2(＜6%，摩尔分数)、HCl(＜6%，摩尔分数)，以及其他组分(＜1%，摩尔分数)如H_2、HF和H_2S等。在凝结的火山气体中金属的浓度变化较大，并随温度和岩浆的组成而变化。例如，玄武质岩浆的火山气体升华物中Cu浓度高达ppm(百万分之一)级；Taran等(2000)在墨西哥科利马(Colima)火山口附近放置的气体采样装置内的凝华物中发现了自然金。此外，Yudovskaya等(2006)通过对Kudryavy火山气体的研究，发现火山气体的凝华中Au含量为0.3×10^{-9}～2.4×10^{-9}，且大多数Au主要以Cu-Au-Ag、Au-Ag合金或者单颗粒自然金形式存在。

金属元素在气相中迁移有以下两个特征(Williams-Jones and Heinrich，2005)：①气体运移金属的能力与气体中水的逸度呈显著正相关关系，这是因为含金属络合物水化作用形成了$ML_m(H_2O)_n$水合物(M为金属离子、L为带负电荷的配体)。因此，金属在富水蒸气中的溶解度不仅取决于可用的配体(如Cl和S)，还取决于富水蒸气的密度，其密度随着压力的增加而增加。②气相迁移有助于某些金属(如铜和金)选择性富集，如气体中更易富集Au和Cu，而水溶液中倾向富集Fe。气体之所以具有较强的金属迁移能力，HCl和H_2S起了关键的促进作用。Archibald等(2001)研究了Au在HCl和H_2O混合气体中的溶解度，发现水蒸气中金的溶解度与 HCl 和 H_2O 的逸度呈明显的正相关关系。金的这种行为归因于 $AuCl{\cdot}nH_2O$ 络合气体的形成，其中 Au∶Cl 为 1∶1，水化数在 300℃时为 5 到 360℃时为 3，可通过以下反应形成水化含金络合物：

$$Au(s)+mHCl(g)+n\,H_2O(g) = AuCl_m(H_2O)_n(g)+\frac{m}{2}H_2(g) \tag{3-1}$$

实验计算表明，在 300℃和 $f_{(O_2)}$-pH 条件下，在高硫化型浅成低温热液系统中，气相可以运输高达 6.6×10^{-9} 的金，这足以在 30000 年内形成约 30t 规模的金矿床。

与 HCl 不同的是，H_2S 气体可单独与 Au 形成气态络合物，金的溶解度可以归因于溶剂化气态硫化物或二硫化物络合物的形成，其反应原理如下(Zezin et al.，2011)：

$$Au(s)+(n+1)H_2S(g) = AuS(H_2S)_n(g)+H_2(g) \tag{3-2}$$

或者是：

$$Au(g)+(n+1)H_2S(g) = AuHS(H_2S)_n(g)+\frac{1}{2}H_2(g) \tag{3-3}$$

实验结果表明，Au 在 H_2S 气体中的溶解度随温度上升而升高，300℃时达到 1.4×10^{-9}，350℃时达到 8×10^{-9}，而 400℃时则达到 95×10^{-9}。反应式(3-2)、式(3-3)中，n 为 1 或 2。因此，金的溶解度在 H_2S 气体的溶解度相对较高，H_2S 在金的气相迁移和低温热液金矿的形成中可发挥重要作用。

在许多斑岩型金矿床中，高品位的金仅富集于浅成低温热液脉和角砾岩中(Stoffregen，1987；Jannas et al.，1990)。Heinrich 等(2004)根据金迁移的热力学反应模拟实验约束了金从岩浆房运移至浅成低温热液矿脉中的过程(图 3-5)。在图 3-5 中，如果初始岩浆流体中的 H_2S 超过 $FeCl_2$ 沉淀消耗的量，则在酸性环境下岩浆热液冷却过程中 Au 和 H_2S 形成 $Au(HS)_2^-$ 络合物可被气相流体从 450℃运送至 150℃的浅成低温热液流体中，此过程中可运送的金含量高达 10×10^{-6}，且金不会达到饱和。该模型利用金络合物的气相迁移很好地解释了来自岩浆源区的 Au 是如何在浅成低温型矿脉中富集。

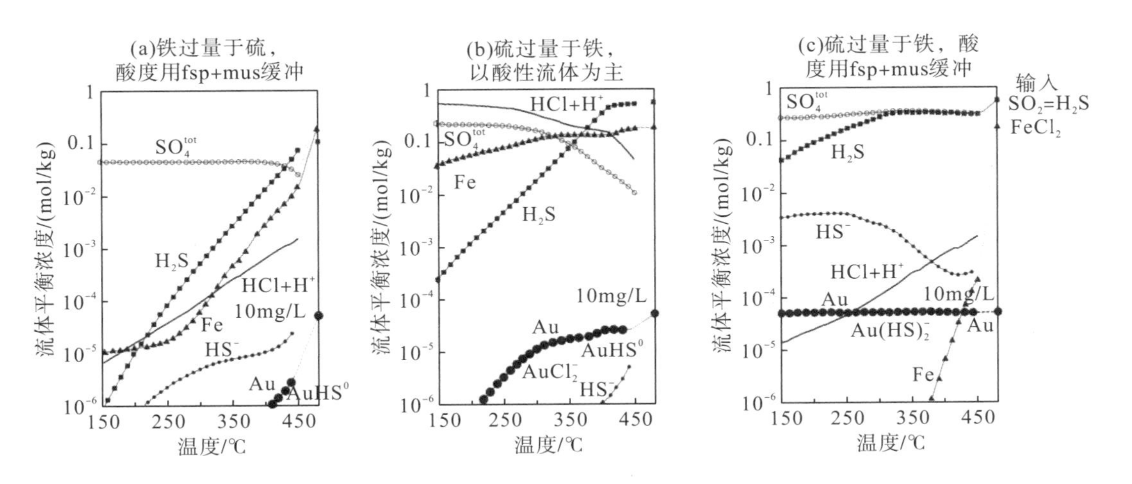

图 3-5　Au 迁移热力学反应模拟结果(据 Heinrich et al.，2004 修改)

在 500bar 压力和 150～450℃的温度条件下，对封闭系统进行了三个极端化学演化路径模拟计算，以阐述初始流体中 S/Fe 的值和受围岩蚀变反应缓冲 pH 决定性影响；(a)为初始过量的 Fe 阻止了金向低温的有效迁移；(c)为初始过量硫和围岩反应产生的酸中和作用最大限度地提高了从岩浆到低温热液环境下的金迁移效率。fsp-钠长石+钾长石；mus-白云母；SO_3^{tot-} 叶蜡石

3.4.1.2 金在热液中以络合物形式迁移

金在自然界具有3种价态：Au^0、Au^{1+}和Au^{3+}，其中Au^0是金的最主要矿物形式。金在自然界的可能运移形式并不多，因为一方面要求配体能够与金结合成牢固的化合键，另一方面又要求这种配体在自然界的含量相对丰富。实验表明，金-氯及金-硫络合物可以存在于范围很广的不同地壳环境中，如在压力为0.5～100MPa、温度为500℃、中性至碱性的流体中，$Au(HS)_2^-$是最主要的金络合物形式；在酸性条件下，$AuHS^-$占主导地位(图3-6)；而在低S、低 Cl 的溶液中则以 Au(OH)为主。在相对较低的温度下，pH 为中性-碱性的稀溶液中，Au(OH)可能控制着金的迁移。由于 Au(OH)的稳定性比金-氯、金-硫络合物要差，因此Au(OH)对金迁移的作用不是很大。常见的金-氯络合物是$AuCl_2^-$和$AuCl_4^-$，$AuCl_4^-$仅在氧化性强、酸性且低温(25℃)的富氯热液中才会成为金的主要络合物形式，而在中性富氯热液中$AuCl_2^-$是主要的络合物形式。除上述几种络合物形式以外，金还可与$S_2O_3^{2-}$、CN^-以及SCN^-形成络合物并迁移。

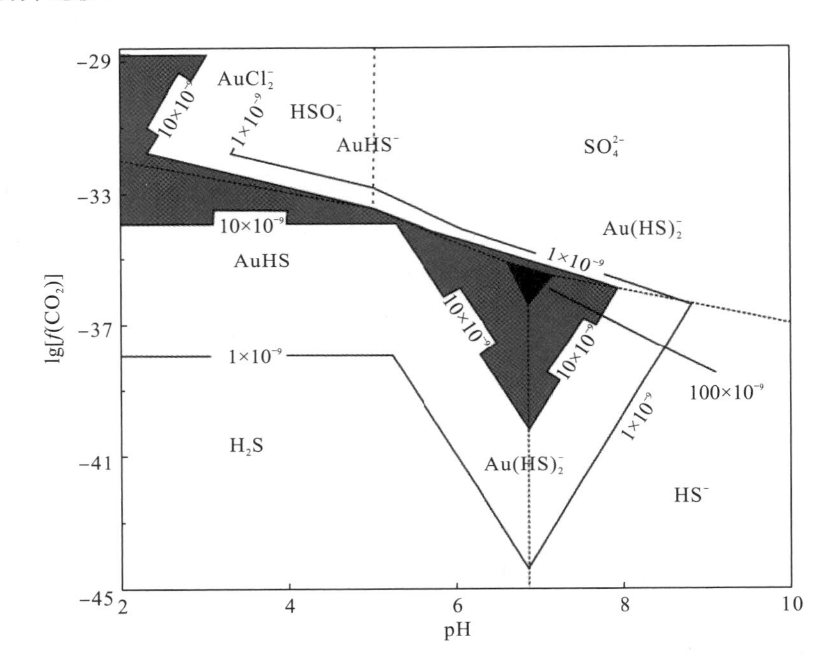

图3-6 在P=50MPa、T=250℃条件下，金在含H_2S和HS^-热液中的溶解度与$f(O_2)$、pH关系图解
(据 Williams-Jones et al.，2009；1mol NaCl，$\sum n(S)$=0.01mol)

成矿系统环境温度、pH、Eh(溶液的氧化还原点位)及$f(O_2)$（氧逸度)的改变都可能改变含金络合物的稳定性，从而影响金在成矿热液中的迁移。尽管已有研究表明世界上主要的独立金矿床的成矿流体具有富CO_2的特点，但很少将CO_2与金的运移过程联系起来，因为金离子与CO_2结合形成的价键不牢固。前已述及，在压力为50～100MPa、温度为500℃、中性-碱性的流体条件下，$Au(HS)_2^-$是最主要的金络合物形式。以$Au(HS)_2^-$为例，金在溶液中的溶解度与以下反应有关：

$$Au(s)+H_2S(aq)+HS^-(aq)=\!=\!=Au(HS)_2^-(aq)+\frac{1}{2}H_2(aq) \tag{3-4}$$

该反应的反应平衡常数 K 为

$$K=\frac{a[Au(HS)_2^-]\cdot[a(H_2)]^{0.5}}{a(H_2S)\cdot a(HS^-)}$$

式中，a 为物质的活度。

将该式变形，得到金在溶液中的活度为

$$a[Au(HS)_2^-]=\frac{K\cdot a(H_2S)\cdot a(HS^-)}{[a(H_2)]^{0.5}}$$

考虑到 $H_2S=\!=\!=HS^-+H^+$，因此反应达到平衡时，$a(HS^-)=a(H_2S)$，从而有：$K_{(H_2S)}=a(HS^-)\cdot a(H^+)/a(H_2S)=a(H^+)$。也就是说，当 pH 与 H_2S 的解离常数相等时，金的活度可达到最大值。由于在一定温度范围内（10～500℃），$K_{(H_2CO_3)}$ 与 $K_{(H_2S)}$ 非常相近，因此若 CO_2 将体系 pH 缓冲维持在 $K_{(H_2CO_3)}$ 附近，就能在一定程度上提高金的溶解度，从而使金在热液中迁移得更远。

3.4.1.3　胶体运移

胶体金是金在表生环境或自然水中迁移的重要媒介，长期以来，胶体金被认为在金的表生迁移和富集过程中起着重要作用。刘英俊和马东升等（1991）总结了金在表生环境下形成的方式：①机械研磨作用；②化学凝聚作用；③原生金矿化和含金硫化物崩解作用；④天然胶体的吸附作用；⑤气相凝聚作用。Fournier（1985）认为金可以和硅胶在深部发生结合成为胶体金，被挟带至地表或浅部发生沉淀。Saunders（1990）在研究美国内华达州斯利珀（Sleeper）金矿床时指出，金和二氧化硅结合，在热液系统深部形成初始胶体金颗粒，并随着含金流体发生机械迁移，当流体流速在更宽的构造裂隙处下降时则发生沉淀。更大或更密集的胶体金颗粒沿着裂隙壁发生沉淀，形成条带状富金矿床。

金以胶体的形式迁移和沉淀解释了斯利珀金矿床及与之相似的金矿床条带状富金矿脉的很多特征：二氧化硅凝胶和二氧化硅与金颗粒的凝结物交替产出从而形成了具明显条带状的富矿脉。以往有关浅成低温热液金矿床模型表明，沸腾、冷却或者是溶液混溶能够导致金和二氧化硅的饱和，但并没有阐明金沉淀的确切位置。Saunders（1990）的研究表明，胶体金的形成发生在深部，并以胶体颗粒的形式运移到浅部。金以胶体形式迁移还可以发生在中温热液成矿系统中。含矿热液在运移过程中，压力的降低通常会导致流体不混溶并且使可溶的金络合物变得不稳定而产生分解，但是硅胶的存在能够使胶体金稳定，并使其在热液系统中迁移得更远。这也可能是深度延伸数百米甚至数千米的含金石英脉仍保持一定金品位的原因。因为如果金以可溶的络合物形式迁移，快速形成的脉系会在垂向上经历显著的温压条件变化，从而形成富金矿带，而不会在数千米范围内都保持较高的金品位。因此胶体金不仅仅在表生环境下对金的富集和迁移具有重要作用，而且对金在内生环境中的作用可能更大。在金氯络合物及金硫络合物不稳定的环境下，胶体金可能是最为重要的形式。研究表明，水中胶体金在温度高达 410℃的情况下仍然是稳定的。

3.4.1.4 纳米金

随着现代测试和分析技术的发展，纳米金作为金的一种赋存状态，正受到越来越多的重视和关注。由于纳米金的比表面积大且活性高，因此可应用于医学中的药物挟带剂及制造业中的催化剂。与此类似，这些特征也可用来研究金在热液及浅成环境下的迁移和沉淀机制。Meeker 等(1991)在火山喷气孔孔口沉积物中发现了纳米金和纳米银颗粒，并认为它们是胶体迁移或者是岩浆气体直接沉淀的产物。此外，在砂金矿物颗粒表面还发现了与有机生物膜共生的纳米金。在美国内华达州卡林型金矿的含砷黄铁矿中也发现有纳米金颗粒的存在，纳米金颗粒的大小为5～10nm，它的形成存在两种可能的机制：①金在含砷黄铁矿中的溶解度过饱和，导致金在含砷黄铁矿结晶过程中，沿含砷黄铁矿边缘析出；②在矿床演化的后期阶段，金的纳米颗粒从亚稳态的含砷黄铁矿基质中析出。

在纳米范围内，金的物理性质和电学性质与常规条件下相比具有很大的差异性。例如金在10nm时其熔点从常规的1064℃下降到925℃，5nm时降到800℃，在2.5nm时则降到500℃。这种性质的变化可能更有利于促进自然金的出溶或者沉淀。载金矿物在风化作用和生物氧化作用下释放出纳米金颗粒，这些纳米金颗粒将通过胶体运移分散到围岩中。分散独立的金颗粒被辰砂、石英及伊利石吸附可能正是得益于这个过程。

3.4.2 成矿元素在岩浆热液中富集沉淀机理

成矿元素在热液流体中析出并沉淀与流体在特定位置物理化学环境的改变有关。这里我们以金元素的沉淀为例进行详细介绍。

Phillips 和 Powell(2010)指出，以下三种化学过程可以有效地影响金的沉淀：①降低溶液中的氧逸度，以便保留一定的还原碳；流体的还原反应具有增大氢气逸度的效应，从而促使反应式(3-4)向左进行，促进金的沉淀。一种可能的过程是使含矿流体与含还原碳的围岩反应。②降低总硫含量，从而降低还原性硫的含量。③在赤铁矿域内增大氧逸度以形成硫酸盐。在某些金矿田，赤铁矿是一种非常重要的蚀变产物。在赤铁矿稳定的条件下，S通常以氧化态存在，如SO_4^{2-}。含金流体在赤铁矿域，还原性的S将转变为氧化状态的S，从而促使金沉淀。此外，混溶、挥发组分的分离或者因降压而导致的沸腾都能使溶液化学性质发生显著性的改变，从而影响金的沉淀。

3.4.2.1 温度、压力的改变

温度和压力对溶解度都有很大影响。通常情况下，固体的溶解是一个吸热过程，它是通过吸收必要的热量来分解晶格。因此，温度升高会增加溶解度，下面给出的反应向右移动：

$$\text{固体+溶剂} \longrightarrow \text{溶液} \tag{3-5}$$

将气体溶解到液体中会放出热量(放热)，因此：

$$\text{气体+液体} \longrightarrow \text{溶液} \tag{3-6}$$

这意味着随着温度的升高，气体变得更难溶解。压力对气液系统也有很大的影响：对于给定的温度，压力的增加会增加气体的溶解度。压力升高增加了气相中分子的浓度，反应式(3-6)的平衡也向右移动。相反，压力下降会导致气体从溶液中出溶。普通液体沸腾的温度是其蒸气压等于其上面的压力。热液沸腾也是出于同样的原因，其直接结果是溶解的气体和其他挥发性化合物，如 CO_2 和 H_2S，从溶液中分离。热液沸腾的过程很重要，因为它会影响成矿元素(如金、砷、锑、银)沉淀。

温度和压力的改变能够改变金的溶解度并影响金的沉淀，例如 Phillips 和 Powell(1993)将冷却作为脉状金矿化的一种可能机制。不仅如此，温度和压力的改变还可以促使含矿流体从上部角闪岩相搬运到下部绿片岩相环境。事实上，降温能否导致金沉淀，还取决于金在溶液中的存在形式和温压条件。若金以氯化物($AuCl_2^-$)的形式存在，则降低温度能够促进金的沉淀析出，但如果金以 $Au(HS)_2^-$ 的形式存在，则在一定温度范围内，降温反而有利于金的溶解(图 3-7)。然而降温仍然能够通过影响其他反应平衡从而间接地影响金的沉淀。压力的改变对金沉淀的影响就更为间接，如果压力的变化没有导致流体中相的分离，那么它对金溶解度的影响微乎其微。

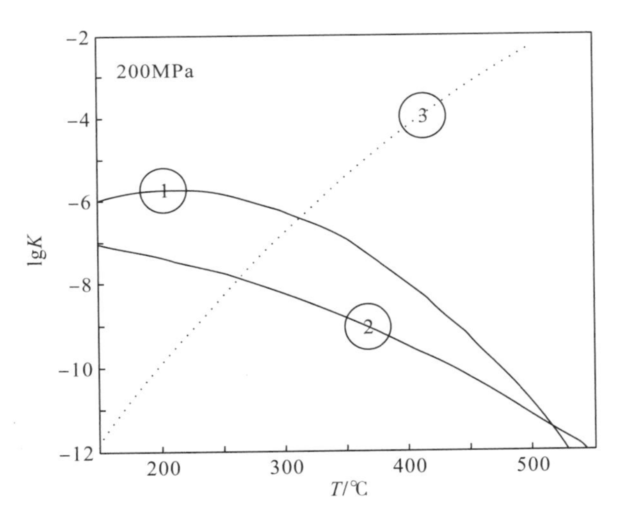

图 3-7　温度对金在溶液中溶解度(K)的影响(Mikucki，1998)

①$Au(s)+H_2S═══Au(HS)^0+\frac{1}{2}H_2(g)$；②$Au(s)+2H_2S═══Au(HS)_2^-+H^++\frac{1}{2}H_2(g)$；③$Au(s)+2Cl^-+H^+═══AuCl_2^-+\frac{1}{2}H_2(g)$

3.4.2.2　流体沸腾与相分离

成矿流体从深部向地表上升时，经历的是一个降压过程，当静水压力降低到该流体的饱和压力时，随着流体的上升和断裂的张开会产生沸腾。沸腾作用引起金属沉淀的主要原因是气体的分离散失：①流体中部分气体散失从而提高了流体中金属元素的浓度，进而造成矿质过饱和沉淀；②由于分离的气体挥发性组分主要为酸性组分，如 CO_2、H_2S 等，造成流体 pH 上升和还原硫浓度的增大。相分离是一种重要的金沉淀机制，它只有在流体周围温压条件降低到流体组分的固溶线之下才能发生。相分离被认为是形成高品位矿体，含游离金的叠层状石英矿脉、阵列脉和脉状角砾岩的有效机制。相分离对金的沉淀作用并非十分普遍。但是富 CO_2 的气体从含矿流体中分离是否对成矿起作用还取决于原始流体组分、pH、流体总硫含量以及氧逸度和温度的变化，在这些因素中，只有总硫含量的变化才能导致广泛的金沉淀。

3.4.2.3 流体-围岩反应和流体混合作用

流体-围岩反应能够改变含矿流体组分成分及含量，从而导致金沉淀。Groves 和 Phillips (1987) 认为流体-围岩反应是太古宙脉状金矿床的最主要成矿机制。在解释太古宙脉状金矿床时，应用最广泛的机制是富 S 含矿流体与含 Fe 围岩之间的反应破坏了 $Au(HS)_2^-$ 的稳定。Mikucki (1998) 指出，围岩蚀变过程中的 H_2S 活度梯度能够轻易将金的溶解度提高到原来的 10～100 倍，从而支持了硫化作用反应作为一种主要的金沉淀方式。围岩反应导致的金沉淀反应式如下：

$$Au(HS)_2^- + H^+ + \frac{1}{2}H_2(g) = Au + 2H_2S \tag{3-7}$$

$$FeO_{rock} + 2H_2S = FeS_2 + H_2O + H_2 \tag{3-8}$$

由上述方程，黄铁矿的产生降低了 H_2S 的含量，从而使式(3-7)反应向右进行，促进了 Au 的沉淀。其他类型的流体-围岩反应也有可能导致金沉淀析出。例如，强烈的 CO_2 和 Ca 的交代作用是很多超基性岩矿床的特征，交代作用的结果使含矿流体酸化。在对酸缓冲能力低的围岩中，交代作用产生的酸能够加强金的析出作用。

$$MgO_{rock} + Ca^{2+} + 2H_2CO_3 = CaMg(CO_3)_2 + 2H^+ + H_2O \tag{3-9}$$

流体混合作用实际上是一种广义的水-岩反应，主要通过下面 4 种机制促成矿质从热液中沉淀：①稀释作用；②增大氧逸度和 pH；③还原作用；④液态不混溶作用。由于是流体-流体间的反应，其反应速度要比流体-固体间的反应快得多，因而对矿质的沉淀效果也更为显著。常见的流体混合作用是成矿流体与大气降水或地表水的混合。

3.5 典型岩浆热液成矿作用的实例

3.5.1 斑岩-浅成低温热液矿床

3.5.1.1 阿根廷西北部法马蒂纳矿床

法马蒂纳矿区位于阿根廷西北部法马蒂纳山脉(图 3-8)。在约 $35km^2$ 的区域内，包含几个小型 Cu-Mo-Au 矿化斑岩和一组垂直的高硫化型浅成热液 Cu-Au-(As-Sb-Te) 矿脉。法马蒂纳矿区的地层层序始于寒武系 Negro Peinado 组(相当于 Puncoviscana 组)的海相地层，该地层在早奥陶世经历了低级变质作用(Toselli，1978)。奥陶系尼乌尼奥尔科组的显晶花岗岩随后侵入变沉积岩。古生代陆相沉积地层(Agua Colorada 和 Patquía 组)不整合覆于其上(Losada-Calderón and McPhail，1996)。上新世早期[(5.0±0.3) Ma；

Losada-Calderón et al.，1994]，Mogote 组的大量英安质岩石和岩脉侵入这些沉积地层中（Alba，1979）。

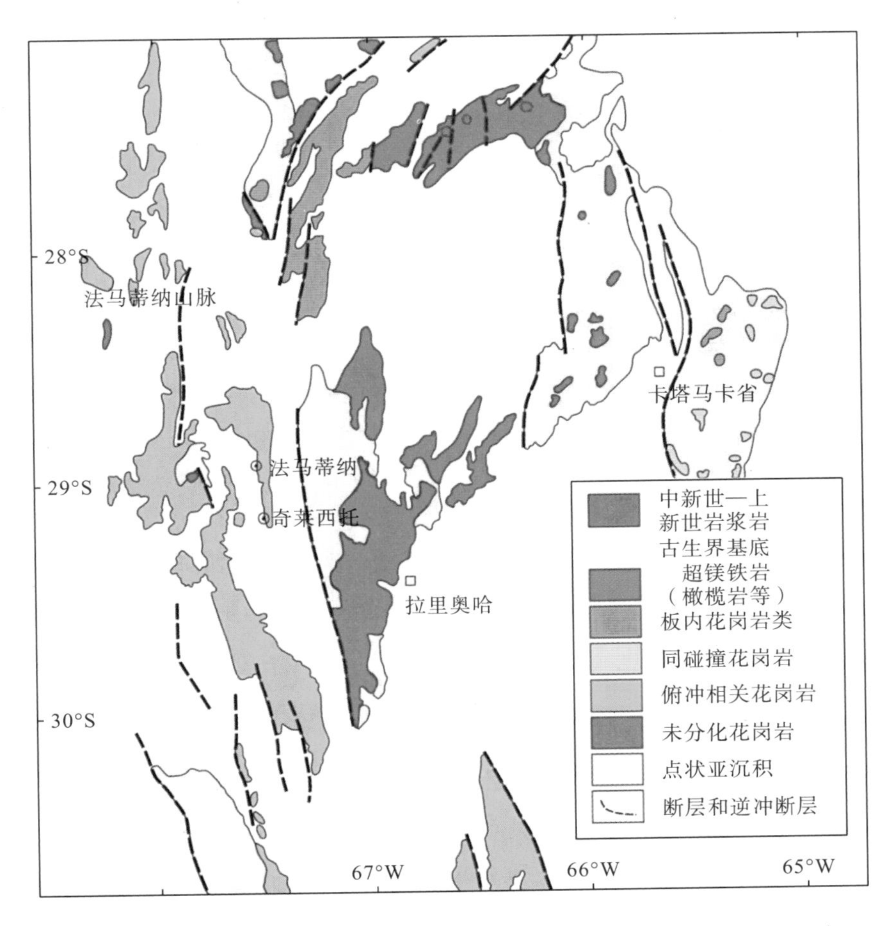

图 3-8　阿根廷西北部法马蒂纳区域地质示意图(Losada-Calderón，1992)

一般而言，斑岩普遍蚀变且矿化程度较弱，且均显示出由石英-辉钼矿-黄铜矿脉叠加的密集石英网脉状细脉，脉延伸至围岩。蚀变以早期钾质蚀变为主，该区南部和东北部边缘被一个小的青磐岩化带包围(Losada-Calderón，1992)。黄铁绢云岩化发育在系统的上部；高级泥化包括明矾石、高岭石、迪开石、叶蜡石、硬水铝石和氯黄晶，并且往往局限于侵入体的顶部。在这里，蚀变岩显示出逐渐过渡到高硅带，在高硅带中石英±氯黄晶交代了先存矿物组合。硫化物氧化引起的浅部蚀变是次要的，但在整个地区都有发生。

石英-黄铁矿脉穿切地层与岩体界线，致使矿脉的矿物学、形态和热液蚀变的细微变化。它们与绢云母蚀变组合有关，主要蚀变矿物包括石英、绢云母、黄铁矿、伊利石和金红石。这种蚀变通常会改变岩石原始结构，形成典型的褪色蚀变带。残余晶洞通常充填典型的高级泥化矿物组合，包括明矾石、高岭石、叶蜡石和磷酸铝-硫酸铝矿物。

矿区西北部的高级泥化蚀变尤其发育，通常在浅成低温热液环境中的成矿前酸性淋滤过程中形成(Hedenquist and Arribas，1999)。石英±明矾石蚀变在距离高角度断层或裂隙1m处不连续出现。细粒石英占主导地位，可能含有少量赤铁矿包裹体，而明矾石以自形晶产出，发育生长环带。随着离矿脉的距离扩大，在浅成低温热液矿脉系统的更浅部位，明矾石变得广泛发育，逐渐转变为石英、叶蜡石或迪开石和明矾石的组合。少量微晶石英含有赤铁矿包裹体。明矾石和叶蜡石在硫化物和硫盐周围形成共生矿物。以高岭石为主的褪色蚀变带延伸至距离矿体和蚀变更强的区域。高岭石在矿床的最浅部分占主导地位，并有一些重晶石和硬石膏等矿物伴生。

矿体内部流体包裹体可分为中等密度气液两相包裹体、多相卤水包裹体、单一卤水包裹体、富气相包裹体、富液包裹体或盐水包裹体等类型。温度为325～360℃，石英-绢云母-黄铁矿脉中捕获的盐度约为5%的盐水包裹体含有异常高浓度的Cu(400～5000mg/L)、As(约200mg/L)、Sb和Te(均高达100mg/L)以及其他成矿元素。这些矿脉从低品位的斑岩铜矿化逐渐过渡至高金品位的高硫化型浅成低温热液矿化。斑岩体中网状脉的早期石英中低密度富气和卤水包裹体温度为450～600℃。卤水中铜和金的含量低于共生的富气包裹体以及石英斑晶中等密度包裹体；中等密度包裹体相当于初始流体。低密度和中等密度流体的盐度与石英-绢云母-黄铁矿脉中盐水包裹体相似。

流体包裹体及其形成先后关系研究表明，石英-绢云母-黄铁矿脉为富金属热液提供通道，形成高硫化型浅成热液铜金矿床。这些矿化流体是由低到中等密度低盐度且富硫的岩浆流体的冷却收缩演化而来的。这种蒸气流体是在岩浆热液冷却晚期深部岩浆出溶产生，可能在达到目前剥蚀深度之前有少量卤水分离。低盐度岩浆热液与大气降水稀释后发生浅成热液矿物沉淀，在岩浆热液持续上升过程中，它被冷却和连续剥蚀进入热液系统。

3.5.1.2　西天山博罗科努成矿带奈楞格勒铜钼铅锌多金属矿田

奈楞格勒矿田位于中国西北天山造山带，由莱历斯高尔钼矿床、3571号铜矿床和七兴铅锌矿床组成(图3-9)。莱历斯高尔是一个典型的斑岩矿床，具有细脉浸染型矿石和钾化、黄铁绢云岩化和青磐岩化等蚀变。3571号铜矿床位于莱历斯高尔外围，地表有大量氧化矿和少量侵入岩体出露。七兴矿床距离莱历斯高尔约3km，以裂隙控制的石英硫化物脉为特征。

奈楞格勒矿田出露地层为上志留统博罗霍洛山组陆相细碎屑岩(图3-9)。博罗霍洛山组普遍发育角岩化和青磐岩化作用，这是岩浆热液活动的结果。四条花岗闪长斑岩脉和小岩株侵位至莱历斯高尔矿区博罗霍洛山组。相比之下，在3571号铜矿床西部只有局部露成矿斑岩体，然而钻探揭示深部发现了一些花岗闪长斑岩体。铜钼矿化通常赋存于这些侵入体顶部、接触带和相邻的角岩化粉砂质泥岩中。七兴地区出露大量基性岩脉，主要为辉绿岩-辉长岩和辉绿岩，主要沿近南北和北东东向断层分布(图3-9)。

莱历斯高尔钼矿体呈透镜状，赋存于斑岩内外接触带和围岩内部。矿石矿物主要由辉钼矿组成，含少量黄铜矿、黄铁矿、磁黄铁矿、斑铜矿、方铅矿和闪锌矿。脉石矿物主要包括石英、钾长石、黑云母、绿泥石、绢云母、绿帘石和方解石。从斑岩体中心到围岩，矿石结构和金属矿物大致呈现如下规律性变化特征：①矿石结构由浸染状构造变为细脉浸染状构造，然后是网脉状构造；②金属矿物一般为辉钼矿-黄铜矿、黄铁矿和方铅矿-闪锌矿，同时具有一定空间分带；③围岩蚀变显示出从花岗闪长斑岩中心的钾，经过黄铁绢英岩化，逐渐过渡为外围的青磐岩化。矿化过程可分为石英-钾长石脉、石英辉钼矿脉和石英-碳酸盐脉等三个阶段。七兴铅锌矿体主要受近南北向和北北东向断裂控制。矿石主要为石英硫化物矿脉，少量碳酸盐硫化物矿脉。矿石矿物主要由方铅矿和闪锌矿组成，另有少量黄铜矿、透辉石和毒砂。脉石矿物主要有石英、方解石、绢云母和绿泥石。从矿体到围岩，围岩蚀变显示出从硅化-黄铁矿化到碳酸盐化-绿泥石化分带。七兴经历了三个成矿阶段，包括石英-黄铁矿阶段、石英-硫化物阶段和碳酸盐阶段。

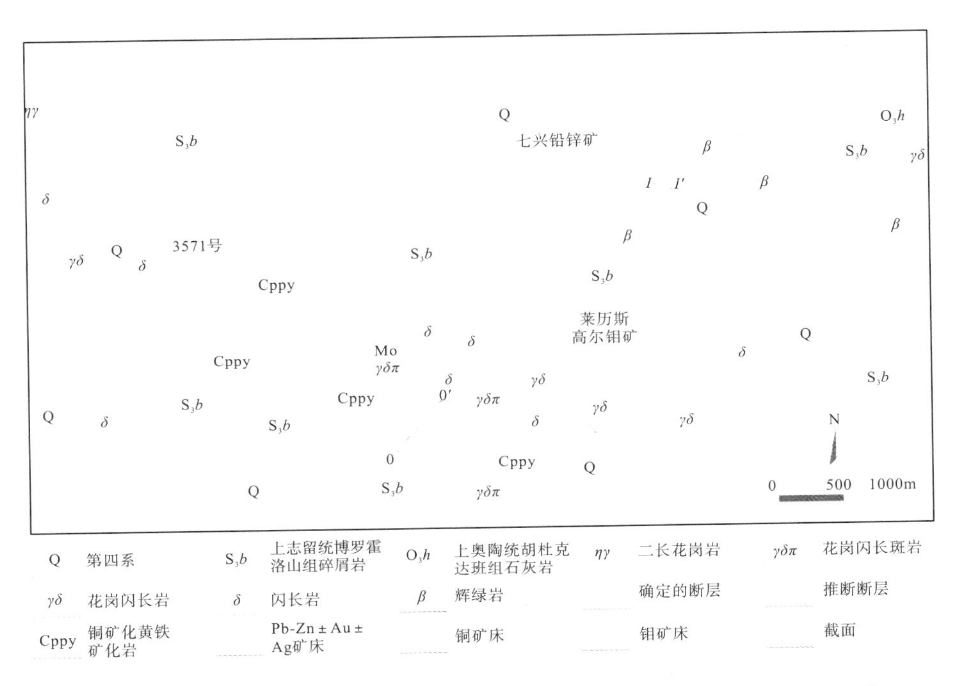

图 3-9　西天山博罗科努成矿带内奈楞格勒区域地质图(据 Peng et al.，2021)

莱历斯高尔矿床含矿斑岩 LA-ICP-MS 锆石 U-Pb 测年结果为(367.5±4.8) Ma。基于辉钼矿 Re-Os 和闪锌矿 Rb-Sr 等时线年龄结果，莱历斯高尔和七兴分别为(365.9±2.1) Ma 和(362.0±5.7) Ma，表明它们成岩成矿年龄相近，且与花岗闪长斑岩有关。莱历斯高尔含辉钼矿石英脉中存在三种类型的流体包裹体，包括两相盐水包裹体(Ⅰ型)、含固体矿物盐水包裹体(Ⅱ型)和 CO_2-H_2O 包裹体(Ⅲ型)。Ⅰ型、Ⅱ型和Ⅲ型包裹体均一温度分别集中于 260～320℃、310～332℃和 268～324℃，它们的盐度分别为 2.0%～8.0%、32.9%～42.0%和 1.4%～5.5%。相比之下，七兴含硫化物石英脉中仅发现Ⅰ型包裹体，其均一温度和盐度分别为 149～261℃和 1.7%～5.3%。莱历斯高尔、3571 号和七兴矿区硫化物的 $\delta^{34}S$ 范围分别为 2.8‰～4.0‰、4.0‰～4.6‰和 0.7‰～4.9‰。三个矿区硫化物具有均一的铅同位素组成。莱历斯高尔含辉钼矿石英脉和七兴闪锌矿中流体包裹体中锶同位素比值($^{87}Sr/^{86}Sr$=0.70971)与莱历斯高尔成矿斑岩相似($^{87}Sr/^{86}Sr$=0.70886)。七兴含硫化物石英脉的 $\delta^{18}O_{H_2O}$ 和 δD 值类似于莱历斯高尔含辉钼矿石英脉的氢氧同位素比值，均接近岩浆水，但向大气降水线漂移。根据上述地质年代学、流体包裹体和同位素结果，提出上述不同类型的矿化类型为以莱历斯高尔斑岩铜钼矿床为中心的完整岩浆热液成矿系统的一部分，七兴铅锌多金属矿床代表相对浅部的远端端源。在该成矿模型中，金属和硫主要来自斑岩体，而成矿流体最初来源于岩浆热液，随着流体演化和离岩浆热液中心距离增加，大气降水加入逐渐增加。早期流体不混溶和晚期流体混合以及冷却作用是导致矿石沉淀的主要机制。

3.5.2 夕卡岩矿床

3.5.2.1 阿根廷门多萨维加斯佩拉达斯(Vegas Peladas)夕卡岩铁矿床

阿根廷门多萨西南部的安第斯带拥有 23 个 Fe、Fe-Cu 和 Cu(Ag)矿床，矿床类型以夕卡岩型、IOCG 型和 Manto 型矿床为主(图 3-10)。维加斯佩拉达斯矿床是最典型的夕卡岩型铁矿，其矿物组合与世界上许多其他钙铁夕卡岩相似。矿区深成岩由一系列闪长质、花岗质基岩、岩脉和岩床组成。这些岩浆岩的主微量和稀土元素地球化学分析结果表明，它们来源于弧下地幔。该矿床的成因与早期闪长岩和晚期花岗岩侵位有关的变质和交代事件有关。

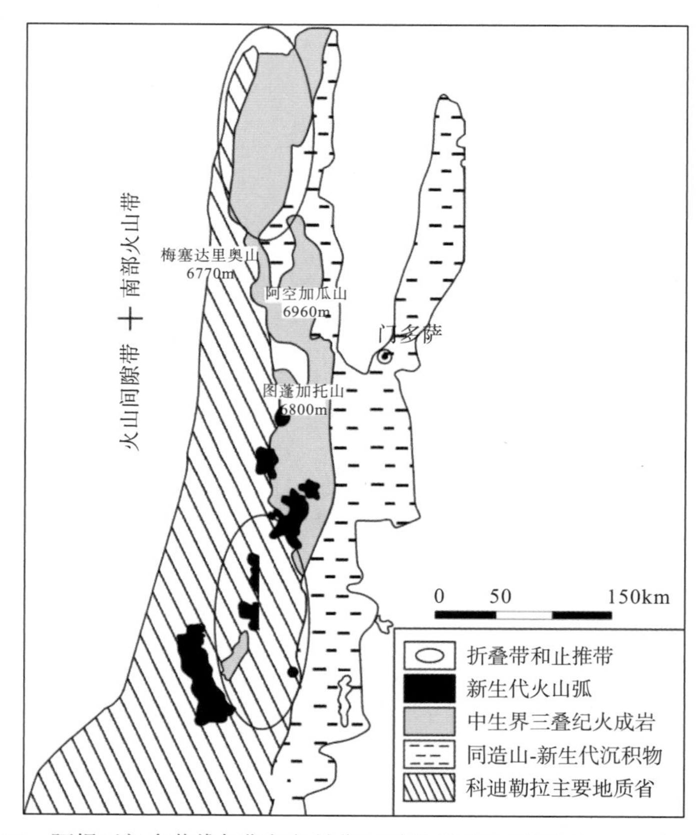

图 3-10 阿根廷门多萨维加斯佩拉达斯区域地质示意图(据 Pons et al.，2009)

与早期闪长岩体相关的蚀变包括变质晕和钙夕卡岩分带，由内至外，钙夕卡岩分为石榴子石-单斜辉石-磁铁矿-石英带，石榴子石-单斜辉岩带和石榴子石带和远端-单斜辉石脉。最晚期蚀变由广泛分布的钠长石±绿帘石±石英±方解石±绿泥石±黄铁矿±榍石组成。磁铁矿和赤铁矿是主要的矿石矿物，呈块状和脉状产出，与绿帘石和角闪石退变质矿物组合有关。闪长岩的蚀变包括早期正长石+石英和晚期角闪石±石英±磁铁矿±绿帘石±长石矿物组合。

与花岗岩相关夕卡岩化叠加在早期与闪长岩相关夕卡岩化之上，由石榴子石+单斜辉石+方柱石±石英±碱性长石内夕卡岩和具有近端石榴子石±斜辉石±石英、中带石榴子石+单斜辉石和远端方柱石±铁阳起石±黄铁矿脉等分带的外夕卡岩组成。

根据流体包裹体、稳定同位素和 REE 数据结果，进变质夕卡岩形成于约 3.5km 深处，岩石静压力约为 1kbar，来自中等氧逸度高温（400～670℃）、含盐和富铁（>50%）岩浆流热液（$\delta^{18}O_{H_2O}$=7.2‰～8.5‰）。在早期夕卡岩形成后，在静水压条件下形成了铁矿石和退变质外夕卡岩。该阶段的流体具有较低的温度（<320℃）和盐度（<48.5%）特征。退变质矿物组合和正 Eu 异常表明流体具有高氧逸度特征。早期岩浆流体与外部流体（如大气降水）的混合与稀释导致晚阶段夕卡岩流体温度、盐度和总 REE 浓度下降。花岗岩体侵入增加了围岩温度（>550℃），并通过不混溶性产生了卤水（30.3%～45.3%）和蒸气流体，重新分配了部分铁。

维加斯佩拉达斯夕卡岩矿床的地质和地球化学特征是阿根廷门多萨地区铁夕卡岩的典型代表。矿床由两个不同的交代事件叠加而成，这两个交代事件与两个不同中新世钙碱性侵入岩体有关。在深度约 3.5km 和静岩压力为 1kbar 条件下，高温（约 670℃）中低盐度（6%～8%）岩浆流体从闪长岩体中出溶，并分离成高盐流体和低密度蒸气。这些早期热液从侵入岩体向上和向外流动，并与变沉积主岩反应，形成含浸染状磁铁矿的进变质夕卡岩（400～670℃）。

岩浆房中流体持续外渗和早期硅酸盐矿物对流体通道愈合能力超过了静岩压力，从而使岩石破裂，导致流体沸腾和进一步破裂。这允许外来流体进入热液系统。由此产生的混合流体冷却（320～420℃），导致早期外夕卡岩矿物被含水夕卡岩、石英和磁铁矿取代。流体在 320℃以下继续冷却，大气降水加入比例逐渐增加，形成了富含方解石、绿帘石、绿泥石和少量黄铁矿的晚期远端退变质矿物组合。热液温度和盐度的降低是大量铁沉淀的主要原因。花岗岩体侵入作用发生在早期闪长岩相关夕卡岩系统之后，将围岩重新加热至超过 550℃，并通过不混溶作用产生卤水和蒸气流体，从而能重新分配现存夕卡岩中的部分铁。

3.5.2.2　中国西天山阿尔恰勒铅锌铜矿床

阿尔恰勒铅锌铜矿床位于新疆昭苏县西北 30km 处（图 3-11）。阿尔恰勒的出露地层包括下石炭统大哈拉军山组和阿克沙克组。大哈拉军山组主要包括安山岩和英安质凝灰岩。凝灰岩的 LA-ICP-MS 锆石 U-Pb 年龄为（341.6±1.4）Ma。大哈拉军山组被阿克沙克组不整合覆盖，该组由下段灰岩夹砂岩和泥质灰岩以及上段生物碎屑、白云质灰岩和钙质砂岩组成。

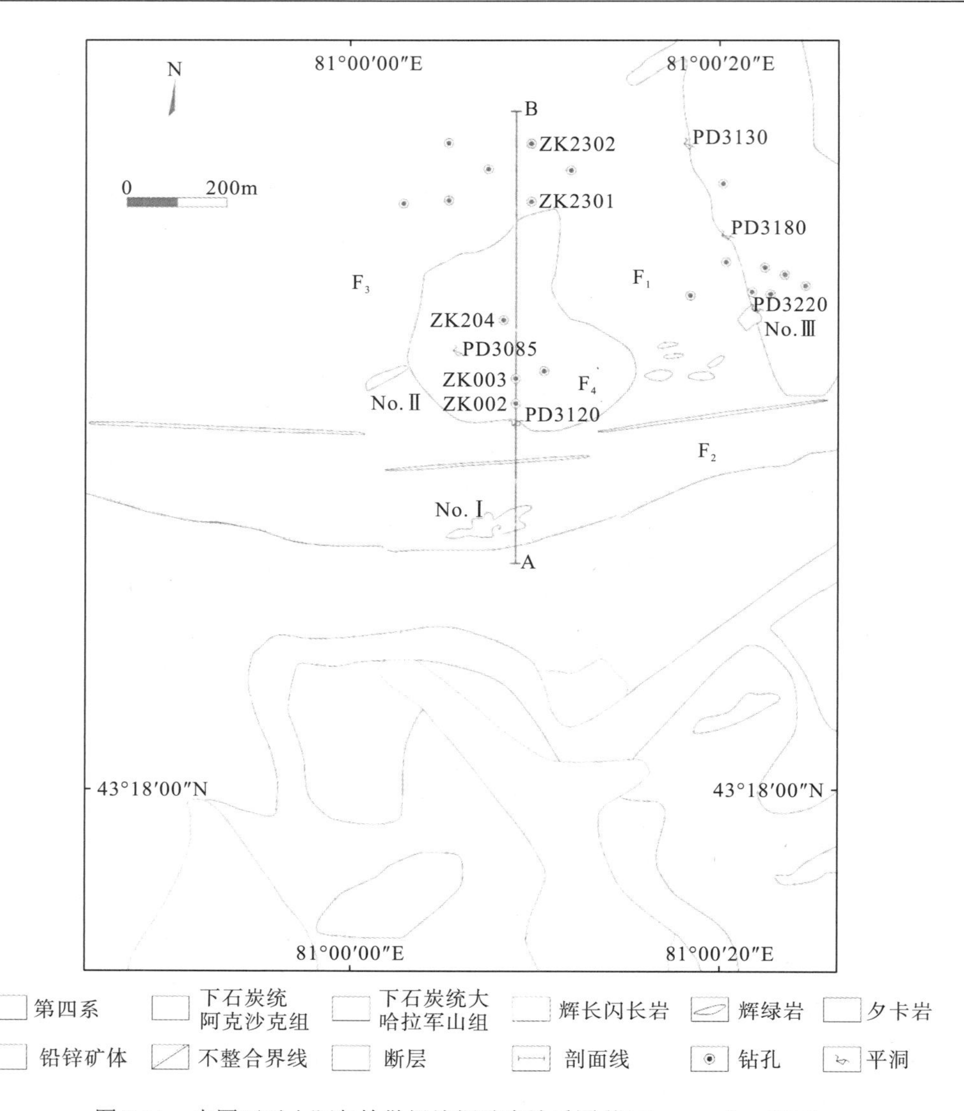

图 3-11 中国西天山阿尔恰勒铅锌铜矿床地质图(据 Peng et al.，2022)

阿尔恰勒矿区见北东东向和北北西向两组断层。这些断层与 Pb-Zn-Cu 矿化没有明显联系。区内岩浆活动较弱，在阿尔恰勒矿床的北部和南部仅发现了辉绿岩墙和少量辉长岩-闪长岩群。辉绿岩的 SIMS 锆石 U-Pb 年龄为(311.3±2.3)Ma(Lin et al.，2015)。然而，辉长岩-闪长岩 LA-ICP-MS 锆石 U-Pb 年龄为(343±6)Ma(Dai et al.，2019)。

在空间上，矿区南部矿体埋藏浅以 Zn-Pb 矿体为主，北部矿体埋藏深以 Cu-Zn 矿体为主。铅锌矿体赋存于下石炭统灰岩的层间断裂带中。矿石通常呈块状、脉状、浸染状和梳状结构。矿石矿物主要有黄铁矿、黄铜矿、闪锌矿和方铅矿。脉石矿物主要由石榴子石、辉石、阳起石、伊利石、绿帘石、绿泥石、方解石和石英组成。石榴子石为最早期的热液矿物，常被辉石、阳起石、伊利石、方解石、石英和黄铜矿交代。根据矿石结构、穿插关系和矿物组合，矿化过程可分为进变质和退变质阶段。进变质阶段特征是出现石榴子石和少量辉石，退变质阶段可进一步划分为早期退变质阶段(阳起石-黑柱石-绿帘石)、主退变质阶段(硫化物-石英-方解石)和由方解石组成的晚期退变质阶段。

早期退变质阶段阳起石具有相对较高的 $\delta^{18}O_{H_2O}$ 和 δD，靠近岩浆水的区域，表明成矿流体是岩浆成因。相比之下，主退变质阶段石英的 $\delta^{18}O_{H_2O}$ 和 δD 低于岩浆水和阳起石。晚期退变质阶段方解石的 δD 最低，$\delta^{18}O_{H_2O}$ 与石英相近。这些数据表明，阿尔恰勒的热液流体最初来源于深部岩体产生的岩浆水，并逐渐加入 $\delta^{18}O_{H_2O}$ 和 δD 较低的大气降水。该解释也得到了主退变质阶段含硫化物方解石的 C-O 同位素组成的支持。方解石 $\delta^{13}C_{PDB}$(−2.6‰～−0.9‰，平均−1.8‰)表明热液流体的 $\delta^{13}C_{\Sigma}$低于海相碳酸盐岩(−4‰～4‰，平均为 0‰；Veizer and Hoefs，1976；Hoefs，2009)，高于岩浆或地幔碳(−8‰～−5‰；Taylor，1997)，揭示其混合成因。

与典型沉积喷流(sedimentary exhalative，SEDEX)型矿床和夕卡岩矿床相比，阿尔恰勒矿床具有以下差异性和相似性：①矿体主要为层控矿床，并且横切赋矿地层；②矿石为开放空间充填和热液交代结构，并没有发现 SEDEX 矿床中的典型层状构造；③进变质和退变质矿物(如石榴子石、阳起石、石英和方解石)大量出现且结晶粗大；④存在不同于 SEDEX 型矿床的铜矿化特征；⑤成矿流体具有较高的温度(161～425℃)和较低的盐度(0.5%～13.0%)；⑥成矿流体最初是岩浆水，随后与大气降水混合。

3.5.3 热液脉型钨锡矿床

华南地块以大量形成于燕山早期的世界级钨锡多金属矿床而著名(陈骏等，2008；陈骏等，2013)。华南地块南岭成矿带是最重要的钨锡生产基地，约占中国钨资源的 83%和锡资源的 63%(王登红等，2007)。赣南成矿带位于南岭成矿带的东部，以大规模的钨矿化而闻名，已探明钨矿资源 142 万吨。以往研究主要集中在矿化蚀变分带(许建祥等，2008)，含矿花岗岩(蒋国豪等，2004；Wang et al.，2011；陈骏等，2013)，围岩蚀变(谭运金等，2002)，花岗岩副矿物矿物学特征(Wang et al.，2003)，矿石矿物 He-Ar 同位素(王旭东等，2009)以及钨在演化花岗岩熔体中的溶解度等方面(陈骏等，2013)。虽然对赣南成矿带钨矿床进行了一些流体包裹体研究，但这些研究主要依赖于石英中的包裹体(王旭东等，2008，2012)。赣南成矿带由震旦系至奥陶系强烈变形基底和泥盆系至二叠系浅海相碳酸盐岩和硅质沉积岩覆盖层构成(图 3-12)。侏罗系至第四纪火山碎屑岩层序和陆相红层分别分布于火山盆地和断陷盆地(舒良树等，2006)。广泛分布的震旦系至奥陶系和泥盆系地层含有高浓度的钨，通常被认为是燕山期花岗岩相关钨矿床的主要成矿物质来源(韦星林，2012)。

赣南成矿带钨矿床中与黑钨矿共生石英存在三种不同的流体过程。例如，在漂塘矿床中，原生孤立状富液相两相包裹体(Ⅰa，171～309℃)比假次生富液相两相包裹体(Ⅰb，162～240℃)具有相对较高的均一温度。此外，Ⅰa 型包裹体的盐度(3.1%～6.7%)高于Ⅰb 型包裹体的盐度(1.2%～3.9%)。沿裂隙分布的富液相两相次生包裹体(Ic)的均一温度和盐度均低于Ⅰb 型包裹体。从Ⅰa 型包裹体至Ⅰc 型包裹体，流体包裹体的均一温度和盐

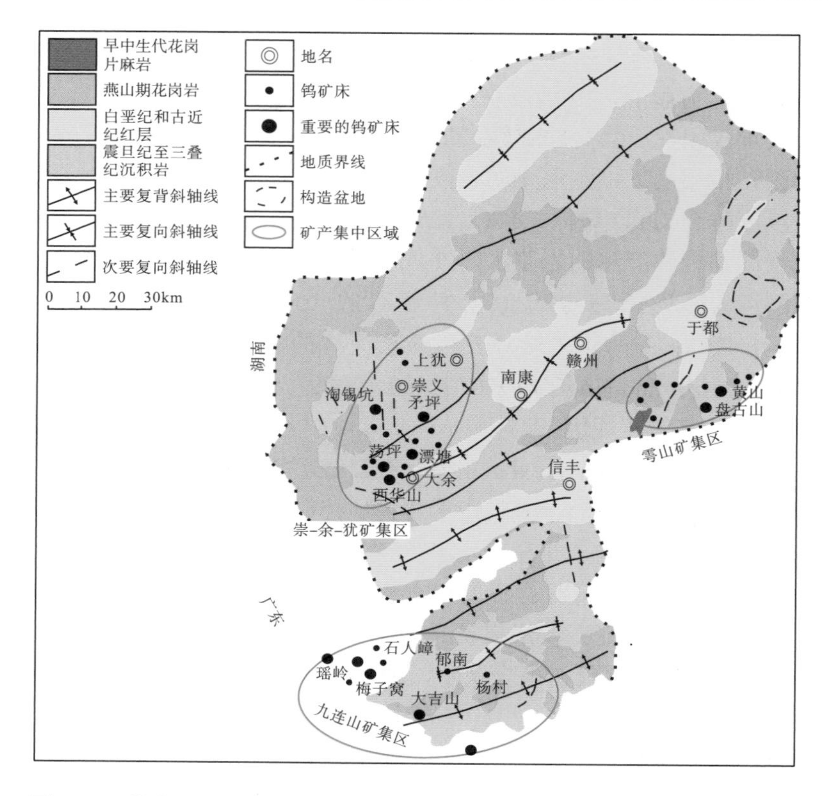

图 3-12 赣南成矿带矿床地质及钨锡矿床分布图(据 Ni et al.，2015b 修改)

度逐渐降低趋势表明漂塘矿床的成矿流体发生了流体混合过程。在荡坪矿床中，石英与黑钨矿共生，具有丰富的Ⅰ型富液两相包裹体，其均一温度和盐度分别为 180～282℃和 4.5%～8.5%。这表明在荡坪矿床形成过程中流体只发生了简单的冷却。在大吉山和盘古山与黑钨矿伴生的石英颗粒中，均出现富液两相包裹体(Ⅰ型)和含 CO_2 包裹体(Ⅱ型)两种类型，均具有相似的均一温度和差异的盐度特征。如在大吉山矿床，Ⅰ型和Ⅱ型包裹体的均一温度分别为 170～292℃和 236～330℃，盐度分别为 4.5%～8.8%和 0.2%～3.8%；在盘古山矿床，Ⅰ型和Ⅱ型包裹体均一温度分别为 150～237℃和 213～299℃，盐度分别为3.1%～7.3%和0.4%～1.0%。这些特征表明大吉山和盘古山矿床均存在流体不混溶现象。

在大吉山和盘古山矿床中，Ⅱ型包裹体均一温度略高于Ⅰ型包裹体的原因是 H_2O-CO_2 体系发生了流体不混溶作用，形成了水包裹体和纯 CO_2 包裹体两个端元，即石英中Ⅰ型水包裹体是流体包裹体不混溶组合中的端元类型，而Ⅱ型包裹体由于不是纯 CO_2 包裹体则不是端元类型。考虑到端元包裹体的温度最低，Ⅱ型包裹体的温度应高于纯 CO_2 包裹体端元。因此，Ⅱ型包裹体均一温度应高于大吉山和盘古山矿床石英中的Ⅰ型水包裹体。华南金山造山带金矿也报道了类似的结果(Zhao et al.，2013)。因此，在石英脉型黑钨矿矿床中，Ⅱ型包裹体均一温度略高于共生的Ⅰ型包裹体是合理的。

在对黑钨矿共生的石英流体包裹体研究的基础上，提出了钨矿床的形成机制。Higgins(1980)提出富 CO_2 流体参与了钨在高温高压下的运移，在低温低压条件下 CO_2-

H_2O 流体的不混溶可能会耗尽流体中 CO_2，使含钨络合物不稳定。Noronha 等(1992)报道称，从无矿至含矿石英脉，流体包裹体具有很宽泛均一温度(230～420℃)特征可解释为静岩压力以下的流体压力波动。Kelly 和 Rye(1979)提出岩浆热液与大气降水的逐渐混合导致了金属的沉淀。O'Reilly 等(1997)提出，接近等压的温度下降会促使钨从成矿流体中析出。赣南成矿带钨矿床中与黑钨矿共生的石英中流体包裹体至少记录到三种不同的流体作用。

与石英脉相比，在赣南成矿带所有钨矿床中黑钨矿均只存在原生包裹体。单个钨矿床中包裹体的盐度相对恒定，但均一温度呈逐渐降低的趋势，这表明黑钨矿沉淀只发生了简单冷却，没有流体混合或流体不混溶。类似的结论也可以从世界各地钨矿床黑钨矿中原生包裹体的显微测温数据中推断出(Campbell and Robinson-Cook，1987)。此外，Heinrich(1990)建立了与花岗岩相关的钨锡矿矿床形成的定性模型，指出黑钨矿可以通过含铁钨流体的简单冷却而不发生围岩反应而析出。

综上所述，赣南成矿带与黑钨矿共生的石英中包裹体记录的流体过程表现为三种类型，即荡坪矿床为简单冷却，漂塘矿床为流体混合，大吉山和盘古山矿床为流体不混溶。相反，在黑钨矿中只发生了简单冷却过程。因此，尽管赣南成矿带钨矿脉中石英流体包裹体显微测温数据表明成矿过程中可能发生了多种流体过程，但只有黑钨矿流体包裹体才能提供直接可靠的成矿流体信息。因此，流体简单冷却过程是钨沉淀的主要机理。

第4章　海底热液及其成矿作用

4.1　海底热液及成矿作用的提出

在扩张中心(大洋中脊)以及洋岛弧和弧后中活跃的海底热液喷出物引起了地质研究者相当大的兴趣，因为它们提供了一个可以了解古代地质记录的成矿系统窗口。各种火山成因，与火山作用相关或产于火山岩中的块状硫化物矿床，通常称为VMS或VHMS，例如伊比利亚巨型矿带、塞浦路斯矿床、日本黑矿、加拿大诺兰达或阿比蒂比型矿床，以及西澳大利亚皮尔巴拉克拉通非常古老(3.25Ga)的地质记录中的矿床，都可以用扩张中心、弧或弧后裂谷背景下海底热液喷发模型来解释。

自20世纪60年代以来，对太平洋和大西洋的洋中脊勘查和研究发现了大量热泉系统，其中许多热泉具有矿石品位的矿化作用。1966年，人类首次在红海海渊发现了含金属卤水和大型多金属矿床(即亚特兰蒂斯二号海渊，Atlantis-Ⅱ-Deep)；1972年，美国国家海洋和大气管理局于大西洋中脊26°N发现了第一个活动热液区(即Trans-Atlantic Geotraverse，TAG热液区)；1977～1978年，美国阿尔文(Alvin)号载人潜水器成功在加拉帕戈斯(Galapagos)裂谷中心观察到成行分布的热液丘，并首次取得喷流热液样品(Corliss et al.，1979)，与此同时，法国Cyana号深潜器在东太平洋海隆21°N首次观测到海底热液硫化物堆积(Hekinian et al.，1980)；1979年，阿尔文号载人潜水器再次考察东太平洋海隆21°N，划时代地发现了活动的海底黑烟囱和白烟囱构造(Spiess et al.，1980)，自此正式拉开了对现代海底热液成矿作用研究的序幕。1985年起，大洋钻探计划(Ocean Drilling Program，ODP，1985～2003年)作为20世纪地球科学领域中规模最大、历时最久的大型国际合作计划，在全球各大洋开展了大量考察、钻探工作，推动海底热液成矿系统相关研究迅速发展，其中以Leg 158航次对大西洋中脊TAG热液区的系统研究最为著名(Petersen et al.，2000)。由于这些以及在随后几年的多次潜水中取得的令人兴奋的发现，我们对海底扩张、岩浆、热液和生物作用以及矿床成因的了解大大增加。

4.2　现代海底热液

4.2.1　现代海底热液活动的分布与环境

半个多世纪以来，人类发现了数百个与现代海底热液活动有关的块状硫化物成矿区

(Baker and German，2004；Hannington et al.，2011；Keith，2015)，这些硫化物成矿区多位于汇聚型或离散型板块边界。这些特殊的构造区域如时空枢纽一般，连接着岩浆活动、海底地震及热液成矿三大地质作用，因而成为现代海底热液活动与块状硫化物矿床绝佳的赋存环境。据统计，现代海底硫化物热液活动有 65%分布于大洋中脊构造环境，22%分布于弧后盆地环境，12%分布于火山弧构造环境，1%分布于大陆裂谷、板内火山及其他构造环境(Hannington et al.，2005)。

4.2.1.1　大洋中脊构造环境(离散性板块边界)

全球洋中脊约占洋底总面积的 33%，是目前全球现代海底发现热液活动和块状硫化物矿床最多、研究程度最高的构造环境(侯增谦等，2003)。大洋中脊作为地壳初生、岩浆和构造活动最为强烈的地质环境之一，发育地球上规模最大的、连续形态的线型火山机构，全球范围内，62%的岩浆产物和 73%地表火山活动产出于洋中脊环境。依据扩张速率，全球洋中脊可以分为快速扩张洋中脊(80～180mm/a)、中速扩张洋中脊(55～70mm/a)、慢速扩张洋中脊(＜55mm/a)和超慢速扩张洋中脊(14～16mm/a)(Dick et al.，2003)。

快速扩张洋中脊典型代表为东太平洋海隆(East Pacific Rise，EPR)，容矿基底岩石以镁铁质玄武岩为主。这一环境的热液喷口主要分布于洋脊轴部地堑(约 1km 宽)，这里同时也是火山熔岩喷出的主要位置，由于火山喷发强烈且频繁，导致热液通道和硫化物极易被熔岩破坏、埋藏(Hannington et al.，2005)，加之轴下岩浆房位置较浅(如：东太平洋海隆 9°N，1.4～1.6km，Vera and Diebold，1994)，限制了热液循环尺度，因此快速扩张洋中脊环境硫化物矿床普遍规模较小(Fouquet，1997；Hannington et al.，2011)。

中速扩张洋中脊典型实例为胡安德富卡洋脊、戈达洋脊、印度洋中脊(Central Indian Ridge，CIR)等，容矿基底岩石主要有镁铁质玄武岩(如胡安德富卡洋脊)、玄武岩+超镁铁质岩(如印度洋中脊热液区)和玄武岩+沉积物(如戈达洋脊南端海槽)三大类。中速扩张洋中脊的硫化物矿床主要分布于洋脊裂谷壁、洋脊轴部裂隙带和构造高地顶部(断层崖、地垒)(Hannington et al.，2005)。

慢速扩张洋中脊典型实例为大西洋中脊(Mid-Atlantic Ridge，MAR)和卡尔斯伯格海脊等，容矿基底岩石主要有镁铁质玄武岩(如大西洋中脊 TAG 热液区)和镁铁质+超镁铁质岩(如大西洋中脊)两大类。处于此环境的硫化物矿床主要分布于洋脊裂谷底部、谷壁高地以及裂谷边界断层附近，热液活动明显受到转换断层制约。

与快速扩张洋中脊相比，中、慢速扩张洋中脊岩浆供给速率较低、发育宽且深的轴部裂谷(可达 15km 宽，2km 深)，轴下岩浆房位置较深，如胡安德富卡洋脊 Main Endeavour 洋脊段轴下岩浆房深度为 2.5～3.3km(Kelley et al.，2012)、大西洋中脊 Snake Pit 热液区轴下岩浆房深度约为 2.4km、TAG 热液区热源推断深度可能大于 7km(Crawford et al.，2010；Lowell et al.，2010；McCaig et al.，2010)。较少的火山活动和较深的热源有利于热液系统较大规模的稳定发展，因而在中、慢速扩张洋中脊环境中可以形成大型块状硫化物矿床。

超慢速扩张洋中脊典型代表为西南印度洋中脊(Southwest Indian Ridge，SWIR)，容矿基底岩石主要为镁铁质玄武岩(Tao et al.，2012)。现在关于这一构造环境硫化物矿床地质特征及控矿因素的研究尚浅，但目前对西南印度洋中脊龙旂热液区的研究表明，其硫化物储量规模可能与大西洋中脊 TAG 硫化物堆丘相当，暗示着超慢速洋中脊同样是有利的硫化物成矿环境。

4.2.1.2 弧后盆地、火山弧构造环境(汇聚型板块边界)

俯冲环境岩浆活动强烈程度仅次于大洋中脊，广泛发育弧-弧后火山系统(Fisher and Schmincke，1984；Schmincke，2004)。依据俯冲板块性质，现代海底块状硫化物矿床所属的弧后盆地可以进一步划分为洋内弧后盆地(洋-洋俯冲)和陆缘弧后盆地(洋-陆俯冲)两个亚类；同理在火山弧环境，已发现的现代海底热液和块状硫化物成矿区主要分布于洋内弧和过渡弧两个亚类环境(Hannington et al.，2005)。

洋内弧后盆地典型实例为马里亚纳海槽、拉乌海盆、北斐济海盆、马努斯海盆等；容矿岩石为玄武岩(如马里亚纳海槽)或玄武岩+安山岩(如拉乌海盆)，轴下岩浆房深度与洋环境相似(1.1～3.5km)(Collier and Sinha，1992)，在马努斯海盆和北斐济海盆均发现类似洋中脊热液区的黑烟囱硫化物建造(Hannington et al.，2005)。陆缘弧后盆地典型代表为冲绳海槽，与洋中脊明显的区别在于，容矿围岩有更多长英质组分，主要为玄武岩+安山岩+流纹岩±沉积物(Ishibashi et al.，2015)。热液活动通常分布于在火山脊上或其附近(Gamo et al.，1991；Ishibashi and Urabe，1995；Nakashima et al.，1995)，目前已在冲绳海槽发现了 10 个硫化物矿区，其矿化特征与古代黑矿型 VMS 矿床非常相似(Halbach et al.，1993；Ishibashi et al.，2015)，可能处于黑矿矿床发育的早期阶段(侯增谦和莫宣学，1996)。杰德(Jade)热液区是冲绳海槽内规模最大的矿区，面积为 500m×500m，位于伊是名(Izena)破火山口的构造凹陷内，同时存在高温(320℃)、低温(124℃)热液活动，矿区内分布大量 Pb-Zn-Cu 硫化物(Halbach et al.，1993)。

洋内弧典型实例为伊豆-小笠原(Izu-Bonin)弧、马里亚纳弧和汤加-克马德克弧(Iizasa et al.，1999；Stoffers et al.，2006；Hein et al.，2014)，容矿围岩分别为玄武岩+安山岩+英安岩±流纹岩、玄武岩+安山岩、玄武岩+安山岩±流纹岩(Hannington et al.，2005；Pirajno，2009)。在伊豆-小笠原弧和汤加-克马德克弧，热液活动和硫化物几乎总是沿塌陷火山口周壁或在塌陷火山口后的穹丘上分布(Fiske et al.，2001；Smith et al.，2003)，普遍发育的塌陷火山口后熔岩穹丘暗示驱动热液循环的岩浆热源深度较浅(Hannington et al.，2005)。此外，位于伊豆-小笠原弧西端的大型硫化物矿床矿化特征与黑矿型矿床十分相似(Iizasa et al.，2004)。

4.2.1.3 大陆裂谷环境

大陆裂谷环境的现代海底热液活动与硫化物矿床以红海地区为典型代表。在红海区域，存在非常典型的三联点区——阿法尔(Afar)三联点：大陆裂谷(东非大裂谷)、典型的海底扩张洋脊(亚丁湾)及介于陆缘裂解向海底扩张过渡的红海，三种张裂形态汇聚于此。自 19 世纪 60 年代以来，大量学者已在红海裂谷系统中的多个深渊内发现有热液循环，在热卤水之下，沉积有富含重金属的沉积物，被称为多金属软泥，具有重大的经济开发价值。以面积最大的亚特兰蒂斯深海为例，该区域金属软泥累积厚度为 5～20m(Guney et al.，

1988；Bertram et al.，2011），资源量达到约 90Mt。其中，Zn 和 Cu 的平均品位分别为 2% 和 0.5%，Ag 和 Au 的平均品位分别达 40μg/g 和 0.5μg/g(Nawab，1984；Guney et al.，1988)。

4.2.2　现代海底热液成矿系统的构成

海底热液活动是海底的一种自然现象，由热液流体、热液柱、喷口生物和硫化物等热液产物构成(图 4-1)。

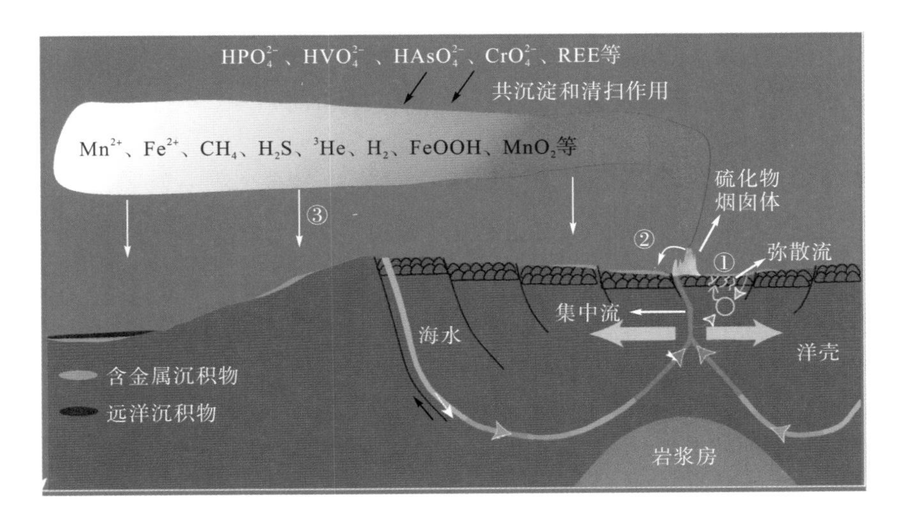

图 4-1　现代海底热液活动的构成(据曾志刚，2011)

热液流体(又称为热水或热液)：包括喷口流体和海底下的流体，海水、沉积物中的孔隙水、岩石中的结晶水和孔隙水以及从岩浆中释放出的流体组分等均可构成热液流体的源。喷口流体，又称为热泉，大多呈酸性，也可呈碱性[如洛斯特城(Lost city)热液区的喷口流体 pH 为 9～11]，温度可与海水(2℃)接近，也可高达 300℃，其主要由水组成，还含有其他多种化学组分，如 Li、Na、K、Rb、Fe、Mn、Cu、Pb 和 Zn 等元素。热液活动喷出的流体根据颜色可以分为黑色(含硫化物颗粒物)、白色(含硫酸盐颗粒物)、黄色(含硫黄颗粒物)、灰色(硫酸盐颗粒物和硫化物颗粒物混合)和无色(以液体为主，流体中颗粒物极少)五种主要颜色。热液流体可以包含液相、气相和固相三种相态的物质，热液流体的相态特征与流体温度及所处的压力有关。与喷口流体相比，目前人们对热液区海底面以下流体的了解还很少。

热液柱(又称为热液羽状体)是由喷口流体与周围冷海水相遇后形成的，其在物理化学性质上与喷口流体有很大的区别。因喷口流体的密度与海水相比偏小，压力偏大，可使喷口流体脱离喷口，呈羽状体上浮，达到中性浮力面，并漂出一定的距离。结构上，热液柱可由热液颈/茎和热液帽两部分组成。其中，热液颈是指热液柱从喷口到热液柱中性浮力面之间的部分，该部分的流体浮力大于其重力，具有上浮力。热液帽是指热液柱的中性浮力面部分，该部分的流体重力与浮力达到平衡，不再具有上浮力。热液柱与周围海水的界限主要通过温度、浊度、氧化还原电位和化学成分(CH_4、He、Fe 和 Mn 等)等指标确定。热液柱和喷口流体以喷口为界，即喷口以外对海水开放的上升流体为热液柱，喷口以内对海水相对封闭的流体为喷口流体。

喷口生物指起源于热液活动区喷口及其附近的生物，包括大生物和微生物等，其食物和能量直接或间接来源于海底热液活动，又称为热液生物。

热液生物群落特指在热液活动区分布的生物群落，其因热液活动而存在，因热液活动的停止而消亡；在热液区分布的热液生物群落，又称为热液喷口生物群落。

热液产物是指所有海底热液活动过程中形成的产物，富含 Cu、Zn、Au、Ag 等金属元素，包括多金属硫化物、喷口生物、热液蚀变岩石、含金属沉积物和自然元属(如自然铜)等。热液产物可分布在海底表面，也可分布在海底面以下。

4.2.3 现代海底热液的物理化学性质

4.2.3.1 温度

现代海底热液喷口流体观测数据显示，喷口流体的温度变化范围较大，低可至 3℃(Von Damm，1995)，高可达 464℃(图 4-2)。可以分为高温(>300℃)流体、中温(100～300℃)流体和低温(<100℃)流体三种类型(曾志刚，2011)。通常，典型的低温喷口流体为高温流体被海水稀释所致。

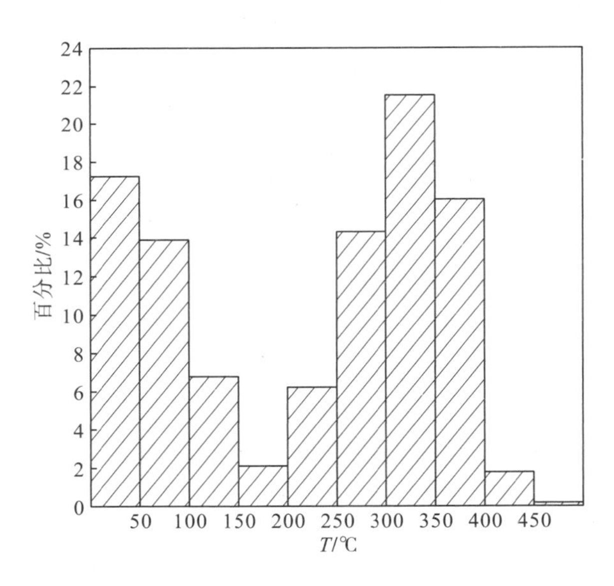

图 4-2 喷口流体温度直方图(据曾志刚，2011)

注：横轴代表热液流体的温度，纵轴代表一定温度范围内喷口数占总喷口数的百分比。

不同构造背景下，深水和浅水热液区，喷口流体的温度明显不同。在岛弧、弧后盆地和热点等构造环境的热液区，水深相对较浅，喷口流体温度为 10～119℃；洋中脊构造环境中的热水区，水深较深，喷口流体的温度可以超过 400℃，海水下渗至地壳内部，温度可达到 1200℃(Tarasov et al.，2005)。此外，黑烟囱喷口流体多为高温(>300℃)；白烟囱喷口流体多为中温(100～300℃)。

4.2.3.2 pH

pH 是了解喷口流体特征的一项重要指标。pH 对生物地球化学过程有重要作用，pH 的高低，决定了硫(H_2S、HS^-)和碳(CO_2、HCO_3^-)的质子化和去质子化平衡(Ding and Seyfried，1995)，还能影响热液环境中高度富集的重金属的毒性(Bris et al.，2001)。现代海底热液调查显示，喷口流体主要呈酸性，pH 一般为 2.5～4.0，相对于海水(pH 接近 8)高度富集 H^+。但亦有部分喷口呈碱性，如洛斯特城热液区的喷口流体，pH 可高达 9.8。

喷口流体的 pH 整体偏低，一方面与酸性火山气的溶解有关：

$$HCl(g) \longrightarrow HCl(aq) = H^+ + Cl^-$$

$$4SO_2(g) + 4H_2O(l) = 3H_2SO_4(aq) + H_2S(aq)$$

$$2H_2S + O_2 = 2S + 2H_2O$$

$$4S(l) + 4H_2O(l) = H_2SO_4 + 3H_2S(aq)$$

另一方面，热液循环过程中的水-岩反应，亦导致其 pH 整体偏低。

$$4(NaSi)_{0.5}(CaAl)_{0.5}AlSi_2O_8(\text{钙碱性长石}) + 15Mg^{2+} + 24H_2O \longrightarrow$$
$$3Mg_5Al_2Si_3O_{10}(OH)_8(\text{绿泥石}) + SiO_2 + 2Na^+ + 2Ca^{2+} + 24H^+$$

4.2.3.3 碱金属元素和 Si

喷口流体中碱金属元素 Li、Na、K、Rb、Cs 的端元浓度分别为 4.04～2500μmol/kg、25.3～1254mmol/kg、−1.17～104.5mmol/kg(端元流体浓度是外推 Mg 为零获得，所以可能为负值)、0.39～375μmol/kg、100～12210nmol/kg，与海水(Li 浓度为 26.5μmol/kg、Na 浓度为 470mmol/kg、K 浓度为 10.2mmol/kg、Rb 浓度为 1.4μmol/kg、Cs 浓度为 2.3nmol/kg)相比，除 Cs 明显高于海水外，其他元素浓度变化比较大。

喷口流体的 Li/Cl 的范围为 0.5～2，普遍高于海水，说明喷口流体大多在海底下经历过一定程度的水-岩反应，且岩石中 Li 已部分迁移到流体中。

喷口流体的 Cs/Rb 主要为 6～12，明显高于海水。由于 Cs 和 Rb 为易迁移的元素，热液流体能很有效地将其从玄武岩中萃取出来，且不容易进入到次生矿物中。在玄武岩的低温蚀变过程中，Cs 和 Rb 从海水进入到低温蚀变玄武岩中，使得在洋壳的低温风化过程中 Cs 和 Rb 在玄武岩中显著富集，而且相对于 Rb，Cs 更易优先进入到低温蚀变玄武岩中，导致风化玄武岩较高的 Cs/Rb。因此，在年轻的热液系统中，喷口流体所具有的高 Cs/Rb(10.83×10^{-3})，可能与高温流体和低温风化产物的相互作用有关(Charlou et al.，2000)。在 Broken Spur 热液流体中 Cs/Rb 为 10.8×10^{-3}，该值高于玄武岩中的值也说明热液流体已经和风化的玄武岩发生过反应(James et al.，1995)。

喷口流体中 SiO_2 浓度为 0.19～23.3mmol/kg，多分布在 10～20mmol/kg，与海水 SiO_2 浓度(0.1mmol/kg)相比，大多数喷口流体明显高于海水中的值，随着流体-岩石相互作用的增加，喷口流体中 SiO_2 浓度呈现增加的趋势。在 Kairei 热液区，SiO_2 端元浓度(15.8mmol/L)几乎等于 360℃、250bar 时石英的溶解度，说明热液循环很浅(Gamo et al.，2001)。

4.2.3.4 卤素元素

氯离子是海底热液系统中主要的阴离子。在流体-岩石相互作用过程中，由于流体中 Cl 的浓度能够影响元素或化合物在矿物和流体之间的相对分布，因此了解 Cl 的行为很重要。相分离能够导致高温热液流体中 Cl 浓度发生较大的变化(0～10%)，而洋壳的水合作用或者含 Cl 矿物的溶解均无法解释流体中较大的 Cl 浓度变化(大于 10%)(Bonifacie et al.，2005)。喷口流体的 Cl 浓度与温度之间有一定的对应关系。在东太平洋海底，高温喷口流体往往具有低 Cl 浓度，而相对低温喷口流体则往往具有高 Cl 浓度。在大西洋中脊热液区，喷口流体在相对高温的情况下，则具有高 Cl 浓度的特点，这与拉乌海盆和马努斯海盆中热液流体的情况类似。

在酸性、高温的条件下，流体中 OH^-和 HS^-的浓度较低，Cl^-是阳离子主要的配位体，因此，氯化物络合物是流体中金属元素存在的一个主要形式(Douville et al.，2002)。

深海热液区中喷口流体的 Br 和 Cl 行为类似，呈现出正相关关系，而在浅海热液区中，这种关系并不显著。Lucky Strike 热液区喷口流体中 Br/Cl(0.001814)和 Menez Gwen 热液区喷口流体中 Br/Cl(0.001844)都显著高于海水中的 Br/Cl(0.001535)。大西洋中脊 Logatchev 热液区，其 Br/Cl 为 1.52×10^{-3}，与海水(1.50×10^{-3})接近(Schmidt et al.，2007)。其中，Lucky Strike 热液区喷口流体中的 Br 浓度相对于海水，既有高浓度也有低浓度，而 Menez Gwen 热液区喷口流体中的 Br 浓度相对于海水较低(Charlou et al.，2000)。

4.2.3.5 过渡族金属元素

喷口流体中 Fe、Mn、Co、Ni、Cu、Zn、Mo、Cd、Ag、Sb、Ga、Tl、Pb、As 和 W 等元素的端元浓度分别可达到 2500μmol/kg、7100μmol/kg、14.1μmol/kg、3.6μmol/kg、162μmol/kg、3100μmol/kg、148nmol/kg、1500nmol/kg、230nmol/kg、25nmol/kg、243nmol/kg、92nmol/kg、7082nmol/kg、11000nmol/kg 和 123nmol/kg，与海水(0.001μmol/kg、0.005μmol/kg、0.02μmol/kg、0.008μmol/kg、0.004μmol/kg、0.006μmol/kg、110nmol/kg、0.7nmol/kg、0.023nmol/kg、1.2nmol/kg、0.03nmol/kg、0.07nmol/kg、0.06nmol/kg、23nmol/kg 和 0.07nmol/kg)相比，除了 Mo 比海水轻微富集(大多数流体相对于海水 Mo 亏损)，其他元素均相对于海水显著富集。

喷口流体中 Cu 和 Co 的溶解度强烈受到温度的控制。当温度降至 350℃之下时，喷口流体中的 Cu、Co 和 Mo 浓度显著下降(Seyfried and Ding，2013)。不同喷口流体 Cu/Zn 的差异，明显与喷口流体的温度有关。在 TAG 热液区，黑烟囱体 363℃的喷口流体中 Cu 端元浓度为 120～150μmol/kg，接近黄铜矿的饱和度，而温度低于 363℃时，喷口流体中 Cu 浓度值则低得多，与 400～300℃黄铜矿溶解度急剧下降对应。实验表明，在相对氧化的条件下产生高浓度的含 Cu 流体，在相对还原的条件下产生高 Cl 浓度的流体(Seyfried and Ding，1993；Tivey et al.，1995)。除高温条件下喷口流体中相对富集 Co

以外当温度下降时，喷口流体中 Co 的浓度显著下降，如：在 TAG 热液区，当喷口流体的温度低于 330℃时，其 Co 浓度显著降低(Metz and Trefry，2000)，在具有高 Cl 含量(>900mmol/kg)的低温流体(250～300℃)中，其 Co 浓度也较高。四面体 Co 配合物如 $CoCl_3(OH_2)^-$和 $CoCl_4^{2-}$ 稳定时的温度比 Cu-Cl 配合物稳定时的温度低 50～75℃(Susak and Crerar，1985)，因此在较低温度时，这些四面体 Co 配合物比 Cu 和 Fe 的配合物更稳定(Metz and Trefry，2000)。

温度也是控制 Zn 和 Fe 硫化物分布以及热液系统中微量金属元素溶解度的关键因素。例如，黄铜矿($CuFeS_2$)的溶解度在温度低于 350℃时急剧下降，而闪锌矿(ZnS)的沉淀直到温度低于 250℃时才能观察到。温度作为它们化学性质的函数，微量金属可能配分到一个或多个依赖于温度的硫化物相中。在洋中脊，硫化物矿物中 Co、Mo 和 Se 普遍在黄铜矿中富集，表明这些元素在较高的温度条件下，倾向于在流体中随着 Cu 一同迁移。相反，Ag、As、Au、Cd、Pb 和 Sb 经常富集在温度小于 200℃时形成的闪锌矿中。根据目前的热液流体数据，热液流体中 Co 和 Mo 的浓度对温度更敏感，而 Ag、Cd、Pb 和 Sb 在较低温度时倾向于待在流体中并且与 Zn 的相关性很好(Metz and Trefry，2000)。

喷口流体中 Mo 和 Cu 的行为类似。在温度大于 350℃时，喷口流体中 Mo 和 Cu 均相对富集。在 TAG 热液区，黑烟囱体 363℃的喷口流体中 Mo 端元浓度高于海水中的 Mo 浓度(约 110nmol/kg)，而在胡安德富卡洋脊，246～332℃的喷口流体，其 Mo 端元浓度从 33nmol/kg 下降到不足 0nmol/kg(Metz and Trefry，2000)。Mo 在高温条件下随热液流体迁移而迁移，当温度降低时则随高温硫化物的沉淀而沉淀。因此，在 TAG 热液区、胡安德富卡洋脊和其他热液区，烟囱体和丘状体中 Cu 硫化物普遍具有较高的 Mo 含量(60～500μg/g)(Metz and Trefry，2000)。另外，喷口流体的 Mg、Cu 含量也可以很好地反映出其可能经历的深部过程，即高 Mg、低 Cu 的喷口流体，往往经历了较弱的海底下流体-岩石相互作用过程，而低 Mg、高 Cu 的喷口流体则往往经历了较强的海底下流体-岩石相互作用(包括超基性岩的蛇纹石化)过程。

与 Cu 不同，喷口流体中的 Zn 浓度，在中温(100～300℃)条件下表现出相对富集的特点。在 TAG 热液区，黑烟囱体喷口流体中 Zn 端元浓度为 50μmol/kg，而胡安德富卡洋脊和 TAG 热液区的白烟囱体，喷口流体中 Zn 端元浓度较高，为 150～780μmol/kg。当温度大于 200℃时，流体中 Zn 与 Cl 浓度之间有较好的相关性，反映出海底下流体可能经历了卤水与海水的混合过程。

喷口流体中的 Fe 浓度为 8.8～25000μmol/kg，与海水(0.001μmol/kg)相比，明显偏高。Fe 在喷口流体中主要以具有自由活性的 Fe^{2+}形式存在，活性 Fe^{2+}随时间的减少可能揭示了 Fe 配合作用的增加，如与 S 或有机化合物配合。在 TAG 热液区中热液流体所具有的低 Fe 浓度，可能与热液区喷口流体所具有的低温和低氯化物浓度有关(Charlou et al.，2000)。

Fe/Mn 在海底热液喷口流体中为 0.03～41.3，在含金属沉积物中集中在 3 左右。1991 年，在东太平洋海隆 9°N～10°N，喷口流体中的 Fe/Mn 异常高(8.6)，说明在热液活动的早期阶段 Fe 优先被活化。当流体的还原性和酸性更强、温度更高时(如通过黄铁矿-磁黄铁矿-磁铁矿而不是赤铁矿-磁铁矿-黄铁矿来缓冲)，将使更多的铁被活化。彩虹热液区中热液流体的 Fe/Mn(10.7)是目前大西洋中脊上热液流体中 Fe/Mn 最高的流体。而且，Fe/Mn

随温度的升高和 pH 的减小而增加，与水合 Fe-Cl 配合物在高温/低 pH 条件下稳定性增强一致。在海底之下，上升流体在流动冷却过程中，流体中一些元素(如 Fe 和 Cu)比其他金属元素(如 Zn 和 Mn)更容易沉淀(Seewald and Seyfried，1990)，从彩虹热液区中热液流体较高的 Fe/Mn 值可以看出，热液流体在上升过程中经历了相对弱的冷却和少的矿物沉淀。

4.2.3.6 稀土元素

已有的数据表明，喷口流体中 ΣREE 为 $2.1\times10^3\sim2.3\times10^5$pmol/L，与海水(92.6pmol/L)相比明显偏高。不同背景下的喷口流体具有相似的REE配分型式，以LREE富集和高的 Eu 正异常(Eu/Eu^*可高达 30)为显著特征(图 4-3)。Klinkhammer 等(1994)认为，现代洋中脊热液的这种 REE 配分型式主要受控于洋中脊玄武岩中斜长石(显著富集 Eu)的溶解和重结晶过程中的离子交换作用。从现代海底热液系统中(如大西洋中脊、东太平洋海隆、红海等)沉淀出来的化学沉积物(喷流岩，包括富金属硫化物软泥)总体上继承了母液的这一特征，即 LREE 富集和高的 Eu 正异常，但随热液与海水的混合程度、沉积物在海水中的暴露时间以及水底氧化作用程度的不同而表现出一定的差异。与此相对照，远离热液活动区的现代海底正常的水中含金属 Fe-Mn 沉积物则显示出与海

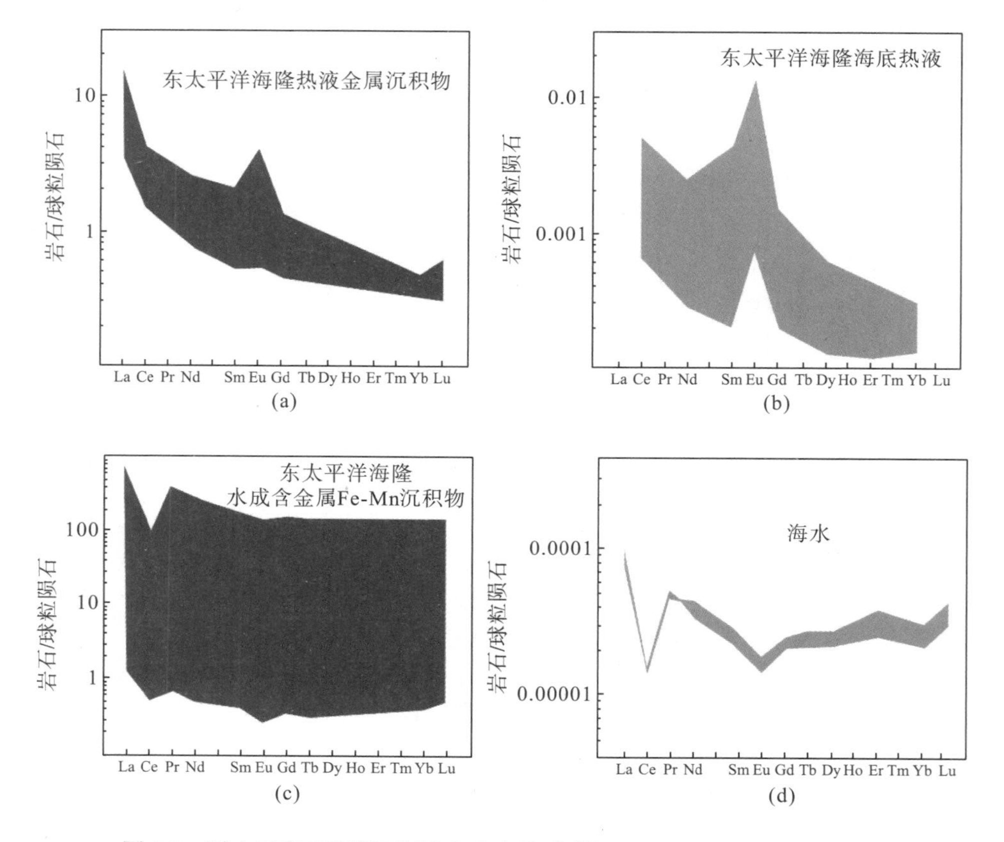

图 4-3 稀土元素球粒陨石标准化分布模式(据 Lottermoser，1989，1992)

水相似的稀土配分型式，即通常贫 LREE、Ce 和 Eu，但富 HREE，表明其中的稀土组分主要来自海水。

4.2.3.7　气体组分

喷口流体中 CO_2、H_2S、H_2 和 CH_4 的最高端元浓度可达 300mmol/kg、105mmol/kg、19mmol/kg、322.6mmol/kg，与海水(2.2mmol/kg、0mmol/kg、4×10^{-7}mmol/kg、4×10^{-7}mmol/kg)相比，明显富集。根据喷口流体中 CH_4 与 Mg 的相关关系，可将其分为两类：一类喷口流体的 CH_4 浓度随着 Mg 浓度的降低而增加，另一类喷口流体的 CH_4 浓度随着 Mg 浓度的降低而基本保持一个稳定的相对较低(与海水接近)的浓度(如拉乌海盆)。这反映出与正常海水相比，喷口流体中 CH_4 浓度的富集可能与海底下的岩浆去气作用(释放 CH_4 等气体)或流体-超基性岩石相互作用有关。

4.2.4　热液产物特征

4.2.4.1　热液产物的形态、大小和规模

热液硫化物等热液产物至少有六种产出形态：烟囱体、丘状体、脉体、网脉体、角砾和球体(图 4-4～图 4-6)。

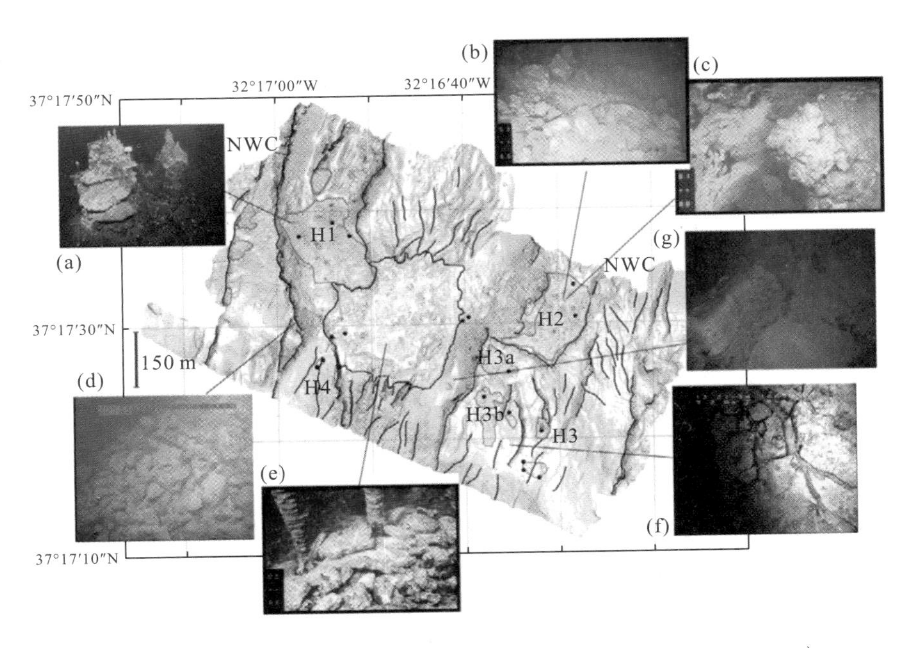

图 4-4　Lucky Strike 热液区内的各类地质现象(Ondréas et al.，2009)

(a)活动热液烟囱体；(b)硫化物碎屑；(c)死烟囱体；(d)枕状玄武岩；(e)熔岩筒；(f)裂隙；(g)火山角砾堆积体

注：黄色覆盖区域为热液建造与硫化物碎屑，区内可观测到活动热液喷口及死烟囱体

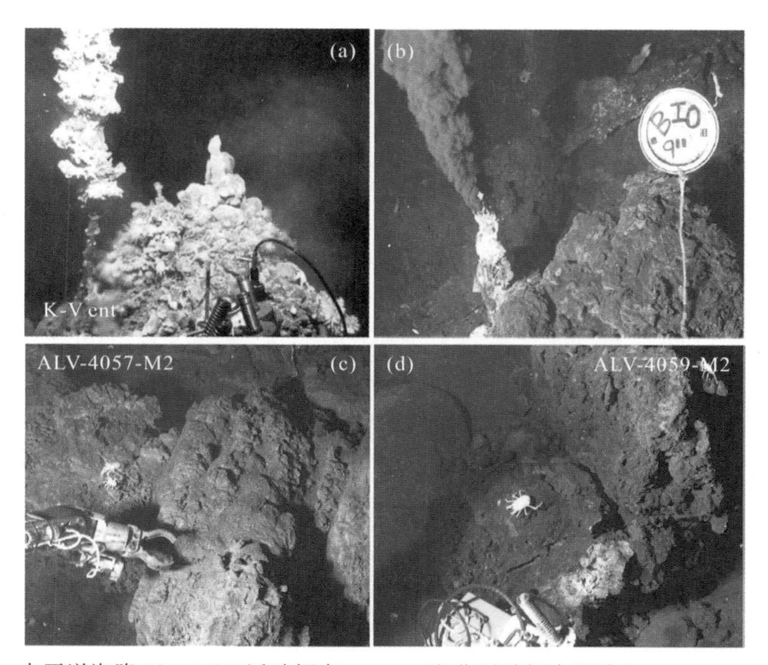

图 4-5 太平洋海隆 9°～10°N 活动烟囱、BIO9″和非活动烟囱照片(Rouxel et al., 2008)

(a) K-Vent 是由许多小的喷口组成的一个热液流体喷口，生长庞贝蠕虫和海葵；(b) BIO9″烟囱在 383℃的温度下剧烈喷发；(c) 样品 ALV-4057-M2，取自 BIO9″正北方向已熄灭的硫化物残留结构，喷口管道内壁残留黄铁矿和闪锌矿，表明样品可能与富 Zn 热液喷口类型相关；(d) 样品 ALV-4059-M2 具有被广泛氧化铁结壳覆盖的熄灭硫化物结构，缺乏独特的烟囱结构，表明这些富 Fe 块状硫化物是由海底塌陷的烟囱碎片后期再矿化形成的

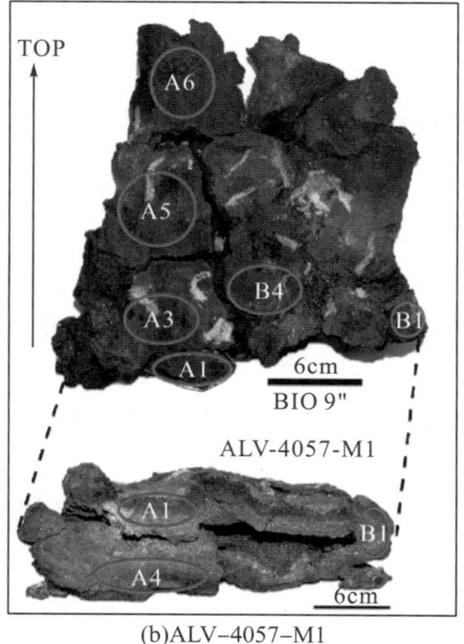

(a)ALV–4053–M1 (b)ALV–4057–M1

图 4-6 BIO9″热液喷口的烟囱体样品照片(Rouxel et al., 2008)

注：A1～A6，B1～B4 为编号

烟囱体的大小变化较大，形态各异：有尖塔状、蜂窝状、圆柱状、蘑菇状等。单个烟囱体高可达几十米，矮则几厘米，直径从几厘米到几米。烟囱体通常具一个或众多流体通道，直径从厘米级到米级变化，这些通道有时被后期沉淀的矿物所充填。烟囱体上部可构成树枝状形态，具喷口构造。可见烟囱体合并或分支，多个烟囱体常聚集成群，构成烟囱体群。烟囱体群的面积可达 300m×1000m。

热液丘状体的大小规模也不一，高度从不足 1m 到几十米，直径从小于 1m 到上百米。在丘状体上往往分布着烟囱体或烟囱体群。热液脉体大多存在于蚀变的岩石中，分布在丘状体之下或海底面以下的深部，可通过大洋钻探采集到此类样品。

热液硫化物等热液产物具有一定的空间结构。例如，在 TAG 热液区，热液硫化物等热液产物自上而下可分为 5 层：块状硫化物区、硫化物+硬石膏区、硫化物+二氧化硅+硬石膏区、硫化物+二氧化硅区和热液蚀变玄武岩区。对应的主要组成矿物分别为黄铁矿、黄铁矿+硬石膏、黄铁矿+石英+硬石膏、黄铁矿+石英，热液蚀变玄武岩区主要发生了硅化和绿泥石化蚀变。在马努斯海盆，热液硫化物等以黄铁矿为主，且热液矿物主要产出于蚀变火山岩的脉体中。脉体类型主要为硬石膏+二氧化硅脉体和二氧化硅+硬石膏+磁铁矿脉体。下伏火山岩主要由英安岩和流纹质英安岩构成，热液蚀变现象明显。

此外，自然元素可在沉积物和热液产物堆积体中出现，也可独立构成烟囱体，如龟山岛热液区的自然硫烟囱体。

4.2.4.2　热液产物的矿物组成与组构

大量地质观测显示，热液硫化物等热液产物可由硫化物(如黄铁矿、磁黄铁矿、白铁矿、黄铜矿、斑铜矿、方黄铜矿、闪锌矿、方铅矿、黝铜矿、砷黝铜矿等)，硫酸盐(如硬石膏、重晶石和黄钾铁矾等)，碳酸盐(如文石、方解石等)，氧化物(如铁氧化物/赤铁矿、锰氧化物、非晶质二氧化硅等)、氢氧化物(如铁氢氧化物/针铁矿)、硅酸盐(如绿脱石、滑石)，卤化物(如氯铜矿)和自然元素(自然铜、自然硫等)等多种矿物组成。

根据矿物组合可划分为三种类型：高温矿物组合(＞300℃)，主要由黄铜矿、磁黄铁矿等硫化物组成；中温矿物组合(100～300℃)，主要由闪锌矿、白铁矿、重晶石、硬石膏等矿物组成；低温矿物组合(＜100℃)，主要由黄铁矿、碳酸盐、非晶质二氧化硅等矿物组成。不同的构造环境中热液活动区形成的矿物组合明显不同。其中，黄铁矿(白铁矿)+闪锌矿(纤锌矿)+黄铜矿(方黄铜矿)+重晶石+非晶质二氧化硅是洋中脊和弧后盆地共有的矿物组合。并且，弧后扩张中心与无沉积物覆盖的洋中脊在形成的热液矿物学特征上具有一定相似性，不同海区的热液硫化物矿物组成往往表现出较一致的特点。

热液硫化物等热液产物具有多样的结构和构造。在热液硫化物等热液产物形成的堆积体(如烟囱体、丘状体和块状硫化物等)中，流体通道周围可见矿物和化学分带现象，可构成环带构造、条带状构造、通道构造、多孔构造、晶洞构造、瘤状构造、胶状构造、脉状构造、网脉状构造、块状构造和角砾构造等。在显微镜下，热液硫化物等热液产物，常表现出交代结构、叶片状结构、乳滴状结构、镶边结构、树枝状结构和粒状结构等(图 4-7～图 4-12)。

图 4-7　Kairei 热液区典型样品手标本照片(Wang et al.，2014)

(a)富铜块状硫化物矿石；(b)富锌烟囱体结构；(c)风化程度较高的富铜块状硫化物矿石；(d)采自球体顶部的富铜块状硫化物矿石；(e)硫化物风化壳；(f)富铜次生矿物矿石；(g)富含硫化物的矿石角砾；(h)含黄铁矿角砾

图 4-8　Mount Jourdanne 热液区块状硫化物类型(Nayak et al.，2014)

(a)小型管状烟囱，呈灰黑色；(b)块状硫化物；(c)热液角砾岩

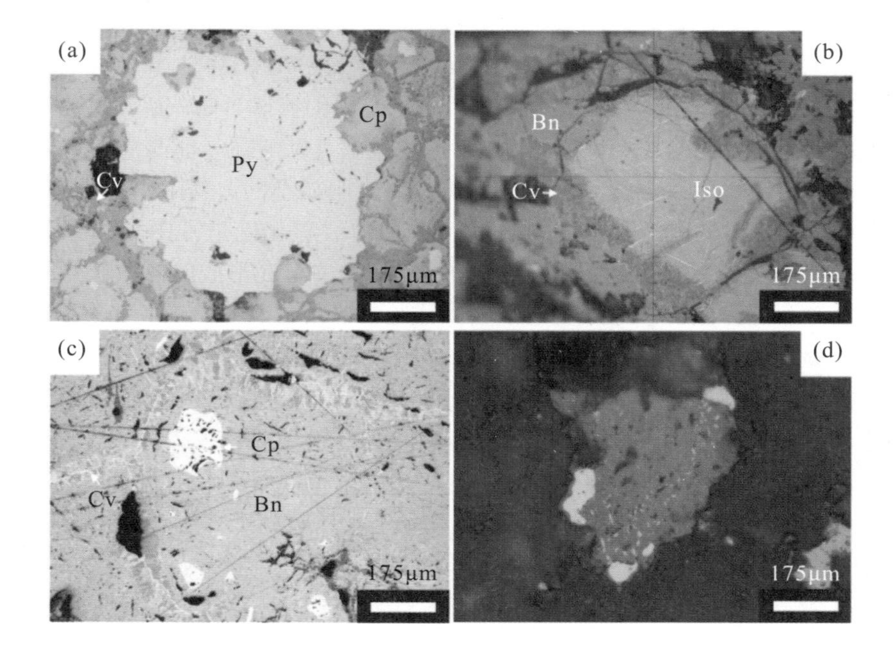

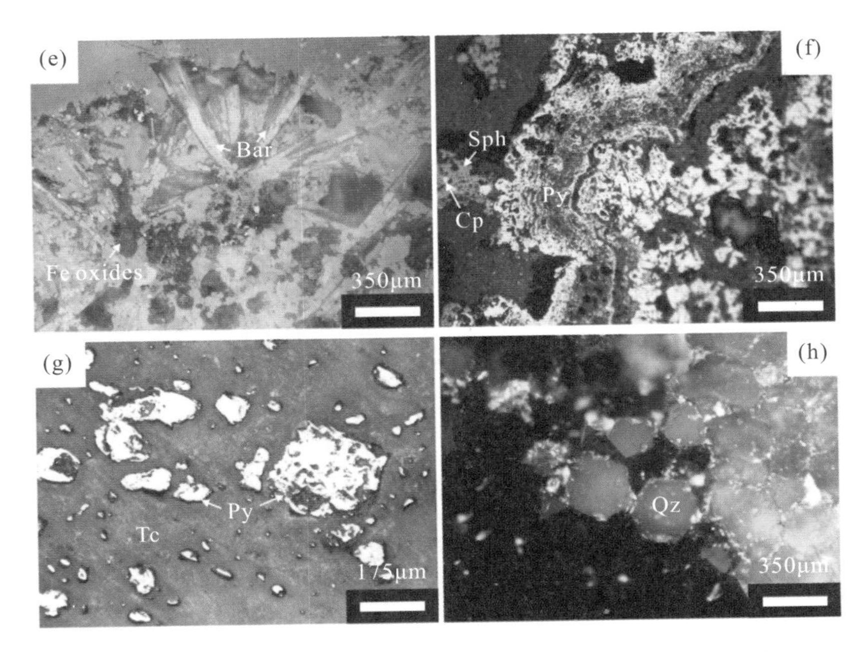

图 4-9　Kairei 热液区硫化物矿物组成与结构(Wang et al.，2014)

Cp-黄铜矿；Py-黄铁矿；Sph-闪锌矿；Bn-斑铜矿；Cv-铜蓝；Iso-等轴古巴矿；Qz-石英；Tc-滑石；Bar-重晶石；Fe oxides-铁氧化物

图 4-10　Mount Jourdanne 热液区烟囱体样品的显微照片(Nayak et al.，2014)

(a) 构成小管状烟囱主体的无定形二氧化硅基质中的细粒状闪锌矿和黄铜矿；(b) 嵌入含有硫酸盐共生的无定形二氧化硅基质中的晚期胶体闪锌矿；(c) 显示方黄铜矿薄片、闪锌矿、黄铁矿和无定形二氧化硅(黑色)的出溶的黄铜矿；(d) 替代闪锌矿的黄铜矿；Spl-细粒状闪锌矿；Sp2-胶体闪锌矿；Cp-黄铜矿；Py-黄铁矿；Sil-无定形二氧化硅；Sfs-硫酸盐；Icb-方黄铜矿

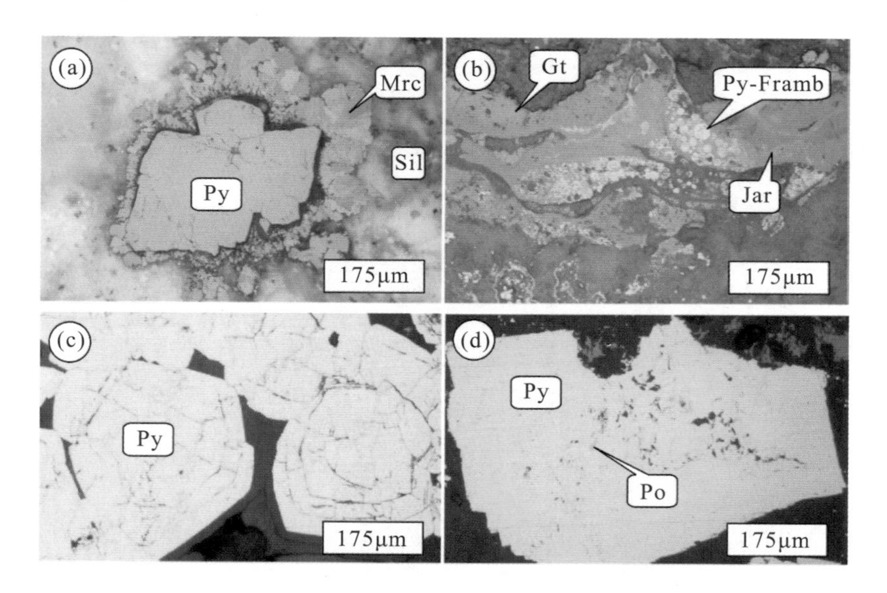

图 4-11 Mount Jourdanne 热液区矿石显微照片(Nayak et al.，2014)

(a)表层中黄铁矿周围的白铁矿的增生；(b)富铁样品中针铁矿和黄钾铁矾的草莓状黄铁矿；(c)无定形二氧化硅聚集形成的重结晶黄铁矿；(d)黄铁矿替代磁黄铁矿，留下黄铁矿内的磁黄铁矿残留体。Py-黄铁矿；Mrc-白铁矿；Gt-针铁矿；Jar-黄钾铁矾；Py-Framb-草莓状黄铁矿；Po-磁黄铁矿；Sil-无定形二氧化硅

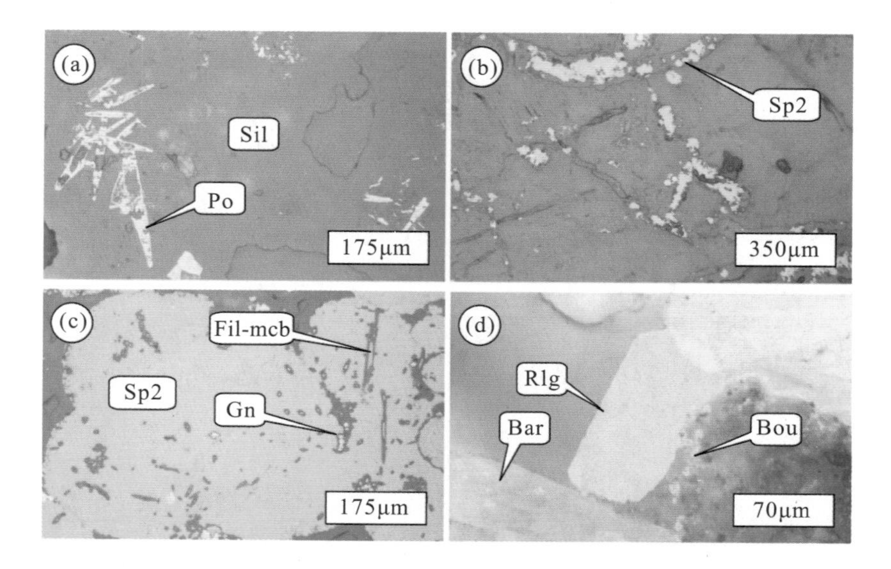

图 4-12 Mount Jourdanne 热液区角砾岩的抛光显微照片(Nayak et al.，2014)

(a)在角砾岩样品中残留的针状磁黄铁矿，部分被二氧化硅替代；(b)晚期闪锌矿的细脉；(c)含有已经硅化的丝状微生物残留物和由方铅矿填充的内管的角砾岩中的粗体形闪锌矿细脉；(d)晚期的矿物闪锌矿、重晶石和雄黄，在裂缝样品中结晶；Po-磁黄铁矿；Sil-无定形二氧化硅；Sp2-胶体闪锌矿；Gn-方铅矿；Fil-mcb-丝状微生物残留物；Bou-硫锑铅矿；Bar-重晶石；Rlg-雄黄

4.3　现代海底热液成矿作用

4.3.1　热液流体来源

H-O、Sr、Os 同位素研究表明，与基底岩石及上覆沉积物发生广泛水-岩反应后的进化海水是现代海底热液流体最重要的组成部分，但不排除有些热液活动区存在部分岩浆热液的加入。

4.3.1.1　H-O 同位素证据

现有研究表明，现代海底热液系统喷口流体的 δD 主要为−6‰～−2‰，δ^{18}O 均高于海水的 δ^{18}O，主要为 0.25‰～2‰(Hannington et al.，2005；曾志刚，2011)，指示喷口流体以海水为主，且在循环运移过程中，普遍经历了与基底岩石及沉积物的水-岩反应。但在有些热液区，如 Okinawa Trough 热液区，成矿流体 δ^{18}O 为 8‰～9‰，与岩浆热液的 δ^{18}O 相当。对于这种高 δ^{18}O，侯增谦等(1999)认为是由岩浆流体加入所致，而 Ohmoto(1995)则采用了海水与基底岩石之间的水-岩反应来解释这一现象。

4.3.1.2　Sr 同位素证据

现代大洋成矿系统喷口流体中 ^{87}Sr/^{86}Sr 大多为 0.7029～0.7046(King et al.，2004；Hannington et al.，2005；Craddock et al.，2010)，显著低于现代正常海水(^{87}Sr/^{86}Sr= 0.7092)，与基底岩石的 ^{87}Sr/^{86}Sr 一致或接近，反映了基底岩石对流体的控制作用。如在拉乌海盆 Valu Fa 洋脊，热液流体的 ^{87}Sr/^{86}Sr 为 0.7044，是该热液区循环海水与安山岩基底岩石(^{87}Sr/^{86}Sr 约为 0.705，Von Damm et al.，1985a)在绿片岩相条件下相互作用的结果(Fouquet et al.，1991)。此外，在北斐济海盆 White Lady 热液区，流体的 ^{87}Sr/^{86}Sr 为 0.7046，接近该区玄武岩的值(0.7030，Grimaud et al.，1991)；在大西洋中脊上，TAG、MARK 和 Broken Spur 热液区喷口流体中的 ^{87}Sr/^{86}Sr 分别为 0.7029～0.7038、0.7028 和 0.7034～0.7038，与新鲜洋中脊玄武岩(mid-ocean ridge basalt，MORB)的 ^{87}Sr/^{86}Sr 接近(Campbell et al.，1988；James et al.，1995)，均反映了海水在对流循环过程中与基底岩石的相互作用。部分喷口流体的 Sr 同位素组成也受到了正常海水的明显影响。例如，在陆内裂谷环境的红海热液区，^{87}Sr/^{86}Sr 为 0.7066～0.7092(Hannington et al.，2005)，指示喷口流体的 Sr 来自海水。

热液区是否覆盖沉积物，对热液流体中 Sr 同位素亦有一定的影响：一般无沉积物覆盖热液系统中流体的 ^{87}Sr/^{86}Sr 较低，如东太平洋海隆上热液区(EPR9°N～10°N、EPR13°N 和 EPR21°N)流体的 ^{87}Sr/^{86}Sr 为 0.7030～0.7042(Michard et al.，1984；Von Damm et al.，1985b；Ravizza et al.，2001)、大西洋中脊热液区，热液流体的 ^{87}Sr/^{86}Sr 为 0.7028～0.7038(Jean-Baptiste et al.，1991；James et al.，1995)、印度洋中脊 Kairei 热液流体的 ^{87}Sr/^{86}Sr 为 0.7041(Gamo et al.，2001)；而有沉积物覆盖的热液系统中流体的 ^{87}Sr/^{86}Sr 相对较高，如瓜伊马斯海盆热液流体的 ^{87}Sr/^{86}Sr 为 0.7050～0.7060(Von Damm et al.，1985b)，冰岛北

部 Grimsey 热液流体的 $^{87}Sr/^{86}Sr$ 为 0.7063（Kuhn et al.，2003），指示热液流体与上覆沉积物之间亦存在着水-岩反应。

块状硫化物矿层中的硫酸盐矿物的 $^{87}Sr/^{86}Sr$ 大多介于基底岩石与正常海水之间（King et al.，2004），指示矿质沉淀过程中伴随着海底热液与正常海水的混合。在太平洋马努斯海盆部分热液区，从上往下，硬石膏中 $^{87}Sr/^{86}Sr$ 从邻近蚀变英安岩下方的 0.7086 变化至海底下 100m 的 0.7060，硬石膏的高 $^{87}Sr/^{86}Sr$ 与高含量的硬石膏以及以方石英和叶蜡石为特征的蚀变矿物组合有关；硬石膏脉中出现的各种结构和特定位置中硬石膏的高 $^{87}Sr/^{86}Sr$，说明了多期次流体与海水发生了不同程度的混合。类似的特征也出现在大西洋中脊 TAG 热液区的块状硫化物丘状体中。

4.3.1.3 Os 同位素证据

Os 同位素研究表明，现代海底热液系统中喷口流体的 Os 同位素组成主要受控于不同构造环境下火山岩围岩与正常海水两种物源组分的混合。例如，在胡安德富卡洋脊热液系统中，轴部高温热液流体的 $^{187}Os/^{188}Os$ 为 0.129～0.401，几乎完全受控于围岩，指示对流循环海水与围岩发生了水-岩反应与同位素交换，热液中的 Os 主要淋滤自海底火山岩；远离轴部的低温热液流体以及弥散流 $^{187}Os/^{188}Os$ 为 0.43～1.04，是高循环海水热液和下渗正常海水在近海底区域混合的结果（Sharma et al.，2000；2007）。

海底热液喷发所形成的块状硫化物矿层中，$^{187}Os/^{188}Os$ 的整体变化为 0.44～1.21，基本介于洋中脊玄武岩组分和正常海水组分端元之间，表明硫化物中的 Os 主要来自以上两个端元组分的混合，且可能更多来自海水组分（Ravizza et al.，1996；Brügmann et al.，1998；Zeng et al.，2014）。

4.3.2 成矿物质的来源

4.3.2.1 硫的来源

现代热液成矿系统中硫的来源主要通过硫同位素来示踪。大量研究显示，现代海底热液系统流体中 H_2S 的 $\delta^{34}S$ 为−5.7‰～8.6‰（Hannington et al.，2005）。由于玄武岩中热液流体端元的 S 同位素值为 1.5‰，指示流体中的 S 主要萃取自玄武岩（Rouxel et al.，2004），少量为海水硫酸盐和生物有机硫所贡献（Shanks，2001）。

热液产物中，硫化物的 $\delta^{34}S$ 主要为 1‰～9‰，均值为 4.5‰（曾志刚，2011；Zeng et al.，2017），整体继承了热液流体的硫同位素组成；而硫酸盐矿物的 $\delta^{34}S$ 主要为 19‰～24‰，均值为 21.3‰（曾志刚，2011），更多来自海水硫酸盐。

4.3.2.2 金属元素的来源

现代海底热液喷发所形成的块状硫化物矿层中，Pb 同位素组成与构造背景、围岩组成和沉积物发育程度等密切相关。通常情况下，在洋中脊环境，如果无沉积物覆盖，矿石硫化物的 Pb 同位素组成与洋中脊玄武岩大致相当，指示成矿物质主要来自对流循环海水对洋中脊玄武岩的淋滤；如果有沉积物覆盖，矿石硫化物明显富集放射性成因铅(具较高的 $^{207}Pb/^{204}Pb$)，指示成矿除来自洋中脊玄武岩外，沉积物也为海底热液成矿提供了部分甚至是主要的物质来源(图 4-13)(LeHuray et al.，1988；Fouquet and Marcoux，1995；Zeng et al.，2017)。在弧后盆地环境，矿石中 Pb 同位素组成较为复杂，各类火山岩、深海沉积物甚至陆壳基底都有可能提供成矿物质，在拉乌海盆热液区，矿石硫化物的 Pb 同位素位于 MORB 与深海沉积物的叠合部位，指示成矿物质主要来自两者的混合(Fouquet and Marcoux，1995)；在冲绳海槽杰德热液区，矿石硫化物铅同位素组成与该区沉积物和蚀变火山岩的铅同位素组成一致，而与该区新鲜火山岩相比含较高的放射成因铅，指示铅很可能为海底沉积物与深部长英质火山岩的混合铅(Halbach et al.，1997；曾志刚等，2000)。

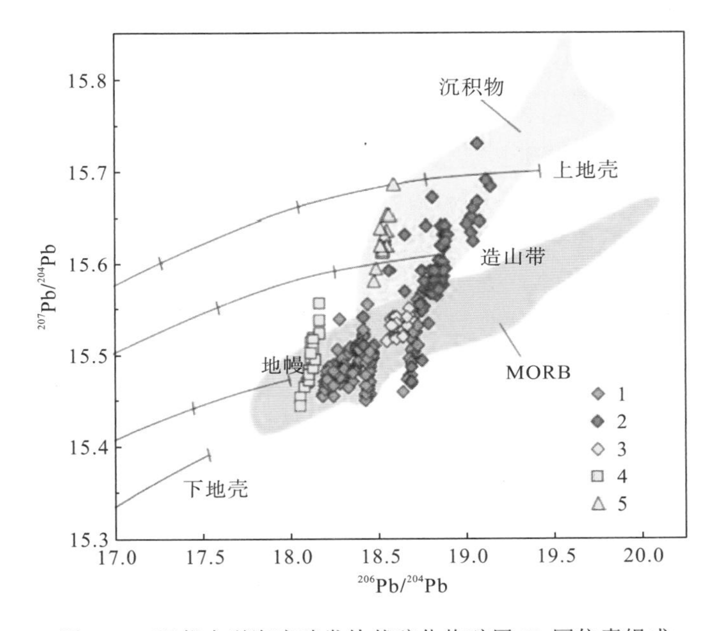

图 4-13　现代大洋海底喷发块状硫化物矿层 Pb 同位素组成

1.无沉积物覆盖的洋中脊区；2.有沉积物覆盖的洋中脊区；3.拉乌海盆热液区；4.北斐济海盆热液区；5.冲绳海槽杰德热液区

4.3.2.3　碳的来源

现代海底热液中 CO_2 的 $\delta^{13}C$ 主要为−9‰～−4‰。在无沉积物覆盖的洋中脊地区(如东太平洋海隆 21°N)，海底热液中 CO_2 的 $\delta^{13}C$ 约为−7‰，与岩浆碳一致，反映从正在结晶的 MORB 中释放出来的 CO_2 的碳同位素组成并没有受到水-岩反应或同位素交换的影响(Shanks，2001，2014)。在胡安德富卡海岭以及东太平洋海隆 13°N 和 21°N 处海底热液中 CH_4 的 $\delta^{13}C$ 为−20.8‰～−15.0‰，远高于生物成因天然气中 CH_4 的 $\delta^{13}C$(−110‰～−50‰)，表明热液中的 CH_4 为非生物成因，直接来自洋中脊岩浆的脱气或通过水-岩反应从 MORB 中萃取获得。但在有沉积物覆盖的加利福尼亚湾瓜伊马斯盆地(Guaymas Basin)，海底热液中 CO_2 的 $\delta^{13}C$ 为−10.5‰～−1.1‰，CH_4 的 $\delta^{13}C$ 为−50.8‰～−42.3‰(Welhan and Lupton，1987)，烟囱沉积物中方解石的 $\delta^{13}C$ 为−14.0‰～−9.6‰，表明热液中的碳来自海相碳酸盐矿物的溶解和循环海水对沉积物中有机质的氧化，两种来源碳的比例大致相同，但并不排除有玄武岩中少量CO_2的贡献(Shanks，2001)。

4.3.3 成矿作用与成矿模式

4.3.3.1 成矿作用

许多学者尝试探讨现代海底热液的演化与成矿过程(Rona，1984；Alt，1995；Tivey，2007)，但由于多数研究仍限于洋壳面以上的矿体部分，目前对于热液系统深部几何结构和水-岩反应过程等方面的了解还很少。Harff等(2016)总结了一个广义的现代海底热液成矿过程模型，其对热液系统结构划分基本与Alt等(1995)和Tivey等(2007)的经典模式相同，认为现代海底热液成矿经历海水注入、高温反应和热液释放三个主要过程(图4-14)。

初始低温氧化性海水(约2℃)由顶部注入区(或下渗区)加入热液系统，沿着洋壳断裂、熔岩管道等结构不断下渗并被加热，这一过程发生以下4个重要反应。

(1)低温蚀变和碱金属固定：下渗的海水被加热到40～60℃时，流体与玄武岩之间的反应使得玄武岩玻璃、橄榄石、斜长石等一系列矿物发生蚀变，形成铁云母、蒙脱石、铁氢氧化物等矿物，从而使初始流体中的碱金属(K、Rb、Cs)、B和少量H_2O进入矿物相中，岩石中Si、S、Mg等元素则被淋滤出来进入流体相(Humphris et al.，1995；Alt et al. 1995)。

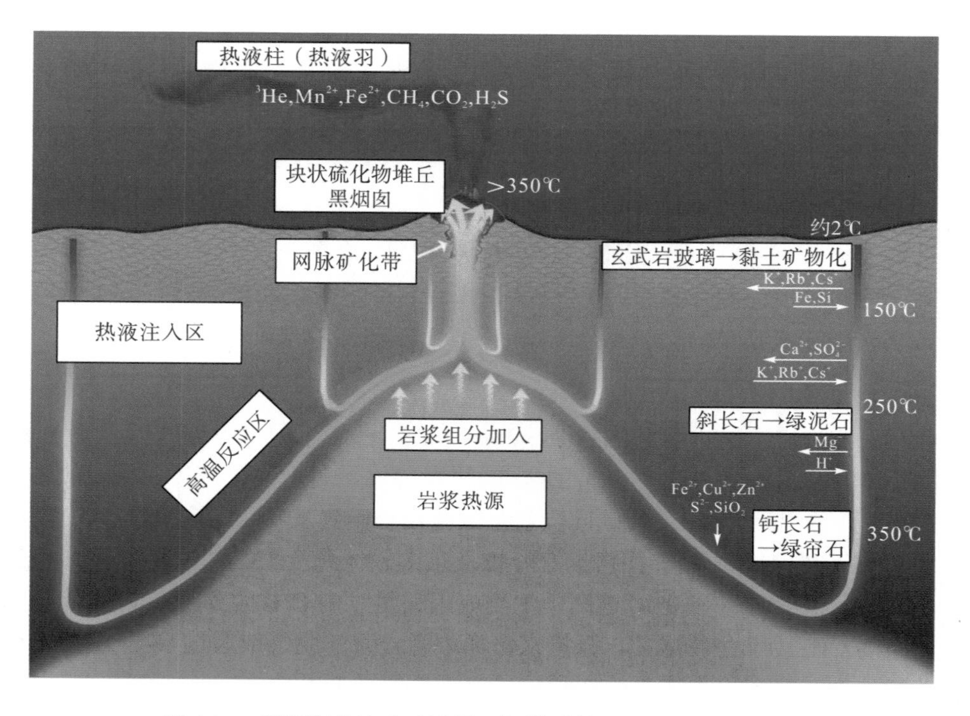

图4-14 现代海热液成矿过程一般模型(据Harff et al.，2016)

(2) Mg 固定：150℃开始，海水开始失去 Mg，其中 150～200℃时，海水中的 Mg 以富 Mg 蒙脱石形式沉淀，在大于 200℃时，Mg 以绿泥石形式沉淀（固 Mg）(Humphris et al., 1995)；与此同时，岩石中的 Ca 会进入海水以保证电荷平衡（Mottl，1983）。其过程可以通过以下方程式表示：

$$4(NaSi)_{0.5}(CaAl)_{0.5}AlSi_2O_8(\text{钙碱性长石})+15Mg^{2+}+24H_2O \longrightarrow 3Mg_5Al_2Si_3O_{10}(OH)_8(\text{绿泥石})+SiO_2+2Na^++2Ca^{2+}+24H^+$$

整个固 Mg 过程会提高流体 H^+浓度，从而使流体呈酸性，但其中一部分 H^+会因为硅酸盐发生水解而被消耗（Tivey et al.，2007）。

(3) 硬石膏形成：硬石膏具有逆溶解度特征，当海水被加热到 150～200℃时，初始流体中的主要成分 Ca 也会全部从流体中以硬石膏形式沉淀（Bischoff and Seyfried，1978）。硬石膏的沉淀会消耗掉流体中约 1/3 的 SO_4^{2-}，为使流体达到摩尔平衡，会从岩石中淋滤出额外的 Ca^{2+}来进行补充，这一过程可以通过以下方程式表示：

$$CaAl_2Si_2O_8(\text{钙长石})+2Na^++4SiO_2(aq) \longrightarrow 2NaAlSi_3O_8(\text{钠长石})+Ca^{2+}$$

(4) 碱金属淋滤：尽管低温条件岩石可以固定海水中的碱金属，但当温度高于 150℃时，海水开始淋滤岩石中的碱金属。对于一些高温热液系统，海水下渗过程中还有一些其他反应可以影响流体组分，如含亚铁矿物氧化（如橄榄石、辉石、磁黄铁矿）会使流体呈还原性；钠长石化（250℃）会改变流体 Ca^{2+}和 Na^+浓度。上述一系列反应的最终结果是形成弱酸性、还原性、富 Si、富碱金属、贫 Mg 的热液流体（Tivey et al.，2007）。

当热液流体继续下渗到热液系统底部反应区时，温度可能达到 350～400℃，甚至更高，在这一条件下，热液淋滤围岩中的 S 和金属元素（如 Mn、Fe、Cu、Zn）。如果流体温压条件超过海水临界点，流体就会发生相分离。

从热液流体的气-液两相分离图中可以看出（图 4-15），在一定温度和压力范围内，热液流体存在一个气-液两相线，流体演化过程中，若温度、压力穿越该两相线，便会发生相分离。当流体穿越两相线时的温度和压力小于临界点时，流体将发生亚临界状态相分离（即沸腾），一个具有低氯度的蒸气相便从流体中脱出，且该蒸气相中的含盐量与穿越两相线的位置有关。当流体穿越两相线的温度和压力大于临界点时，流体则发生超临界相分离（即浓缩），此时一个具有高氯度的液体相便会从流体中浓缩出来，其中伴有石盐的结晶。在一些海底热液体系中，已有石盐晶体先形成再溶解的实例报道（Oosting and Von Damm，1996；Butterfield et al.，1997；Berndt and Seyfried 1997；Von Damm，2000）。

流体相分离的发生不仅导致流体中 Cl 含量的改变，同时还使其他化学组分也在两相间发生配分，从而使流体中化学组分浓度发生改变。对于与氯离子形成氯化物络合物的金属阳离子，则通常与 Cl 保持同样的分配趋势，金属/Cl 几乎不变，而对于流体中的溶解气体（如 CO_2、CH_4、He、H_2、H_2S），它们则容易被分离出来而进入低 Cl 蒸气相中。B 在流体中通常呈羟基络合物，因而相分离对其影响较小。流体中 Br/Cl 通常比较高，这是由于相分离过程通常会形成石盐晶体，而石盐晶格中很少有 Br 离子进入。

此外，在部分热液系统中，岩浆挥发分可能在反应区直接加入流体中（Tivey et al.，2007；Harff et al.，2016），如 EPR9°50′N 和 EPR32°S 热液活动区（German and Von Damm，2003）。岩浆组分沿着洋壳断裂、管道等渗透性结构上升，最终在释放区发生喷流作用。

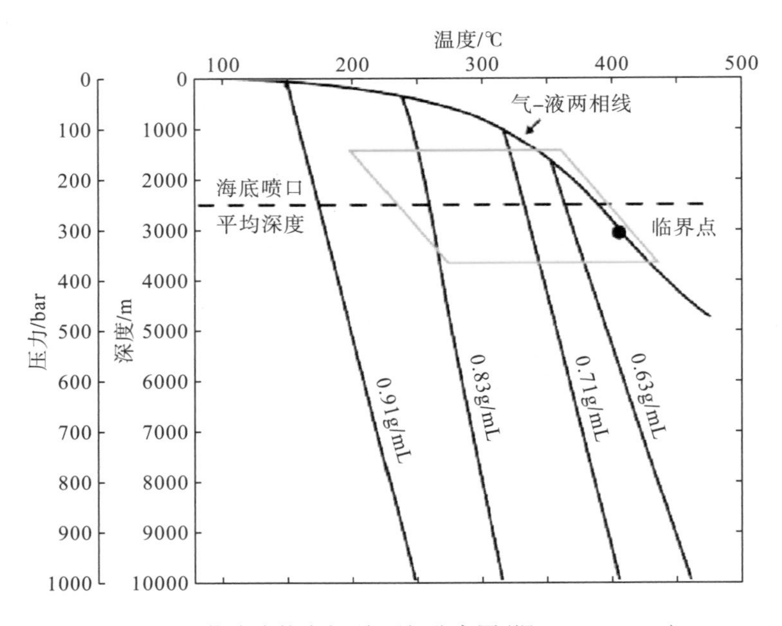

图 4-15 热液流体中气-液两相分离图(据 Tivey，2007)

如果流体上升通道顺畅且连接深部反应区(如断层结构)，那么流体将快速上升，来不及与围岩再次达到化学平衡，但可能发生一些低程度化学交换作用(如硅化、少量金属沉淀/溶解)，经过较长时间的相互作用，可以在海底喷口下方形成典型网脉状矿化结构和蚀变岩筒(此过程可能混入一定量海水)。最终流体到达海底表面，与附近冷海水混合，由于温度、氧化还原条件骤变，成矿物质以各种细粒沉积物的形式出现成为冒烟的烟囱。沉积物多以金属硫化物为主，构成所谓的“黑烟囱”；但有时以重晶石和二氧化硅为主，则称为“白烟囱”(Tivey et al.，2007；Harff et al.，2016)。如果流体在到达海面之前与大量海水混合，沉淀大量硫化物，到达海底表面后也可能无法形成黑、白烟囱，而在洋壳裂隙部位以半透明弥散流体形式排放。

4.3.3.2 烟囱的形成过程

烟囱的生长是在热液与海水的温度交换带上从硬石膏的沉淀开始的，这是由于硬石膏的溶解度随温度的升高而下降。硬石膏环绕热液喷口形成硬石膏壁，大多数热液沿此硬石膏环的中心通道向上排入海水中，并使绝大多数金属组分散失到远处的沉积物，据现代海洋调查，仅少量热液穿过孔隙发育的硬石膏壁流动。壁内高温(常大于 300℃)、酸性(pH 约 3.5)还原($H_2S \gg SO_4^{2-}$)，壁外则低温、碱-中性(pH 为 7～8)、氧化性较强($SO_4^{2-} \gg H_2S$)，由于物理化学条件的急剧变化，热液中的金属组分沉淀在硬石膏孔隙中。有两条细微机制值得注意：①由于热液不断涌出而使这一海域的温度持续升高，硬石膏的生长带将不断向外向上移动，致使烟囱不断长高加粗，据测量，平均每天可长高 8cm；②烟囱内热液高速流动将使壁内水压低于壁外，壁外的海水因而回渗将与热液在孔隙中相遇混合；处于内壁的硬石膏最终将同未经混合、极度贫 SO_4^{2-} 的原始热液相遇而被溶蚀，并被高温矿物组合所取代，结果形成矿物相环状分带。

烟囱生长到一定高度后，在动力学上变得不稳定，终将坍塌，形成圆丘，上面又开始新烟囱的生长。如此多次重复，圆丘将完全盖住热液喷口，热液流分散转入圆丘上面的许多排放场所，于是开始了以圆丘为单位的热液沉淀过程。其机制与烟囱的生长基本一致，只是规模更大。在圆丘生长模式中，角砾岩和塌积物起着与多孔隙的石膏壁相同的作用。热液在圆丘内发生对流、绝热膨胀或传导冷却，通过充填和交代作用沉淀出硫化物和其他热液矿物。通过圆丘外部的热传导和对流冷却形成低渗透率壳，只允许热液以低速和分散的方式穿过圆丘表面排放，使热液中的喷流颗粒因在上覆水体中骤冷而达到最大效率的回落堆积，圆丘生长到一定程度后，由于水力压裂或构造-地震活动而产生新的集中流体通道，于是又将有新烟囱生长。如此反复，形成硫化物堆积。

4.4　古代海底热液成矿系统

4.4.1　VMS 矿床

VMS 矿床是产于海相火山岩系中，主要由 Fe、Cu、Zn 和 Pb 硫化物组成并伴有 Au、Ag、Co 等多种有益元素，通常由地层整合的块状矿体和不整合的网脉状矿体(或矿化带)组成的集合体(Large，1992；Franklin et al.，2005)。VMS 矿床具有规模大、品位高和经济价值显著的特征，且广泛分布于世界各主要造山带的不同时代的海相火山岩系中。VMS 矿床中的铜矿和斑岩铜矿，以及砂页岩型铜矿、岩浆铜镍硫化物矿床，是世界四大支柱型铜矿类型(Herzig and Hannington，1995；Khin et al.，1999)。

4.4.1.1　VMS 矿床的地质特征

大量调查发现，VMS 矿床均形成于伸展的构造背景中，包括大洋海底扩张和弧环境。成矿时代广泛，从太古代(约 3500Ma)到现代大洋中脊正在活动的“黑烟囱”，均有 VMS 矿床的形成。根据矿床类型与构造环境，可将 VMS 矿床划分为黑矿型、别子型、塞浦路斯型和诺兰达型。Franklin 等(2005)根据围岩的岩石类型，将 VMS 矿床划分为镁铁质(镁铁质含量大于 75%，长英质含量小于 3%，硅质碎屑和超基性岩含量小于 10%)、双峰式-镁铁质(镁铁质岩石含量大于 50%，长英质岩石含量大于 3%)、镁铁质-硅质碎屑岩(镁铁质岩石约为 50%，浊积硅质碎屑岩含量约为 50%，长英质矿物很少或无)、双峰式-长英质(长英质岩石含量大于 50%，硅质碎屑小于 15%)和双峰式-硅质碎屑岩(硅质碎屑含量约为 50%，火山岩含量约为 50%，长英质矿物含量大于铁镁质)五种类型。总体上，VMS 矿床类型有不同的分类方案，目前采用成矿环境和容矿火山岩类型的综合分类(李文渊，2007)：①扩张中心的 VMS 矿床，矿床产于大洋中脊环境，以及弧后盆地拉张-成熟洋壳，赋矿围岩主要为大洋拉斑玄武岩，以 Cu 或 Cu-Zn 矿化为主；②岛弧、陆缘弧的 VMS 矿床，矿床产于岛弧裂谷、大陆裂谷环境或拉张的弧后盆地，赋矿围岩主要为双峰式火山岩，以 Zn-Pb-Cu 矿化为主。

整体上，该类矿床含矿岩系为一套基性至中酸性的火山熔岩、火山碎屑岩、凝灰质岩和火山沉积岩(页岩、杂砂岩)，矿体多赋存于火山喷发晚期或间隙期的中酸性火山岩和凝灰质岩石中。矿床具典型的“上层下脉”的结构特点，即上部(喷口以上)由透镜体或似层状块状硫化物构成，下部(喷口以下)由硫化物的网脉和细脉构成蚀变矿化岩筒(图 4-16)。

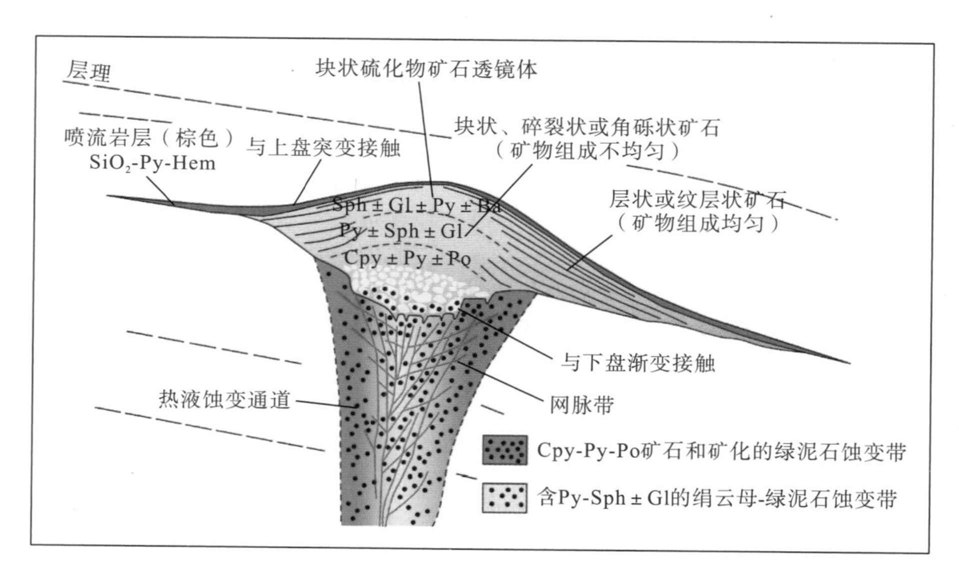

图 4-16　理想 VMS 矿床剖面结构和不同矿石类型分布(据 Lydon，1984 修改)

SO_2-二氧化硅；Py-黄铁矿；Hem-赤铁矿；Sph-闪锌矿；Gl-蓝闪石；Ba-重晶石；Cpy-黄铜矿；Po-磁黄铁矿

矿石中占优势的硫化物是黄铁矿(因而也称为“黄铁矿型矿床”)，其次是黄铜矿、方铅矿、闪锌矿和磁黄铁矿，含少量的黝铜矿、砷黝铜矿和斑铜矿。非金属矿物有石英、绿泥石、绢云母、重晶石、石膏和碳酸盐等。上部透镜状或似层状矿体中，矿石构造以块状、条带状、层纹状、网脉状、角砾状为主(图 4-17)，矿石结构多为细粒镶嵌结构、草莓状(生物假象)结构、胶状结构等，显示化学沉积的组构特点。下部蚀变矿化岩筒中矿石多呈网脉状、细脉浸染状、细脉状、角砾状构造，结构为不同自形程度的结晶结构，显示热液充填-交代的组构特征。矿石中 Cu+Zn+Pb 平均品位一般为 2%～10%，常伴有 Au、Ag 等矿化。

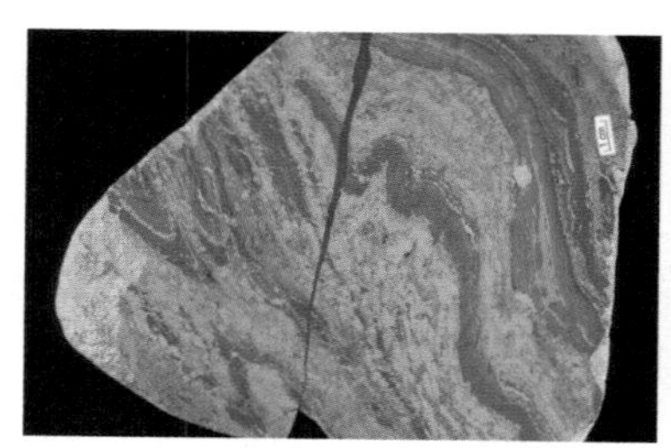

(a)块状磁黄铁矿-黄铜矿矿石

(b)网脉状磁黄铁矿-黄铜矿矿石

图 4-17　矿石构造

VMS 矿床是世界铜矿资源的重要来源之一，著名产地有日本黑矿型矿床(Yamada and Yoshida，2011)、加拿大诺兰达型矿床(Wyman et al.，2002)、西班牙伊比利亚型矿床(Tornos，2006)、东北太古代的红透山铜矿(Gu et al.，2007)、浙江平水铜矿和赣东北铁砂街铜矿(徐克勤和朱金初，1978)、云南新平大红山铁铜矿、安徽钟姑山铁矿床(徐克勤等，1996)等。

4.4.1.2　VMS 矿床的成因

1. 成矿流体的特征

1) 流体包裹体特征

许多国外研究者借助流体包裹体手段对典型的 VMS 矿床成矿流体做了大量的研究工作，来揭示成矿流体性质、来源及成矿流体演化过程(Urabe and Sato，1978；Pisutha-Arnond and Ohmoto，1983；Foley，1986)。他们认为流体包裹体在该类矿床中主要为含水气液两相包裹体，且有一致充填度，常缺乏富气相及含子晶的包裹体类型；该类矿床的成矿流体主要为中低温、低盐度的流体，流体源主要为海水，另外，成矿流体的盐度常接近或略高于海水(约 3.2%；Bischoff and Rosenbauer，1985)。例如，中国东南部平水铜矿床流体包裹体研究(Chen et al.，2014)表明，石英中流体包裹体主要为气液两相盐水包裹体，气液比为 5%～20%(图 4-18)，其均一温度为 217～328℃，盐度为 3.2%～-5.7%(图 4-19)，并且激光拉曼探针结果显示包裹体中 H_2O 是唯一的气相成分(图 4-20)。

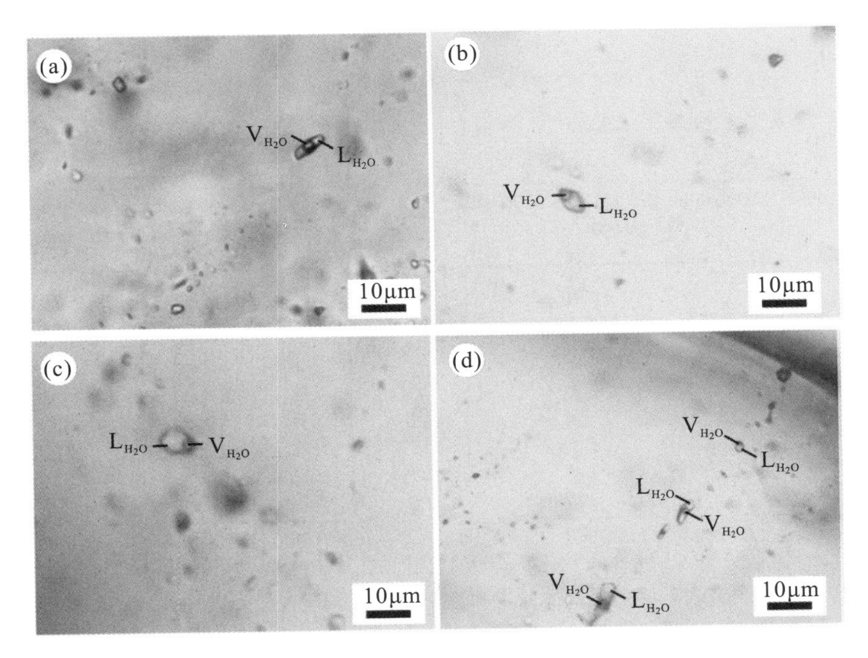

图 4-18　平水铜矿床石英中流体包裹体显微照片(据 Chen et al.，2014)

(a)～(c)为原生 NaCl-H_2O 包裹体，(d)为沿愈合裂隙分布 NaCl-H_2O 次生包裹体；L-液相；V-气相

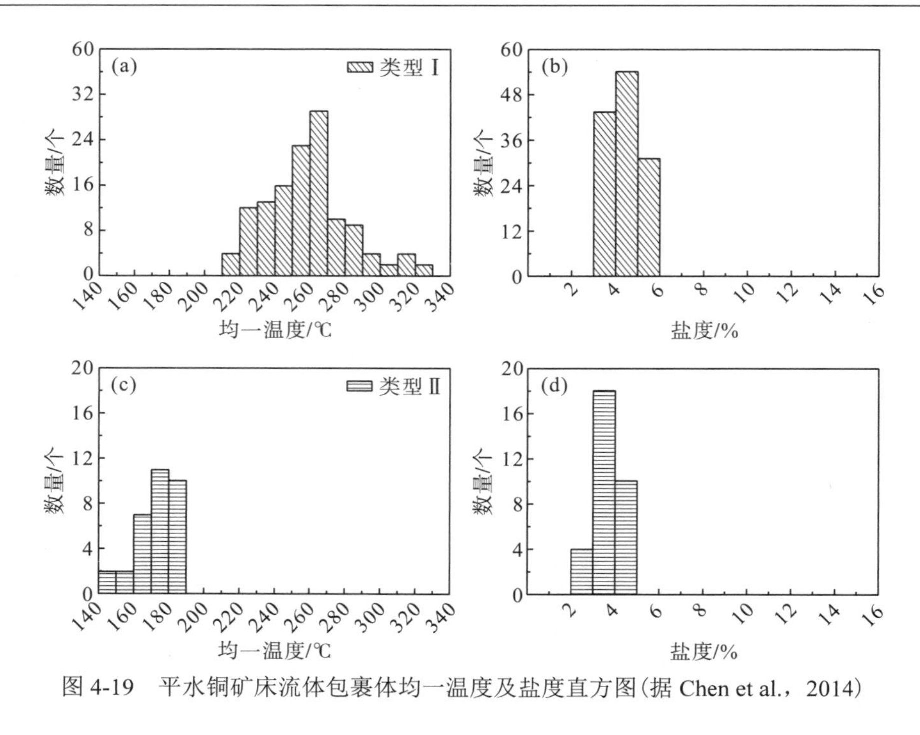

图 4-19 平水铜矿床流体包裹体均一温度及盐度直方图(据 Chen et al.，2014)

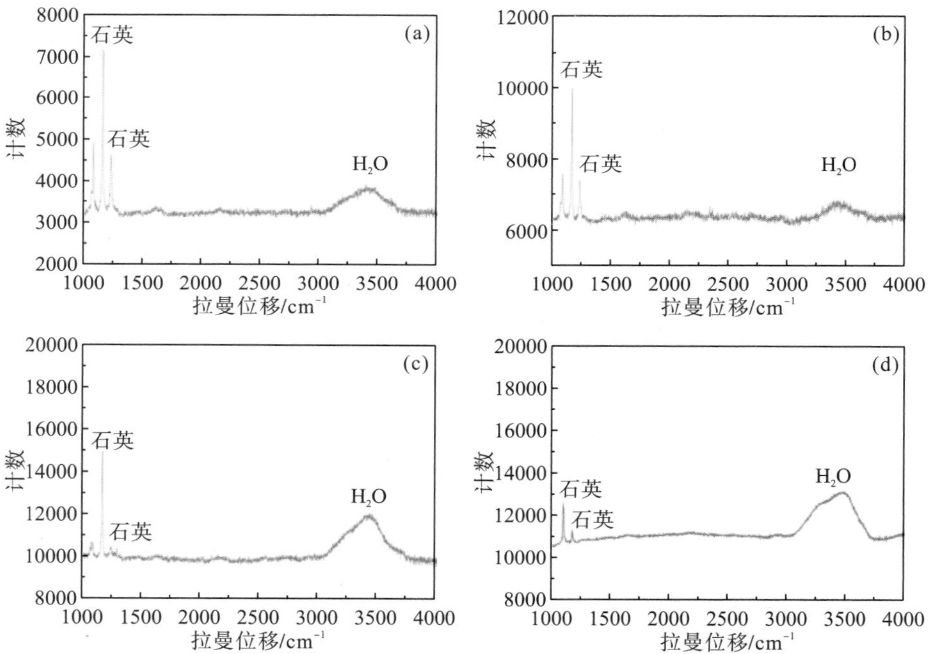

图 4-20 平水铜矿床石英中代表性原生和次生流体包裹体拉曼光谱图(Chen et al.，2014)

(a)和(b)为原生包裹体，(c)～(d)为次生包裹体

2) H-O 同位素特征

VMS 矿床成矿流体的氢、氧同位素组成集中分布于海水附近，δ^{18}O 为−2‰～4‰，δD

为−15‰～10‰，明显远离岩浆水区域，表明此类矿床的成矿流体以海水占绝对优势。造成不同矿床中成矿流体氢、氧同位素组成变化的机理，可能包括水岩反应、海水蒸发、流体沸腾以及海水与少量岩浆水混合等(图 4-24)。如：青海玉树尕龙格玛铜矿床成矿流体较海水具较低的氢氧同位素组成(δD：−103.2‰～−65.3‰，$\delta^{18}O_{H2O}$：0.25‰～1.75‰；王键等，2017)，被认为是岩浆水与海水混合作用的结果。类似的混和现象也在新疆东天山小热泉子和黄土坡铜锌矿床中发现(Cheng et al.，2020；Zhang et al.，2021)。而在一些 VMS 矿床发现具有极低氢同位素特征的成矿流体(如四川呷村矿床，党院等，2014)，这可能是在硫化物沉淀过程中，流体中 HS^-或 H_2S 的 H^+被金属阳离子置换(如 Fe^{2+}和 Cu^{2+})，并加入成矿流体，从而导致流体系统中 δD 强烈亏损。

2. 成矿物质来源

1) 硫的来源

VMS 矿床硫化物硫的同位素组成主要有两种来源，一种是岩浆来源，硫直接来源于岩浆流体或从围岩中淋滤($\delta^{34}S$ 为−5‰～5‰；Hoefs，2009)，一种来源于海水($\delta^{34}S$=21‰，Rees et al.，1978)。两种不同硫源的混合比例不同，会导致 VMS 矿床中硫化物硫同位素组成介于 0‰与相应时代海水硫酸盐的 $\delta^{34}S$ 之间。值得注意的是，VMS 矿床中硫化物的 $\delta^{34}S$ 大致比相应时代海水硫酸盐低约 17‰(图 4-21)，认为矿床中的硫化物是通过细菌还原海水硫酸盐作用形成的(Huston，1997)。

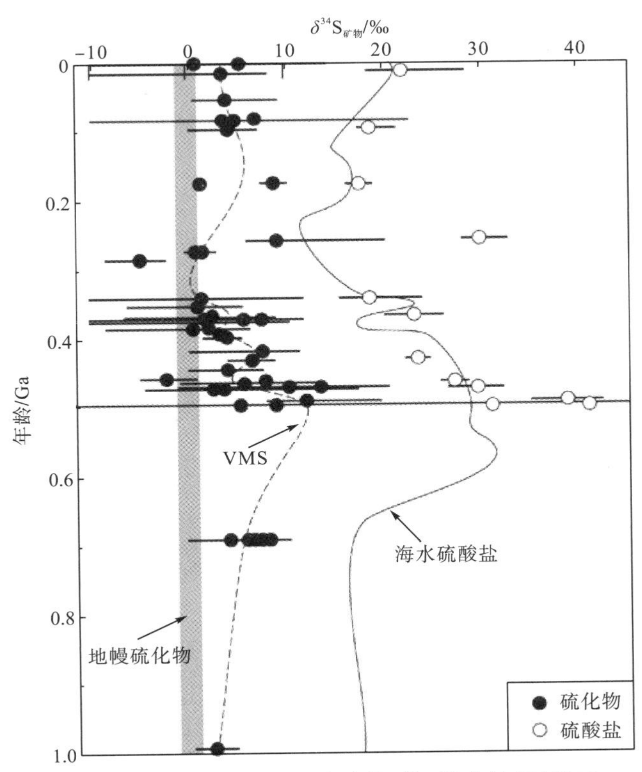

图 4-21　1.0Ga 以来 VMS 矿床和海水硫酸盐 $\delta^{34}S$ 演化特征(据 Huston，1997)

由于 VMS 矿床的成矿温度较高(150～350℃)，不适宜细菌的活动，因此细菌还原海水硫酸盐作用对硫化物的形成影响很小。热化学还原海水硫酸盐(thermochemical sulfate reduction，TSR)过程是硫酸盐在一定的温度条件(100～300 ℃)和还原物质(有机质或 Fe^{2+})的作用下被还原，VMS 矿床硫化物 $\delta^{34}S$ 同位素组成与 TSR(−8‰～19‰；Slack et al.，2019)过程一致，这表明中高温(100～300 ℃)热化学还原海水硫酸盐作用在 VMS 矿床形成过程中占到主导。例如，云南大平掌铜锌矿床成矿温度为 150～350℃，不利于硫酸盐还原细菌存活，$\delta^{34}S$ 差值(−1.92‰～4.74‰)明显低于细菌还原海水硫酸盐产生的差值，推测细菌还原海水硫酸盐作用对硫化物的形成影响小，而硫化物形成主要受热化学还原海水硫酸作用控制(王新宇，2022)。

VMS 矿床中硫酸盐矿物的 $\delta^{34}S$ 通常接近或略大于同时期海水硫酸盐的 $\delta^{34}S$(图 4-21)，而且硫酸盐与硫化物矿物之间一般显示硫同位素非平衡关系，即实测硫酸盐-硫化物的 $\delta^{34}S$ 通常小于平衡条件下硫酸盐-硫化物的 $\delta^{34}S$。造成这一关系的原因可能与热液的快速冷却有关，硫酸盐矿物中的硫可能有两种来源(海水-岩石相互作用模式或硬石膏缓冲模式，图 4-22；Ohmoto and Lasaga，1982)：①高温下海水硫酸盐的部分还原产生的 H_2S；②矿石沉淀处的当地海水硫酸盐。

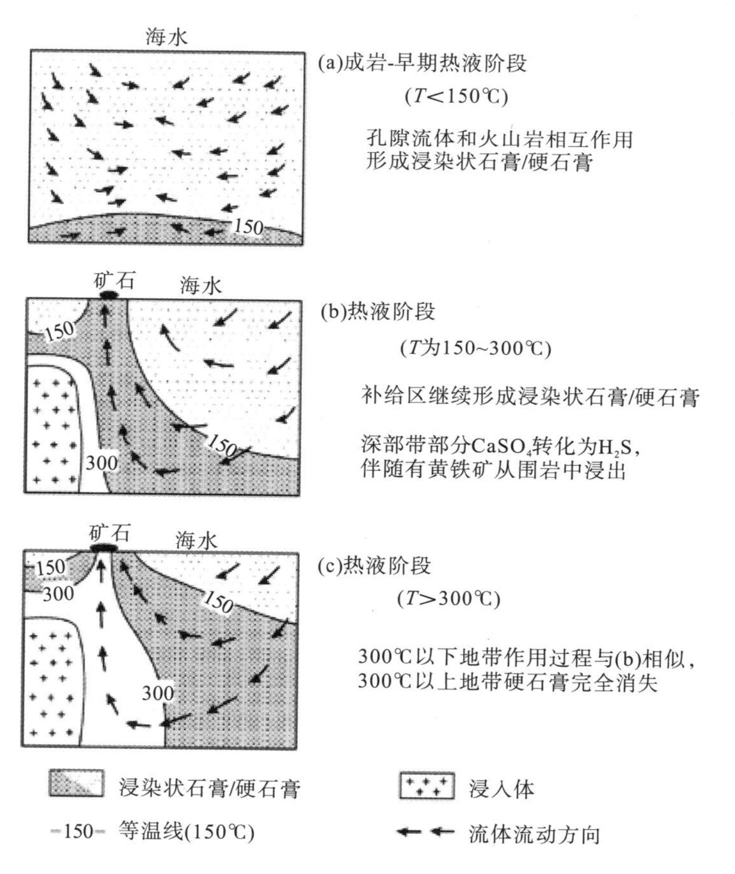

图 4-22 硫来源的海水-岩石相互作用(硬石膏缓冲)模式(据 Ohmoto and Lasaga，1982)

2) 成矿金属的来源

目前 VMS 矿床金属成矿物质(Cu、Zn 和 Pb 等)主要有三种来源：①在岩浆侵入体和浅位岩浆房之上被加热的循环海水对含矿火山岩系及下伏基底物质的淋滤(Verati et al.，1999；曾志刚等，2000)；②深部岩浆房通过岩浆释气作用直接释放(Yang and Scott，1996，2002；侯增谦等，1999)；③二者共同作用的结果(党院等，2014；Chen et al.，2015)。第一种来源于 VMS 矿床的地层深部的高温反应区域里，海水对流淋滤出围岩中的金属元素。在该过程中，围岩提供了金属元素成矿物质。第二种来源于岩浆，由岩浆直接提供金属元素。第三种并不是单一的来源，而是围岩和岩浆均提供了成矿物质。一般而言，成矿基底类型(洋壳或陆壳)及容矿岩石组合(基性或中酸性)制约着金属矿化类型，如赋矿围岩中镁铁质火山岩含量大于长英质火山岩含量，矿石中以 Cu-Zn 为主，Pb 含量低，相反，VMS 矿床矿石中 Pb 含量高，Cu-Zn 含量较低。

3. 成矿过程

VMS 矿床主要成矿机制主要有以下两种：①海底喷出的热液形成热液柱或在海底类似卤水池处积聚(Sato et al.，1973)；②冷海水(大约 2℃)与海底喷发流体的突发大规模混合，形成黑烟囱和硫化物的沉淀，这一过程将形成大多数 VMS 矿体(Solomon and Walshe，1979)。一般认为，VMS 矿床形成过程常伴随热液的对流循环、高温(约 350℃)排出的流体与海水混合等作用，导致了金属硫化物的沉淀。

VMS 矿床的矿化通常包含两个具体过程(Herzig and Hannington，1995)：①一个或多个层状硫化物矿体密切并列或堆放；②下伏的、向下变窄的漏斗状或网脉状或细脉状+富含浸染状硫化物，被认为是上涌热液的原始通道。从块状硫化物矿体的核部向外，典型 VMS 矿床通常表现出明显的矿化分带，即黄铜矿、磁黄铁矿、磁铁矿和斑铜矿主要集中在近端带(III区)；黄铁矿、闪锌矿和方铅矿主要在中间带(II 区)，而重晶石、闪锌矿、方铅矿和黄铁矿主要在远端带(I 区)。在多数情况下，I 带顶部的细碧岩薄层可作为地层标记而横向延伸，但在矿体的中心部位消失。因此，尽管矿体的初始位置可能由于成矿后的构造运动而发生了改变(图 4-23)，但厚矿体的出现、细碧岩的消失以及磁铁矿的出现是矿

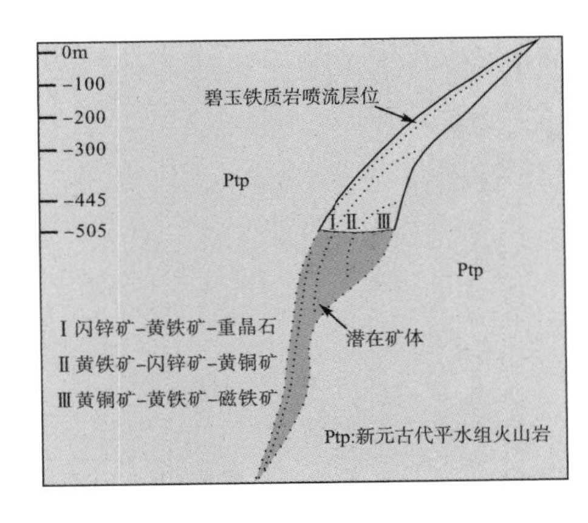

图 4-23　典型 VMS 矿床理想矿化蚀变分带特征(据 Chen et al.，2014)

体中心部位的典型特征(图 4-23)。平水矿床具有典型 VMS 矿床硫化物分带特征(Chen et al., 2014),从远端到近端依次为(Ⅰ)闪锌矿-黄铁矿-重晶石带、(Ⅱ)黄铁矿-闪锌矿-黄铜矿带和(Ⅲ)黄铜矿-黄铁矿-磁铁矿带(图 4-23),指示在−505m 水平以下的深部具有显著的找矿潜力。

4.4.2 SEDEX 矿床

4.4.2.1 SEDEX 矿床的地质特征

SEDEX 矿床是指通过海底热液喷流作用形成的,主要呈整合的层状赋存于正常沉积岩系中的,以发育条带状和层纹状富硫化物矿石为特征的一类矿床,也称为热水沉积矿床/海底热泉沉积矿床。

含矿岩系多为海相的、远洋至半远洋静水还原条件下沉积的黑色页岩、细碎屑岩(粉砂岩)和碳酸盐岩。矿床的形貌和结构特征取决于距热液通道系统(喷口)的远近和海底的地形,近源矿床矿体多具"上层下脉"的双层结构,远源矿床矿体则为整合的层状或似层状。SEDEX 矿床具有明显的矿化分带性,以热液通道为中心,水平方向上由近至远元素分带依次为 Cu(Au)-Pb-Zn-Ba-Fe(Mn),对应的矿物分带为辉铜矿-方铅矿-闪锌矿-黄铁矿-重晶石-含锰赤铁矿,层状矿体外围或上部常有重晶石岩、燧石岩及伴生的钠长石岩和电气石岩;垂向上元素分带由下到上依次为 Cu(Au)-Zn-Pb-S,主要矿物为黄铜矿、磁黄铁矿,蚀变矿物较多(图 4-24)。

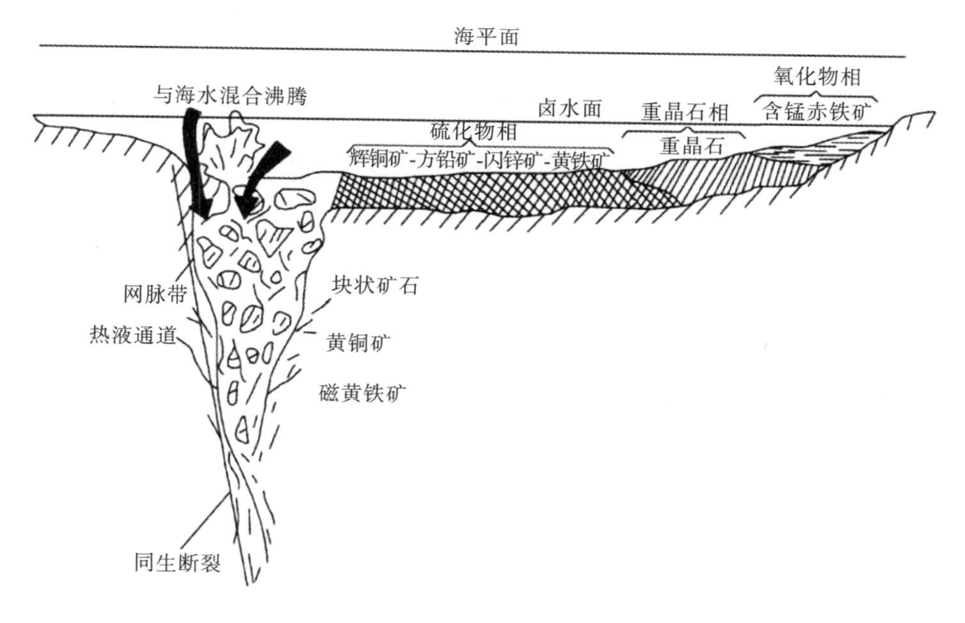

图 4-24 喷流沉积矿床矿化分带示意图(据薛春纪等,2007)

矿物成分相对简单，主要硫化物有黄铁矿、磁黄铁矿、闪锌矿、方铅矿及少量的黄铜矿、毒砂、白铁矿和微量的硫盐矿物；非金属矿物主要有石英(燧石)、重晶石、碳酸盐(菱铁矿、白云石)、电气石、绢云母和绿泥石等。层状、似层状矿体中矿石以块状、条带状、层纹状、角砾状构造为主(图 4-25)，多具细粒镶嵌结构、草莓状(生物假象)结构、胶状结构等，显示化学沉积的组构特点。蚀变岩筒中矿石多呈网脉状、细脉浸染状、细脉状、角砾状构造，结构为不同自形程度的结晶结构，显示热液充填-交代的矿化特征。矿石中 Zn+Pb 平均为 9%～14%，一般 Zn>Pb，常伴生具工业价值的 Cu、Ag、Au、Sn、Cd 和重晶石等。

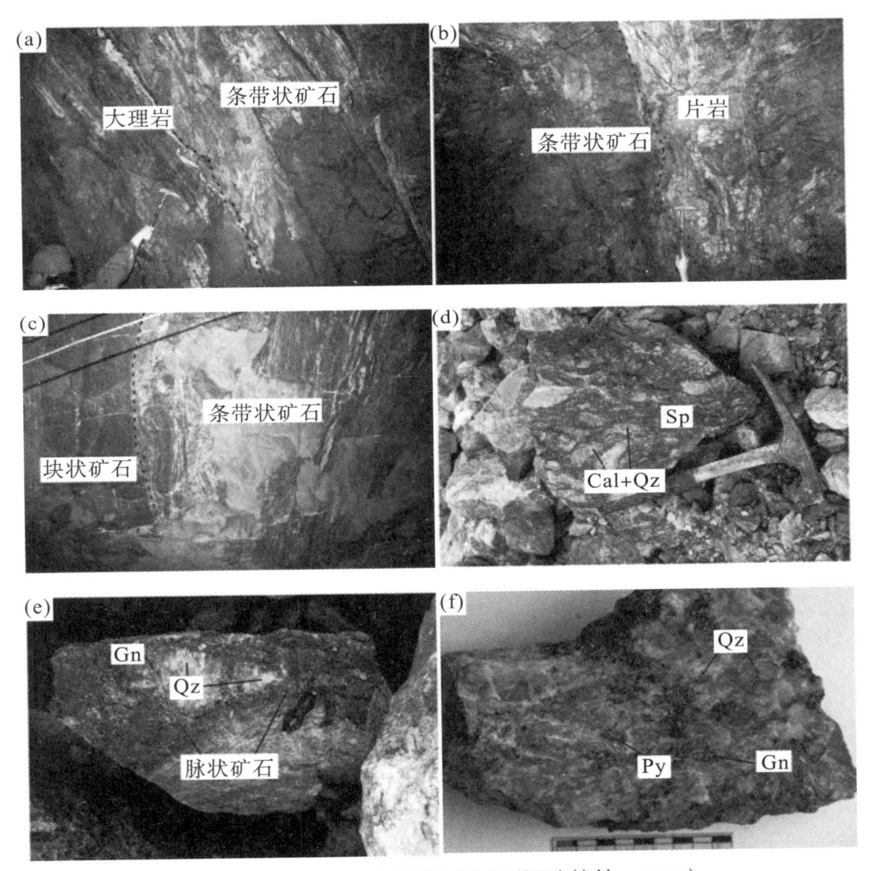

图 4-25　SEDEX 矿床矿石特征(据魏然等，2022)

(a) 条带状棕红色闪锌矿赋存于灰白色层状大理岩中；(b) 条带状矿石产于石英片岩中；(c) 条带状矿石与块状矿石接触，共同赋存在大理岩中；(d) 角砾状矿石，石英+方解石角砾被中粒闪锌矿胶结；(e) 石英硫化物脉穿切地层；(f) 中粒黄铁矿、方铅矿浸染状；Sp-闪锌矿；Py-黄铁矿；Gn-方铅矿；Qz-石英；Cal-方解石

此类矿床是世界铅锌资源的最主要来源，Pb 和 Zn 储量分别约占世界总储量的 60%和 50%，产量分别约占 25%和 30%。著名产地有澳大利亚布罗肯希尔、加拿大沙利文、美国阿拉斯加(红狗)等矿区，我国桂粤北部的凡口、大宝山、杨柳塘和泗顶矿床，萍乡-乐平凹陷的乐华和七宝山矿床，以及闽西南的龙凤场矿床和长江中下游的银山矿床等均属此类。

4.4.2.2 SEDEX 矿床的成因

1. 成矿流体的来源

1)流体包裹体证据

SEDEX 矿床由于寄主矿物颗粒细小，成矿后又多受后期地质作用改造，因此高质量的流体包裹体研究资料较少。从现有的少量资料来看，SEDEX 铅锌矿床中的流体包裹体通常十分细小(多小于 3μm)，寄主矿物主要为石英(燧石或硅质岩)、方解石、重晶石、石膏和闪锌矿等。包裹体类型以富液相的气液两相包裹体和纯液相包裹体为主。SEDEX 铅锌矿成矿流体具有中低温特征，主体范围为 60～280℃，盐度质量分数为 4%～23%，略高于或者显著高于正常海水(Leach et al.，2005)。我国最为典型的此类矿床为辽宁青城子铅锌矿床(Li et al.，2019)、广东凡口铅锌矿床(韩英等，2013)。在辽宁青城子铅锌矿床，矿体上部层状矿化石英中包裹体为富液两相包裹体，其中均一温度为 221～246℃，盐度为 4.0%～6.9%，类似于海水；而下部脉状矿化石英中包裹体包含富液两相、富气两相以及含 CO_2 包裹体等类型，其均一温度为 270～325℃，盐度为 3.9%～9.2%，被解释为流体不混溶。在广东凡口铅锌矿床，闪锌矿和方解石中包裹体主要有纯液相和气液两相两种类型，其均一温度为 93～292℃，盐度为 2.4%～10.1%，具有低温低盐度流体特征。

2)氢氧同位素证据

迄今为止，能直接反映 SEDEX 矿床中成矿流体信息的氢、氧同位素研究资料极为有限。王莉娟等(2009)对锡铁山层状、非层状及管道相矿体的氢氧同位素研究发现，成矿流体以岩浆水为主，而且有海水和大气降水的混入。张艳等(2012)对广东凡口铅锌矿、秦岭西成凤太矿集区、青海锡铁山及云南金顶铅锌矿 4 个典型的 SEDEX 矿床的氢氧同位素对比研究揭示，4 个矿床的成矿流体的来源极为相似，成矿流体主要为大气降水与岩浆水的混合溶液，不排除有少量的海水、变质水参与成矿作用。

3)Sr、Os 同位素证据

SEDEX 矿床中硫酸盐矿物与碳酸盐矿物常以富含放射性成因 Sr 为重要特征，其 $(^{87}Sr/^{86}Sr)_0$ 远高于同时代的海水值，反映出海水在循环演化为成矿流体过程中与盆地深处或基底岩石发生了广泛的水-岩反应和 Sr 同位素交换。例如，美国红狗矿区中重晶石的 $(^{87}Sr/^{86}Sr)_0$ 为 0.709～0.710，高于石炭纪的海水($^{87}Sr/^{86}Sr_{338Ma}$ 约为 0.7076；Veizer et al.，1999)，而碳酸盐和毒重石则更高，分别为 0.710～0.714 和 0.711(Ayuso et al.，2004)。尽管如此，也有不少学者发现热液重晶石的 $^{87}Sr/^{86}Sr$ 低于同时期海水(Paytan et al.，2002；Emsbo，2017；Fernandes et al.，2017)，这可能是流体与低 Rb 洋壳发生水-岩反应的结果(Kusakabe et al.，1990)。海相重晶石将保存海水 $^{87}Sr/^{86}Sr$，成岩期重晶石可能继承从孔隙流体至陆源成分泛更广的 Sr 同位素比值(Paytan et al.，2002；Fernandes et al.，2017)。

Kelley 等(2017)报道了加拿大两个 SEDEX 层状铅锌矿床中黄铁矿的 $(^{187}Os/^{188}Os)_0$ 为 0.71±0.07，与早志留世海水(约 0.8)较为接近，指示黄铁矿中的 Os 主要来自正常海水，具体而言存在两种可能性：①成矿热液中的 Os 主要淋滤自在正常海水中沉积的下盘沉积岩；②成矿热液中 Os 的含量相对于正常海水非常低，正常海水在黄铁矿沉淀过程中提供了主要的 Os。

2. 成矿物质来源

1) 硫的来源

SEDEX 矿床中方铅矿和闪锌矿的 $\delta^{34}S$ 变化大，从约−8‰(加拿大沙利文)到近+30‰(阿根廷阿圭勒)，但主要为−5‰～15‰。矿床中还原硫的初始或终极来源主要为海水硫酸盐，包括海水、孔隙水和先已存在的硫酸盐矿物(如重晶石、硬石膏)。取决于温度和还原剂可利用程度的不同，海水硫酸盐通过细菌还原、热化学还原或二者同时进行转化为还原硫。在某些矿床中(如澳大利亚 HYC、森楚里，美国红狗矿床等)，晚阶段硫化物的 $\delta^{34}S$ 趋向于升高，可能表明随着成矿的进行和温度的增高，还原硫的形成机理由细菌还原(低 $\delta^{34}S$)向热化学还原(高 $\delta^{34}S$)转化(Kelley et al.，2004；Large et al.，2005；Leach et al.，2005)，或硫酸盐的还原作用发生于一个重硫不断富集的同位素封闭系统(Broadbent et al.，1998；Leach et al.，2005)。

Wei 等(2020)和魏然等(2022)对甘肃厂坝-李家沟超大型铅锌矿床的硫同位素研究，展示了硫同位素数据解释的复杂性。该矿床第二阶段 $\delta^{34}S$ 同位素值出现了降低趋势，是由于第一阶段成矿流体加入了岩浆水，在这两个成矿阶段，成矿流体的成分发生了变化，岩浆热液中 S^{2-} 的加入导致 $\delta^{34}S$ 同位素值降低。同时，也不能排除由于瑞利分馏作用，稳定 $\delta^{34}S$ 同位素值的流体在成矿环境变化下的数值波动。如图 4-26(a)所示，该矿床第三阶段的闪锌矿 S-Zn 同位素组成，$\delta^{34}S$ 为 12.2‰～33.6‰，$\delta^{66}Zn$ 为 0.08‰～0.37‰，数据较为分散，且没有显示明显的相关性关系(R_2=0.0171)，指示成矿流体并非为单一来源，而是多来源。从第一阶段到第三阶段的演化过程中，$\delta^{34}S$ 逐渐降低，而 $\delta^{66}Zn$ 逐渐上升[图 4-26(b)]，在成矿作用过程中可能分阶段混入了低 $\delta^{34}S$、高 $\delta^{66}Zn$ 的流体。

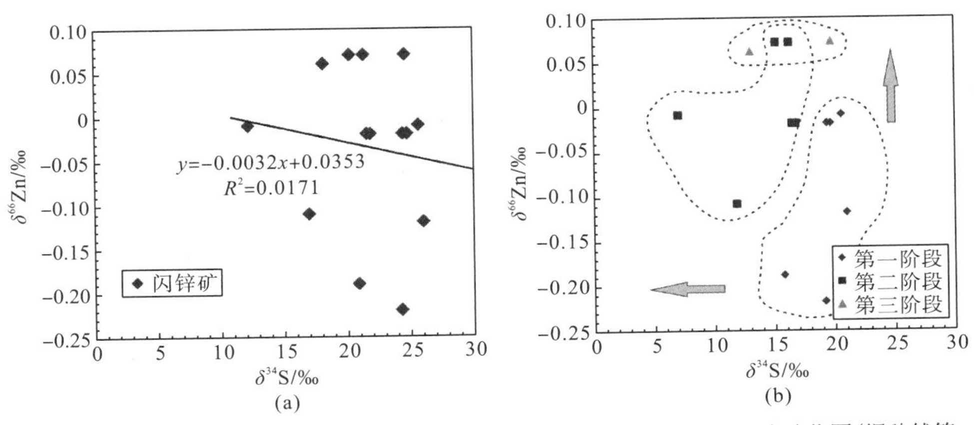

图 4-26　厂坝-李家沟矿闪锌矿 S-Zn 同位素组成关系图和闪锌矿分阶段 S-Zn 同位素演化图(据魏然等，2022)

通常，单个 SEDEX 矿床内硫化物 $\delta^{34}S$ 的变化范围大于 10‰，远大于单个 VMS 矿床中硫化物的 $\delta^{34}S$ 变化范围(一般＜5‰)。矿床中硫化物 $\delta^{34}S$ 的总体变化范围与黄铁矿 $\delta^{34}S$ 的变化范围大体一致，但闪锌矿或方铅矿 $\delta^{34}S$ 的变化范围通常较小。矿石中共生的闪锌矿与方铅矿之间经常显示在 200℃左右达到同位素平衡，而黄铁矿-闪锌矿以及黄铁矿-方铅矿之间则一般不具有同位素平衡关系。这些特征表明，SEDEX 矿床中同时存在生物成因的硫化物硫和热液硫化物硫，生物成因硫可能主要固定于黄铁矿中，而热液带来的硫则以闪锌矿、方铅矿以及黄铁矿的形式固定下来(Ohmoto，1986)。生物成因硫化物与热液硫化物共存，可能出现于下列一种或两种情况下：①海底热液的喷发是间歇性的，从而使间歇期的细菌活动成为可能；②闪锌矿和方铅矿的沉淀总体上晚于黄铁矿，正如许多SEDEX矿床中矿物共生组合和组构关系所显示的那样。

在某些矿床中，硫化物的硫同位素组成具有侧向或垂向的分带性。例如，加拿大托马Pb-Zn-Ba矿床中，方铅矿的 $\delta^{34}S$ 由矿体远端的6‰～8‰增大到喷口附近的大于10‰，这被解释为方铅矿交代重晶石的程度逐渐增强。在加拿大沙利文Pb-Zn矿床中，层状矿石中硫化物的 $\delta^{34}S$(−10‰～5‰)通常小于喷口附近的硫化物(−5‰～5‰)，而且层状矿石中硫化物的 $\delta^{34}S$ 有向上减小的趋势。在加拿大霍华兹Zn-Pb矿床中，硫化物 $\delta^{34}S$(10‰～20‰)同样显示向上逐渐减小的趋势。但在澳大利亚HYC Zn-Pb-Ag矿床中，硫化物 $\delta^{34}S$ 则有向上增大的趋势。$\delta^{34}S$ 向上减小的趋势反映了硫化物中由细菌还原形成的硫比例增高，而向上增大的趋势则可能反映了由热液带来的还原硫比例增高，或硫酸盐还原作用是在相对局限或封闭的条件下进行的。

2)成矿金属的来源

Leach等(2005)研究表明，大多SEDEX铅锌矿床的Pb同位素组成高于全球造山带Pb生长曲线，指示成矿流体中的Pb以及其他金属元素主要来自地壳岩石(图4-27)。在单个SEDEX矿床内部，Pb同位素组成往往较为均一，指示成矿流体中的Pb很可能有一个主要来源，且Pb同位素组成在成矿前的热液系统中就已经达到了均一；同一矿集区不同矿床之间Pb同位素组成的差异，很可能反映了盆地尺度内金属源岩组合的差异。部分矿床Pb的模式年龄与容矿围岩年龄接近，指示成矿金属元素很可能源自盆地内部的沉积物；部分矿床的Pb模式年龄明显大于或小于容矿围岩的年龄，可能与源区Pb同位素的演化有关。

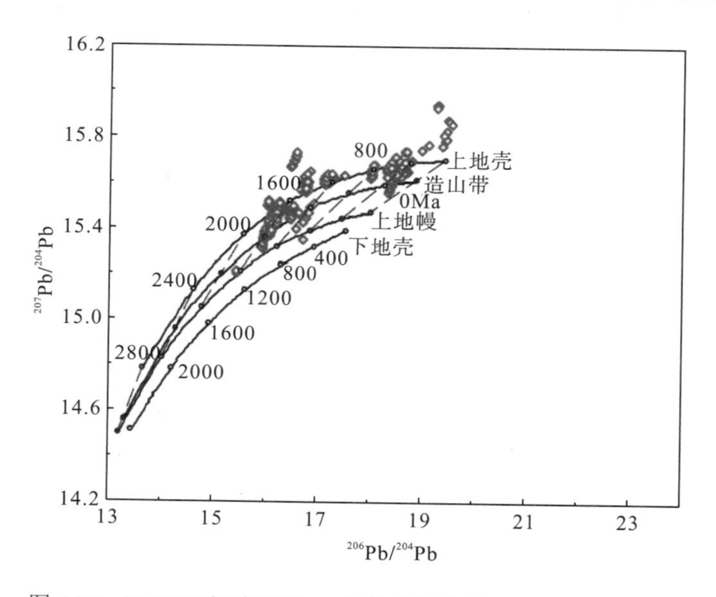

图4-27　SEDEX铅锌矿床Pb同位素组成(据Leach et al. 2005)

我国学者对 SEDEX 矿床铅同位素进行过大量研究，但由于地质特征差异及后期构造、热液改造，不同矿床铅同位素来源也不尽相同，总体上这类矿床具有壳源铅的特征。祝新友等(2010)对青海锡铁山矿床不同类型矿体及赋矿围岩中铅同位素进行系研究，发现矿石具有造山带与上地壳混合特征，成矿金属主要来自喷流卤水。任鹏等(2014)对秦岭凤太矿集区铅硐山、八方山、银母寺三个铅锌矿床研究发现，矿床中初始铅具有地壳与地幔混合的特征。

3) 碳的来源

澳大利亚森楚里 Zn-Pb-Ag 矿床产于中元古界朗希尔建造页岩和粉砂岩中，矿化带中结核状菱铁矿的 $\delta^{13}C$ 为−2.6‰～2.6‰，脉状和角砾岩胶结物菱铁矿的 $\delta^{13}C$ 为−8.3‰～−1.0‰，菱铁矿 $\delta^{18}O$ 为 15.0‰～25.5‰(Broadbent et al.，1998)。热液碳酸盐矿物的 $\delta^{13}C$ 和 $\delta^{18}O$ 与区域上元古宙海相沉积碳酸盐岩相似但变化范围更宽，反映碳主要来自盆地流体溶解碳酸盐岩，而 $\delta^{13}C$ 很低的样品可能反映了有机碳的贡献。

3. 成矿过程

SEDEX 矿床的成矿过程主要通过海底热液对流模式来解释(图 4-28，Russell，1978)。该模式认为，当裂谷作用开始时，诱发流体循环，流体主要在断层中流动，但也可以通过小裂缝来增加流体渗透性。在高地温梯度条件下，海水的渗透会导致渗透率进一步增加。这种冷却过程将会抑制脆性向韧性的转变，从而使对流达到的深度逐渐向下延伸。大致恒定张力下的间歇性破裂，或者矿物沉淀或塌陷导致地下系统周期性堵塞，将导致现有裂隙向下传播和进一步的冷却。对流将由岩石内的热量和穿过地壳可渗透部分的有效的热流来驱动。随着对流循环深度的增加，上升流底部的温度也会增加。早期的对流路径会随着时间推移而改变，但断层的存在可能稳定了溶液对流路径，会持续 10^5～10^6 年。水-岩体系的对流循环寿命取决于水岩体系大小，在相对较小的地热系统(深度只有几千米)，有 10^5 年的对流寿命，但在深度为 12km 的水-岩体系，很可能有 10^6 年的对流寿命。这类系统很可能发育较大规模的高温流体对流循环，从而形成大型矿床。

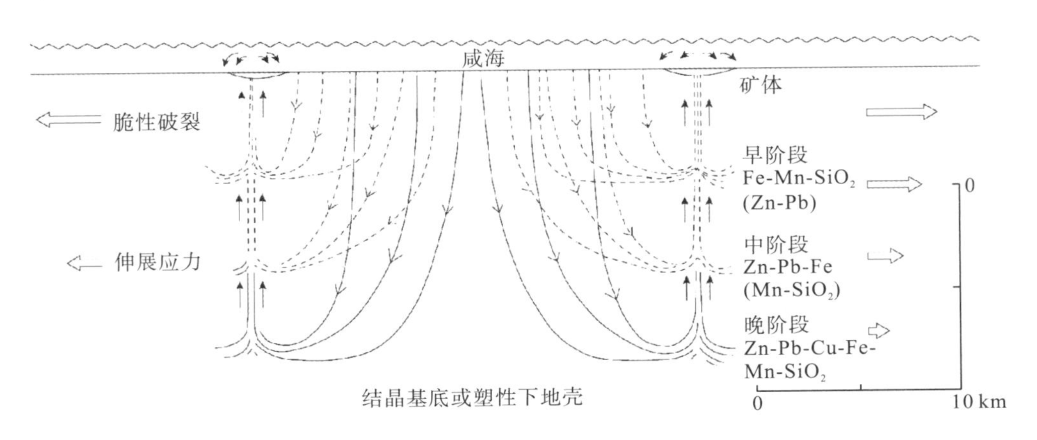

图 4-28　SEDEX 矿床海底热液对流模式(据 Russell，1978 修改)

第5章　盆地卤水及其成矿作用

大多数沉积盆地体积的20%左右是流体。绝大多数的流体是热的、咸的，并且处在相对高压状态下，其化学组成与地表条件下形成的水差别很大(肖荣阁等，2001)。卤水在沉积盆地地质过程中起到极为重要的作用。例如在沉积物深埋、压实、成岩过程中，沉积物和有机质达到化学平衡主要是靠孔隙水的作用。孔隙水可以帮助沉积物和有机物质相互交换和转换，并且孔隙水本身也参与这种转换过程。因为孔隙水是流动的，可以挟带在成岩过程中反应的物质、热量、盐、金属和碳氢化合物一起迁移。

盆地卤水研究中最重要的问题有：地层水的来源；是什么过程决定其化学成分；地层水的迁移途径及控制迁移的因素，以及怎样将溶于其中的物质进行搬运。近年来对地层水化学成分的研究有很大的突破，对地层水的热力学性质有了进一步的了解；另外在计算机模拟方面，主要是流体在盆地中的流动方面的数学模拟，在迁移过程中动量、能量和质量的转移方面的计算和模拟也取得了长足的进展；再加上在水-岩相互作用实验研究方面的成就，已使得对盆地中卤水及其成矿作用有了比较明确的认识。

5.1　盆地卤水及成矿作用的提出

地层水是指储存在地下岩层或矿床中的可动水和束缚水，其与沉积盆地的演化密切相关，按其总盐度(total dissolved solids，TDS)的不同可分为淡水(TDS＜1000mg/L)、咸水(TDS为1000～10000mg/L)、盐水(TDS为10000～100000mg/L)和卤水(TDS＞100000mg/L)，而成矿的盆地卤水(成矿流体)中所溶物质均超过100000mg/L(康志勇等，2022)。

地层水按其分布可分为：

地下水——分布于浅处的水。

孔隙水——分布于地层空隙中的水。

深部水——从沉积盆地基底上升的水。

油田水——分布于油田的地层水。

地层水的成分即使在同一沉积盆地中也并不完全相同，特别是随深度的变化而变化，随着深度增加，温度、压力和盐度相应增加，而孔隙度则相应降低(图5-1、表5-1)。

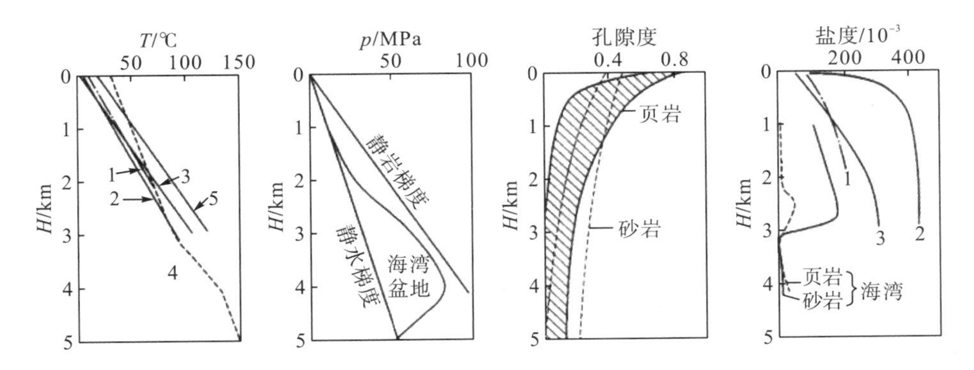

图 5-1 北美一些沉积盆地中温度(*T*)、流体压力(*p*)、沉积物的孔隙度和地层水中最大盐度与深度(*H*)的关系(Hanor，1987)

1.伊利诺伊盆地；2.密歇根盆地；3.艾伯特盆地；4.得克萨斯海湾；5.北部湾盆地

表 5-1 地层水的温度、静岩压力、静水压力、盐度和孔隙度随深度的变化

深度/km	温度/℃	静岩压力/MPa	静水压力/MPa	盐度/%	孔隙度
1	30～55	27	10	10～40	0.1～0.5
3	75～120	70	30	25～45	0～0.4

地层水与海水在主要元素成分方面的比较见图 5-2。从鄂尔多斯盆地彭阳地区地层水与海水的比较可知，鄂尔多斯盆地彭阳地区的地层水，其 Mg^{2+} 含量相对较低(表 5-2)。下面介绍几种主要的地层水(尚婷等，2020)。

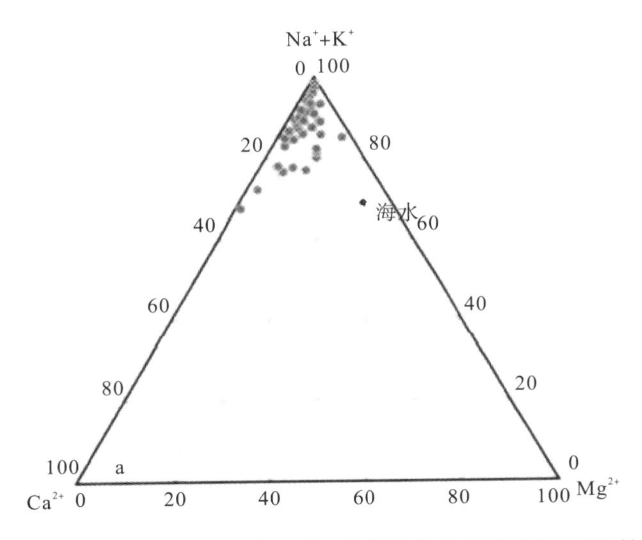

图 5-2 鄂尔多斯盆地彭阳地区侏罗系延安组地层水化学特征(尚婷等，2020)

表 5-2 鄂尔多斯盆地彭阳地区侏罗系延安组地层水化学组分表(尚婷等，2020)

样品号	层位	离子质量浓度/(mg/L)							pH	矿化度/(g/L)	类型
		K^++Na^+	Ca^{2+}	Mg^{2+}	Cl^-	SO_4^{2-}	CO_3^{2-}	HCO_3^-			
1	延 7	22877	635	172	28856	635	172	1014	6.3	63.40	Na_2SO_4
2	延 7	17257	417	379	15272	4995	0	228	7.0	38.50	Na_2SO_4
3	延 7	23012	743	451	19338	7637	0	1280	6.0	52.50	Na_2SO_4
4	延 8	24258	891	331	16391	13406	0	845	6.0	56.12	Na_2SO_4
5	延 8	10427	1284	325	15695	4617	0	321	6.0	32.70	Na_2SO_4
6	延 9	30241	676	392	39776	10077	2986	0	6.5	84.20	Na_2SO_4
7	延 9	22494	1111	225	32659	6086	0	240	6.5	62.80	Na_2SO_4
8	延 9	42153	891	601	37304	6644	0	380	8.8	87.97	Na_2SO_4
9	延 10	27671	2328	963	44951	6086	0	228	6.0	82.20	Na_2SO_4
10	延 7	9518	321	195	7051	2052	278	3061	8.5	22.48	$NaHCO_3$
11	延 7	20041	547	181	22994	11911	1031	0	8.0	56.70	$NaHCO_3$
12	延 8	7820	200	101	3700	1000	1440	0	6.7	14.30	$NaHCO_3$
13	延 8	35627	139	60	32432	1329	0	4790	6.5	74.38	$NaHCO_3$
14	延 9	7143	119	110	9926	680	389	1121	8.4	19.50	$NaHCO_3$
15	延 9	22539	48	119	20870	2133	250	413	8.0	46.37	$NaHCO_3$
16	延 9	12101	310	63	15347	3222	0	2853	7.5	33.89	$NaHCO_3$
17	延 7	1618	818	124	12822	1960	0	284	6.0	24.20	$CaCl_2$
18	延 7	5782	1034	690	10134	3222	0	416	6.0	21.28	$CaCl_2$
19	延 8	17177	1889	543	29358	2621	0	184	6.0	51.80	$CaCl_2$
20	延 8	4266	297	420	7352	189	0	465	7.0	12.99	$CaCl_2$
21	延 8	17650	1020	621	27860	3886	0	206	6.5	51.24	$CaCl_2$
22	延 8	23211	139	60	32432	1329	0	4790	6	62.00	$CaCl_2$
23	延 9	21005	5025	800	42868	116	0	94	7	71.00	$CaCl_2$
24	延 9	28334	3054	3089	52260	7808	0	95	6	95.00	$CaCl_2$
25	延 9	18431	1840	124	52437	980	0	1713	6	76.00	$CaCl_2$
26	延 9	23567	2662	1168	41167	4161	0	279	6.0	73.00	$CaCl_2$
27	延 9	45229	3735	567	76144	2238	0	301	6.0	128.21	$CaCl_2$
28	延 9	32296	6031	776	61736	1095	0	284	6.5	102.22	$CaCl_2$
29	延 9	24831	795	302	39443	953	0	707	7.5	41.10	$CaCl_2$
30	延 10	29733	7311	1941	59450	6571	0	204	6.5	105.21	$CaCl_2$
31	延 10	29322	2762	773	51888	509	0	120	6.5	85.37	$CaCl_2$
32	延 10	35865	3924	216	60141	3420	0	321	6.0	103.89	$CaCl_2$
现代海水(胡鹏等，2017)		11044	420	1317	19324	2686	0	150	—	35.00	—

1. 孔隙水

孔隙水也叫同生水，是指与地层同时沉积的水，即同生水是与沉积岩同时生成且封闭于地层孔隙或层间的水，它相当于古海水或古湖水。实际上同生水的成分从它被包在地层中之后已发生了很大的改变。这一方面是由水和岩石的相互作用而改变了成分，另一方面是由其他水的流入并与其混合，故把现存于沉积岩孔隙中的水叫作孔隙水。孔隙水的化学组成能有效指示流体来源，并能记录所充填的母体(岩石、沉积物或者有机质)的地球化学信息。

孔隙水地球化学在海洋地质的应用最早要追溯到1879年，英国RSS挑战者号在大洋调查中首次发现沉积物中孔隙水的化学组成会在沉积物沉积后发生改变。孔隙水地球化学方法已被广泛应用到海洋地质研究中，在早期成岩作用、氧化还原环境变化、矿物溶解结晶等领域取得了许多重要研究成果(杨涛等，2013)。

孔隙水地球化学研究同样是天然气水合物研究的重要组成部分，到目前为止对它的研究主要集中于天然气水合物形成和分解对水合物层的影响以及天然气水合物区域沉积物烃渗漏环境对浅表层沉积物孔隙水的影响等方面。天然气水合物形成和分解对孔隙水的直接影响(如盐度异常以及同位素组成异常)往往出现于水合物带附近，对其的研究往往集中于水合物埋藏较浅的海域(如西非、墨西哥湾、水合物岭、日本南海海槽等)或者实施过深海钻探的地区(布莱克海台、水合物岭、卡斯卡迪亚大陆边缘)。在水合物埋藏较浅的区域，浅表层沉积物都会出现强烈的烃渗漏现象，并引起一系列地球化学异常，包括硫酸根、钙、镁、锶、钡含量以及溶解无机碳同位素等都会出现异常，这些异常已成为水合物勘探的重要手段之一。近期的研究还发现这种烃渗漏所释放的烃类流体的通量在时空上是有变化的。不仅如此，烃类流体渗漏通量的变化不仅控制冷泉系统氧化还原沉积环境，而且对天然气水合物尤其是浅埋藏渗漏型水合物的形成和聚集也有明显的制约作用。

2. 油田水

油田水是地层水的一种特殊类型，也是一种常见的类型。所谓油田水，从广义上理解，是指油田区域(含油构造)内的地下水，包括油层水和非油层水。狭义的油田水是指油田范围内直接与油层连通的地下水，即油层水。油田水按成分可分为两种：一种是上部为气体，中部为原油，下部为水的油田水；另一种是上部为气体，下部为油和水的混合物的油田水。一般情况下油是浮在水面上的，但当温度升高时，油可以部分地溶于水中。当温度升到150℃时，原油在水中的含量可达20～125mg/L，平均为50mg/L。该温度相当于2～3km的深度，即属一般沉积盆地的厚度范围。当考虑压力这个因素时，原油溶于水中的量还要增加(图5-3)。

油田水和原油在地层中的迁移如图5-4所示。石油的形成可分为两步：首先是通过浮力把石油从含油层中迁移出来，这种含油层叫作油源层(如页岩)。石油从含油层中迁移出来为初次迁移。石油和油田水沿着蓄油层，即渗透率相对高的地层(砂岩)迁移为二次迁移。除本身的浮力和深部的卤水对石油的迁移起着相当大的作用外，地下水尤其是盆地范围内大规模的地下水运移对石油的富集、迁移也起到十分重要的作用。Garven(1989)曾对加拿大的主要石油产地艾伯特的油砂岩的形成进行研究，他认为这是由于在加拿大西部盆地中大规模的地下水流动所致。大规模的地下水流动把石油从前陆盆地迁移到白垩纪下部的曼维尔(Mannville)砂岩层中，形成巨大的油砂岩。

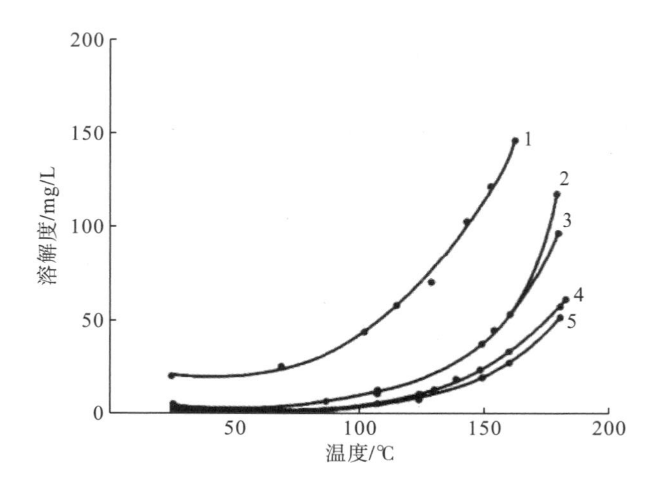

图 5-3 原油在水中的溶解度与温度的关系(Garven，1989)

图中数字 1～5 代表不同地区的原油

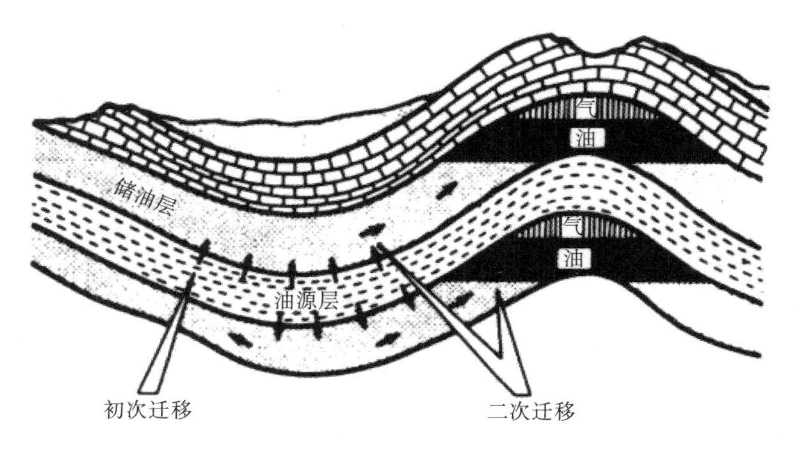

图 5-4 油田水和原油在地层中的迁移(England et al.，1987)

3. 地下水

地下水是位于地表浅部的地层水。它是由大气降水向下渗透而成，有时与同生水相混。大气降水向下运动时与围岩发生了交换，使其成分有所改变。加拿大地质调查所曾对全国 1002 个水井的地下水做过分析，发现地下水中 TDS 比大气降水高出很多。Musgrove 和 Banner(1993)曾对美国中部密西西比型矿区的地下水成分及同位素组成做过研究。密西西比矿区的地下水分三种类型，它们在化学成分、同位素组成和流动通道方面均有区别。这三种地下水是：①从密苏里州南部流来盐度很高的大气降水；②由堪萨斯州东南部流来的

Na-Ca-Cl 型卤水，这种卤水是经过长途跋涉迁移的大气降水，在迁移过程中与围岩发生了交换，特别是溶解了含盐地层的 Na 和 Cl 等元素；③从俄克拉何马州的中部和北部流来的 Na-Ca-Cl 卤水，其成因可能是古生代的海水(据同位素组成确定)。这三种水的混合可能是在欧扎克(Ozark)地区形成大规模密西西比型矿的原因。

4. 深部水

这里说的深部水是指从沉积盆地的基底中流出的流体。这种流体来自地下深部，可能来自大气降水、岩浆或变质水。这种流体具有相对高的温度，溶有各种元素，并且主要是沿基底的裂隙向上运动，与围岩发生相互作用，使流体中沉淀出一些矿物而形成矿床，因而盆地中卤水的流动是层状和层控矿床形成的关键。这种流体的能量很大，可在沉积盆地的底部产生很大的热晕。这种流体对成矿作用十分重要。盆地中可能还有其他的流体如甲烷等，但不是主要的。

5.2　盆地卤水来源、性质与迁移

5.2.1　盆地卤水来源

卤水在地壳中分布是比较广泛的。除火山热泉卤水外，根据地层卤水中盐分的来源，大致可分原生卤水和次生卤水两类。

1. 原生卤水

原生卤水是指由天然水体蒸发浓缩形成的或在沉积岩成岩过程中形成的卤水。包括以下几类。

(1) 封存海水。指被沉积物覆盖并与其他水体隔绝的海水。大部分是氯化物卤水。

(2) 深地层水。地层水含盐度的变化随埋藏深度的增加而增加。这种卤水也是富含氯化物的。

(3) 蒸发岩在压实过程中排出的孔隙间的水，一般是 Cl-Na-K-Ca 型的卤水。

(4) 油田水，一般是 Na-Ca 型的卤水。

2. 次生卤水

次生卤水是天然水体通过溶解、淋滤周围介质中的盐分形成的。包括以下两类。

(1) 地下水渗流通过蒸发岩溶解盐分后形成的卤水。

(2) 石膏变成硬石膏时放出的水，后又遇石盐层形成的卤水。

5.2.2　盆地卤水的性质

尽管盆地流体的来源各异，但通常情况下盆地流体显示典型的低温热液地球化学特性：温度以 80～150℃为主，部分可达 200～250℃。流体温度主要受盆地热演化史和盆地热结构控制。在正常地温梯度下，埋深为 1500～2000m 时温度可达 60～70℃，沉积物完成第一次脱水。埋深 3000～4000m 时温度可达 100～160℃，黏土矿物完成第二次脱水并进入第三次脱水，沉积有机质的演化则进入主要生烃窗。但超压流体囊内的温度和压力都异常高，而且当有岩浆活动或地幔上隆等造成异常地温梯度时盆地的热结构将发生变化。

盆地流体的盐度变化很大，矿化度大多为 5000～35000mg/L。盐度随深度的增加而有所增加，但在以页岩和粉砂岩为主且又不含蒸发膏盐时，盐度到一定深度以下常有降低的趋势。通常在作为储水层的砂岩中比相邻泥岩(常作为屏蔽隔水层)高，在超压流体囊中比在正常压实带中高。盆地流体的 pH 主要受流体中有机酸阴离子(以醋酸为主)的浓度和 CO_2 浓度的制约。25℃时的中性纯水(pH=7)在被 CO_2 饱和后，pH 降到 5。但在 80～140℃，当有机酸浓度很高时，其作用远大于 HCO_3^-。有机酸能在较宽的 pH 范围内起缓冲作用，而且有机酸热解和菌解均能产生 CO_2。水与油气发生广泛的地球化学作用，使孔隙水中有机酸、CO_2、CH_4、H_2 及 H_2S、NH_3 等的浓度增高，SO_4^{2-} 浓度则大大降低，水的还原性增强。

盆地流体与活动于地壳内部的其他流体的最主要区别是含有丰富的有机组分。各种成熟度的沉积有机质广泛参与各种流-岩反应，随时改变盆地流体及其周围环境的物理化学参数，深刻影响着成矿金属组分在盆地流体中的迁移能力、迁移形式及沉淀就位机制，主要表现在：沉积有机质对盆地流体物理化学特征的制约；有机组分对金属成矿元素在盆地流体中的迁移能力、迁移形式及沉淀就位机制的制约；富有机质的地层作为地球化学还原障和 H_2S 障对于流体中金属沉淀就位的制约；沉积有机质的演化对于盆地流体的运移的制约。

盆地流体的流-岩反应与其他流体的流-岩反应有较大的不同：①新鲜沉积物是高度分散的颗粒体系，从沉积伊始至固结成岩，自始至终都被浸泡在盆地流体之中。由于盆地流体与沉积物颗粒长时间充分接触，成矿组分的萃取率将远远高于循环天水或海水在已固结的岩石中沿裂隙带流动而可能达到的淋滤萃取率。②成分复杂的各种沉积物颗粒混杂，不同岩性的沉积体系的不均匀分布，都使盆地流体可能与成分和特征迥然不同的围岩反应，从而在同一盆地内出现多种性质不一的盆地流体。正如 Sverjensky(1989)所论述的，同一来源的盆地流体经与不同的沉积物反应，可能形成不同的矿床。而且，流体之间的混合或者某一种流体流经与其特性不相容的岩层时，都可能发生流体的卸载成矿。③大量的沉积有机物使沉积柱中发生的化学反应除无机水-岩反应外，还包括沉积有机物自身的有机反应、有机物-水-岩石多相反应及有细菌参与的生物有机化学反应。与盆地流体演化有关的重要有机反应包括热降解、缩聚、氧化还原、加成及腐解反应(如微生物分解)等。

5.2.3　盆地卤水的迁移

在沉积盆地中流体的流动是从高的热动力学和化学位的地区向低的地区流动。考虑流体的热动力因素时，只考虑静水压力(p)、流体的密度(ρ)、重力加速度(g)、水柱的高度 h 及盐度的不同($p=\rho gh$)。当孔隙水压力超过静水压力(ρgh)时产生过压，过压是用等势面来表示的。由热动力引起的流体的流动可以是沿一定方向的，也可以是对流。

化学位的不同会引起流体的扩散作用。流体在沉积盆地中的流动不仅取决于流体的热动力学和化学位，而且还与岩石的性质有关，如岩石的孔隙度、渗透率、热导率和可压缩性等。除此之外还与盆地的演化密切相关。

在沉积盆地中流体的流动可分为：①由对流作用引起的孔隙水流动；②由盆地压实作用驱动的孔隙水流动；③沿裂隙或渗透性好的断层平面的流动；④从基底沿裂隙上升的流体的流动；⑤石油从油源层到蓄油层的迁移；⑥由于重力作用而引起的地下水向下以及向盆地外的移动。

盆地卤水在流动过程中可与围岩发生水-岩反应萃取成矿物质，从而形成成矿流体，还可搬运成矿物质和传递热量。成矿流体可与其他流体混合，或因物理化学条件变化，或与围岩反应，而使成矿物质沉淀形成矿床，因此盆地中卤水的流动是形成层状和层控矿床的关键。

1. 地下水在盆地中的迁移

大气降水降到陆地上，由于重力驱动而向下流动。图 5-5(a)显示出地下水向下流动的主要参数。从图中可见地下水向下流动的水流线呈一个弯曲的面。假定所有岩石是均匀的，那么其渗透率也是均匀的。实际上这两者都是不均匀的，实际情况要复杂得多，但不管多么复杂，地下水总是向下流动的。图 5-5(b)显示大气降水的等势头(面)高于海平面，因而大气降水可以流到海洋沉积盆地中。

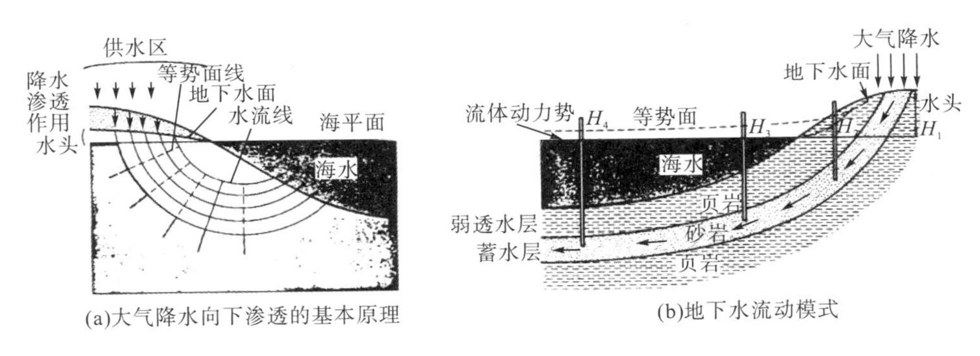

图 5-5　沉积盆地中地下水流动模式(Bjorlykke and Egeberg，1993)

大气降水或地下水向下流动的深度还取决于可渗透岩石的性质。在许多沉积盆地中，砂岩和灰岩是透水层，而泥质岩石则是不透水层。地下水的流动主要取决于砂岩和灰岩的倾斜度和连续性，同时也取决于上覆的和下面的泥质岩石的渗透率。地下水的流动还由降水量、雨水汇集处和渗入地下的雨水的百分比来决定。地下水的流动必然是先流向沉积盆地，然后又流出盆地。如果地下水不流出盆地，水量的增加会在蓄水层中产生压力，此压力阻止地下水往下流。实际上在盆地压实成岩过程中，在沉积盆地中会产生一个过压区，这个过压区可以阻止地下水往下渗透。

2. 孔隙水在地层中的迁移

孔隙水在沉积盆地中的流动是由两种因素所驱动的，一是热对流，二是压实作用。

1) 热对流

热对流是由于密度不同而引起的，流体的密度不同则是因温度或盐度的不同造成。热液对流过程对溶于流体中的物质的运移是很有效的，能够产生对流的条件可用临界的瑞利数 Ra 来表示：

$$Ra = g\beta\Delta THK / kv$$

式中，β 为水的热膨胀系数；H 为对流体的高度；ΔT 为在对流体高度 H 中温度的差别；K 为渗透率；k 为热的扩散率；v 为运动黏滞系数，g 为重力加速度。

一般来说 $Ra = 40$，如果渗透率是 10^{-12} Pa·s·m²/(s·Pa)，则当对流体(地层)的厚度大于 300m 时对流方可发生。在实际沉积岩中，沉积岩是不均匀的，尤其在垂直方向上岩性变化很大，从而渗透率变化也大，使得瑞利对流十分困难，换句话说，热对流十分缓慢，并有局限性。

2) 压实作用

在沉积盆地下沉和压实过程中，孔隙水排出，孔隙度减少。有对墨西哥湾沉积盆地的孔隙水的研究认为，压实作用中最大的流速为 6.5cm/a，而向上的速度为 0.20～0.22cm/a。在这个盆地中地下水的流速为 58cm/a，比孔隙水的流速大 1～2 个数量级。在一定深度时由于流体的排出，会在沉积岩中产生过压区，过压区的孔隙度比无过压情况时来得大，这就增大了流速。图 5-6 所示为压实作用引起的流动。由于压实作用，使孔隙水向上运动。如果沉积物由砂岩和页岩组成，砂岩的渗透率一般为 10^{-12}～10^{-16}Pa·s·m²/(s·Pa)，而页岩的渗透率为 10^{-17}～10^{-21}Pa·s·m²/(s·Pa)，所以当压实作用发生时，大部分孔隙水是沿砂岩层向上的。但当产生过压时，则使流体局部往下流，直到过压消失又往上流。

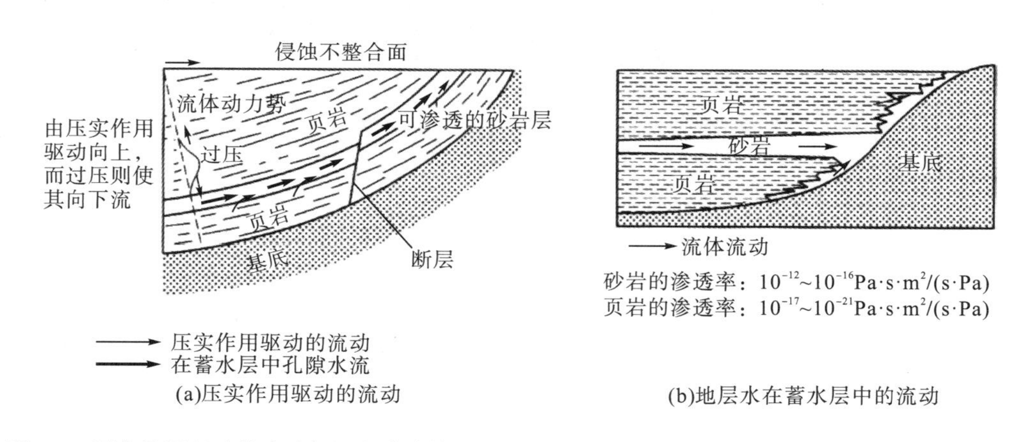

图 5-6 压实作用驱动的流动与沉积盆地的沉积和构造作用史的关系(Bjorlykke and Egeberg，1993)

自晚三叠世须家河组沉积以来，川西前陆盆地的沉降中心与沉积中心基本重合，盆地靠近山前一侧的沉降速度与沉积速度基本相同。根据国际地层年代划分表，以及部分地层测年值，结合地层沉积厚度，计算出龙门山前川西拗陷的沉积速率。如表 5-3 所示，上三叠统须家河组、中侏罗统沙溪庙组、上侏罗统蓬莱镇组的沉积速率为 107.1～260m/Ma，远超过了快速沉积的标准 40m/Ma。川西拗陷上三叠统与上侏罗统具有很高的沉积速率，与后龙门山理县老君沟花岗岩体隆升时间对应，反映盆缘山系的隆升控制了沉积盆地的下降，造成川西须家河组储层的致密化，为须家河组储层高压的发育创造了有利的地质空间条件。

表 5-3　川西拗陷沉积速率(黄丽飞等，2018)

地层	年代 / Ma	厚度/m	沉积速率/(m/Ma)
须家河组	223～208	3900	260
白田坝组	208～189	300	15.8
千佛崖组	189～175	250	17.9
沙溪庙组	175～161	1500	107.1
遂宁组	161～154	300	42.8
蓬莱镇组	154～144	1800	180
下白垩统-古近系	144～25	1500	12.6

因此，由于快速沉降作用，频繁的泥砂互层等造成排流不畅，流体不能及时排出，发育了“欠压实”超压，在这个阶段，地层水-处于相对自由的状态。地层水以酸性为主，水-岩作用弱，地层水阴离子以 SO_4^{2-} 为主，钠长石溶蚀产生了较多的 Na^+，黏土矿物脱水作用导致矿化度整体偏低，须四段和须二段地层水同时接受泥页岩中压释水的改造，而此时超压带来的幕式流体运移，随着埋深及水-岩反应作用，在须二段产生裂缝，有利于地层水等流体发生移动。

压实作用不仅可由沉积盆地的演化所引起，也可由构造作用产生，特别是板块压缩可以产生大量的流动。在过去十多年中不断有关于地壳的板块构造演化与大陆规模范围的地下水流动证据的报道，涉及北美的地下水、石油的流动与构造、盆地以及金属矿床的关系。图 5-7 说明了加拿大西部盆地地层水流动的变化；图 5-8 介绍了美国东部在阿勒格尼造山运动时地层水流动的变化，正常的盆地压实过程中地层水流动的情况(即由压实作用引起的向上流动和由密度不同引起的对流)，当阿巴拉契亚造山运动时，地下水是由重力所驱动而流到盆地边上。很多密西西比型矿床在盆地的边缘形成。在造山运动之后盆地卤水移动的情形，由于侵蚀作用使地层水的流动逐渐减弱，即构造作用对盆地的压力也可以促使盆地中地层水的流动。图 5-9 详细说明了由于构造作用所引起的地层水流动的情况。在前陆盆地中由重力驱动或地势所驱动的流动，其流动的速率为 1～10m/a。在克拉通内的拗陷或裂谷中只有对流运动，在推力上冲地块时，使流体向褶皱和上冲带中流动。在快速沉降区边缘的上升流，其流速最大为 0.1～1cm/a。造成流体流动的另一种因素是地震，地震的作用就像一个抽水泵一样，把水抽向断层面向上流动，最大的速度可大于 10m/a。由于过压区存在，在盆地深部的压力间隔间并无流动，只在盆地的上部有一些流动。可见由重力驱动的流动速度较地震“泵”作用时所产生的流动速度快。

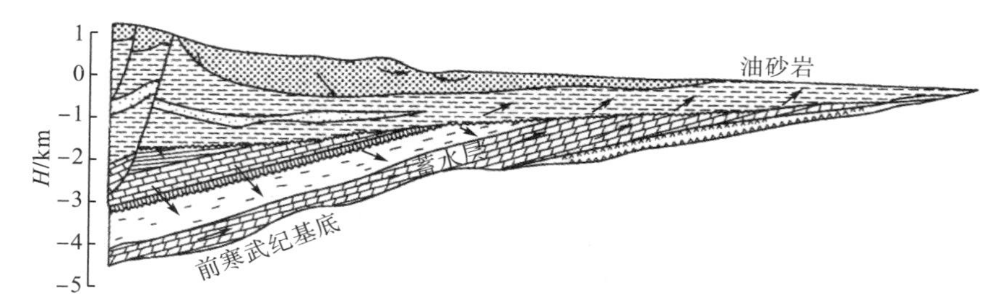

图 5-7　盆地中地层水迁移的基本原理(Garven，1989)

该图表明由重力驱动的地下水流动模式，同时也说明加拿大西部盆地中油砂岩形成的过程

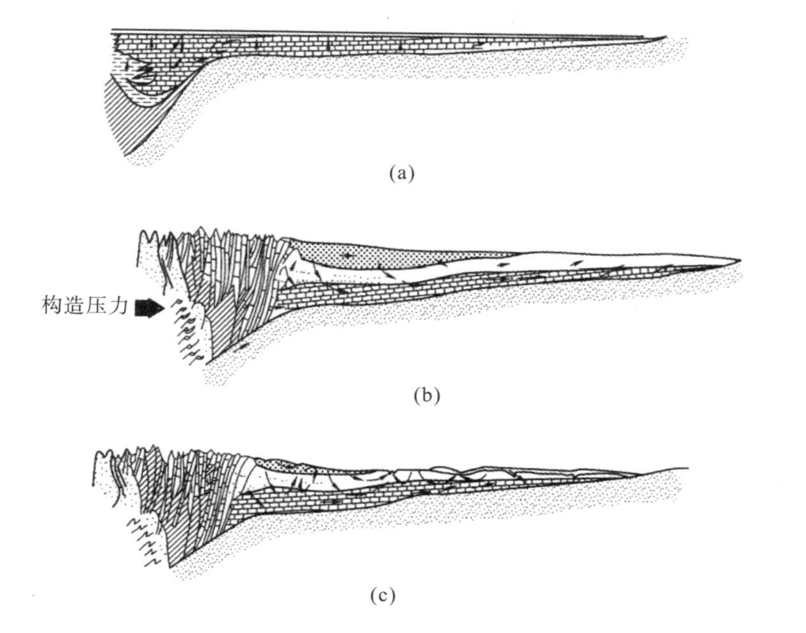

图 5-8　美国大陆沉积盆地演化及与地层水流动之关系(Garven et al.，1993)

(a)早古生代不活动陆相，古生代早期，地层水由压实作用和密度梯度所驱动；(b)晚古生代阿勒格尼造山运动。古生代晚期，由于阿巴拉契亚和沃希托山的上升，地层水由重力梯度所驱动，横穿美国大陆而形成密西西比型矿床；(c)阿勒格尼运动后的侵蚀作用，早中生代，地层水的流动因地势剥蚀而逐渐减弱

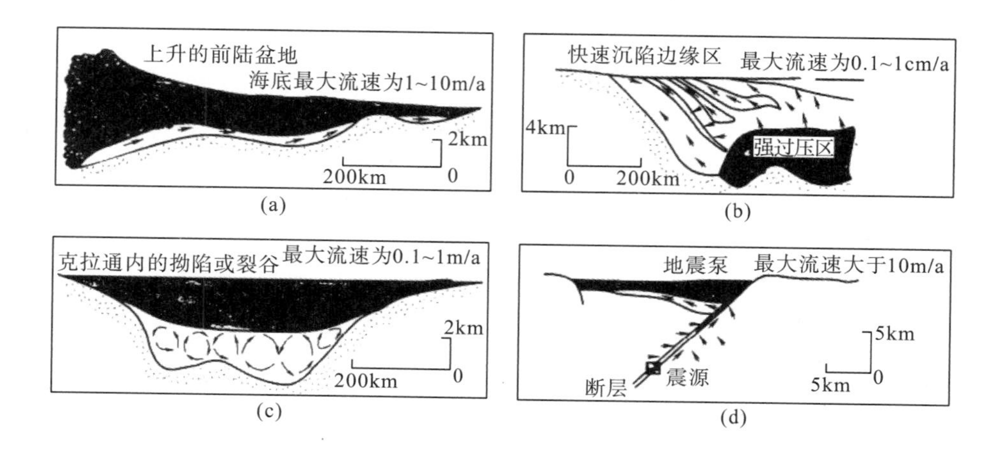

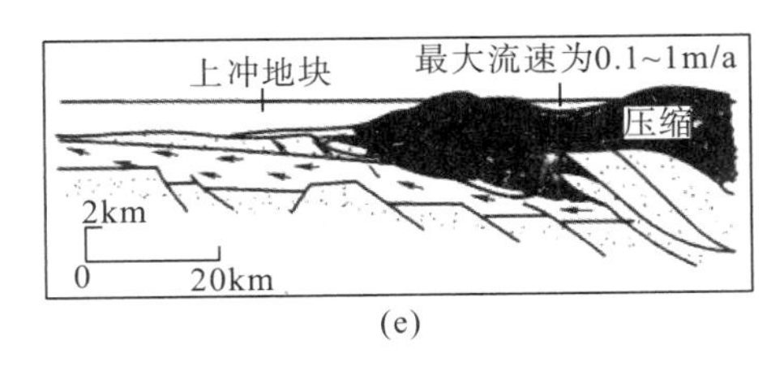

(e)

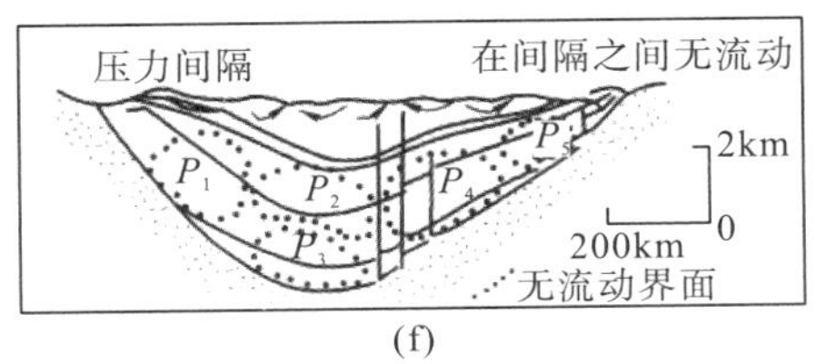

(f)

图 5-9　构造作用对盆地的压力引起地层水的流动(Bethke and Marshak，1990)

(a) 前陆盆地中的重力或地形驱动流；(b) 内克拉通拗陷或裂谷盆地中的热驱动天然对流；(c) 褶皱-逆断层带中的构造驱动流；(d) 陆缘挤压期时的超压作用；(e) 裂谷内深流的地震抽水作用；(f) 浅区域流盆地的间隔作用；P-压力

在盆地中流体流动的速度可用下式表示：

$$v=-K\mu_r(\nabla h+\rho_r\nabla Z)$$

式中，v 为流体流动速度(渗透速度)；K 为水力传导率；μ_r 为相对水黏度，$\mu_r=\mu_0/\mu$，μ_0 为参考状态的黏度；μ 为流体黏度；ρ_r 为相对密度，$\rho_r=(\rho-\rho_0)/\rho$，$\rho_0$ 为参考状态的密度，ρ 为流体密度；Z 为高出基准面的高度。

3. 流体沿裂隙和可渗透的断层面的流动

流体沿裂隙和可渗透的断层面的流动是一种十分重要的流动。流体在断裂和断层中的流动可以穿过相对不透水层，因而显得更加重要(图 5-10)。其流速受以下因素控制：①断层中物质的渗透率；②压力梯度；③深部流体的供给率；④过压区沉积物的渗透率；⑤压实作用的速率。

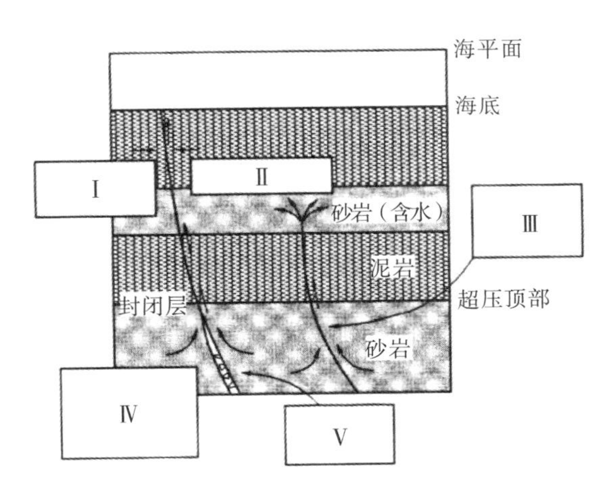

图 5-10　断层与流体流动的关系(Bethke and Marshak，1990)

Ⅰ.近断层面的水平应力；Ⅱ.低剪切度的软沉积物；Ⅲ.水流受限于浅含水层中孔隙水的驱替速度等；Ⅳ.硬沉积岩(高剪切度)可以形成高透水性的角砾岩；Ⅴ.水流受如下因素限制：①沿断层面的透水性，②压力梯度，③超压剖面中沉积物的透水性，④由于减压而引起的净应力而增高的压缩率美国地质勘探局曾对新泽西州的米勒湖地区水系中流体流动的情况做过详细的研究，发现即使在同一花岗岩或砂岩中，流体主要是通过其中的断裂或裂隙流动的，且其速率要比这些岩石颗粒间流体的流速高出 2～3 个数量级。

通过上面的论述，可得出流体流动速率的量级如下：①由压实作用引起的流动，mm/a；②自由对流作用(密度驱动)，cm/a；③重力驱动的流动，m/a；④在断裂和断层中的流动，m/a。

4. 流体的质量和能量传递

地层水在盆地中流动时不仅使流体迁移，同时也传递热量，可用佩克莱数(P_e)来表示：

$$P_e = \rho_f C_f q_z \left[L\lambda_f^{\theta} \cdot \lambda_s^{(l-\theta)} \right]$$

式中，ρ_f 为流体的密度；C_f 为流体的热容；q_z 为渗透速度的垂直方向分量；L 为移动通道的长度；λ_f^{θ}、$\lambda_s^{(l-\theta)}$ 分别为流体和固体的热传导率。这里，水的热容为 $4200 J \cdot kg^{-1} \cdot K^{-1}$，而固体(矿物)的热容为 $800 \sim 900 J \cdot kg^{-1} \cdot K^{-1}$。水的热传导率和固体的热传导率分别为 $0.6 W \cdot m^{-1} \cdot ℃$ 和 $2.5 \sim 3.5 W \cdot m^{-1} \cdot ℃$。根据上式，流体中的热很快传导给固体岩石。

此外，流体对所挟带的物质的搬运和沉淀也十分重要。地层水中所溶的物质取决于孔隙水的成分、溶解度和溶解速率，以及矿物沉淀的速率。如果考虑到地层水与所在地层处于平衡状态，则流体溶解与沉淀物质的能力和速率取决于溶解度梯度(α_T)和温度梯度(dT/dz)。单位流体体积中可沉淀出的物质的体积 V_c 为

$$V_c = \sin\beta \cdot \alpha_T \cdot dT/dz \cdot \rho^{-1}$$

式中，β 为流向与等温线之交角；ρ 为所沉淀的矿物的密度，一般为 $3 g/cm^3$。当温度为 150℃时，$\alpha_T = 3\times10^{-6}$($SiO_2$)，$dT/dz$ 的平均值为 $30 \cdot km^{-1}$($3\times10^{-4} ℃ \cdot cm^{-1}$)。如果是垂直的流动，则 $V_c = 3\times10^{-10} cm^3$。这就意味着单位流体通过单位岩石体积时所沉淀出的石英为 $3\times10^{-10} cm^3$，即需要 3×10^9 单位体积的流体才能沉淀出 10%单位体积的石英，其量甚少。若按地质时间考虑，则需 10^6 年才能沉淀出一条石英脉。石英的沉淀还受温度的控制，当温度低于 80℃时，结晶作用几乎停止。如果所沉淀出的矿物是方解石而不是石英，$CaCO_3$ 在较低温度时仍然留在溶液中而不沉淀出来。金属矿物的沉淀与石英和方解石是相似的。

5.3 盆地卤水的成矿作用

5.3.1 盆地卤水中成矿元素的迁移形式

在盆地卤水成矿作用中，锌和铅在富氯化物卤水中的溶解度已经通过实验确定。虽然已经提出金属以硫代硫化物和有机络合物形式迁移，但只有氯化物络合物被认为是金属元素在盆地卤水中最可能的迁移形式。在高盐度(大于 10%)下，影响盆地卤水中铅和锌溶解度的最重要因素是温度、pH 和还原硫的活度，但是温度和 pH 对铅锌溶解度的影响远不如还原硫活度，这是由于盆地卤水的低温(小于 200℃)，氯化物含量高和碳酸盐岩对流体

pH 限制(Plumlee et al.，1994)。因此，对盆地卤水中金属(如铅和锌)含量的主要控制因素是还原硫的活度(Plumlee et al.，1994；Cooke et al.，2000)。根据盆地卤水中硫的氧化状态，可分为氧化性(以硫酸盐为主)和还原性(以还原硫为主)两种端元卤水(Cooke et al.，2000)，其中弱酸性至弱碱的氧化卤水可以沉淀菱铁矿，但不能挟带大量的金、锡和钡等元素。然而还原性酸性卤水可以挟带高浓度的钡，即可以沉淀重晶石。如果还原硫浓度在矿化卤水中足够高，则可挟带高含量金；如果卤水被高度还原(如磁黄铁矿稳定域)，它们可挟带高浓度的锡。下面以铅锌元素为例，着重论述它们在卤水中的迁移形式。

铅和锌在卤水中主要以氯化物络合物形式迁移(Hanor，1994，1998)。铅和锌的羟基络合可能主要出现在碱性水中(Eugster，1989)，但基于仅在酸性至中性条件下稳定的矿物(如黄铁矿、伊利石)和成矿环境中碳酸盐溶解的证据条件下，该羟基络合不会显著(Hinman，1996)。因此，铅和锌的总浓度可以用下列质量平衡方程近似表达：

$$\sum Pb(molal) = m(PbCl^{+}) + m(PbCl_{2(aq)}) + m(PbCl_3^{-}) + m(PbCl_4^{2-}) \tag{5-1}$$

$$\sum Zn(molal) = m(ZnCl^{+}) + m(ZnCl_{2(aq)}) + m(ZnCl_3^{-}) + m(ZnCl_4^{2-}) \tag{5-2}$$

在还原盐水(以 H_2S 或 HS^-为主)中，pH、温度和盐度是方铅矿和闪锌矿溶解度的主要控制因素：

$$PbCl_x^{2-x}(aq) + H_2S(aq) \Longleftrightarrow PbS(s) + 2H^{+}(aq) + xCl^{-}(aq) \tag{5-3}$$

$$ZnCl_x^{2-x}(aq) + H_2S(aq) \Longleftrightarrow ZnS(s) + 2H^{+}(aq) + xCl^{-}(aq) \tag{5-4}$$

pH 和温度对 Pb 和 Zn 溶解度的控制作用，分别如图 5-11 和图 5-12 所示。值得注意的是，方铅矿和闪锌矿的溶解度与还原性卤水的氧逸度无关，但温度的降低、pH 的增加、∑S 浓度的增加和/或稀释将驱动铅锌的沉淀。宿主岩石的 pH 缓冲，还原卤水中铅和锌可能接近饱和，轻微的化学波动可导致铅锌的沉淀。特别是硫化氢浓度增加会导致方铅矿和闪锌矿的沉淀，从而阻止了贱金属的运输[式(5-3)，式(5-4)]。

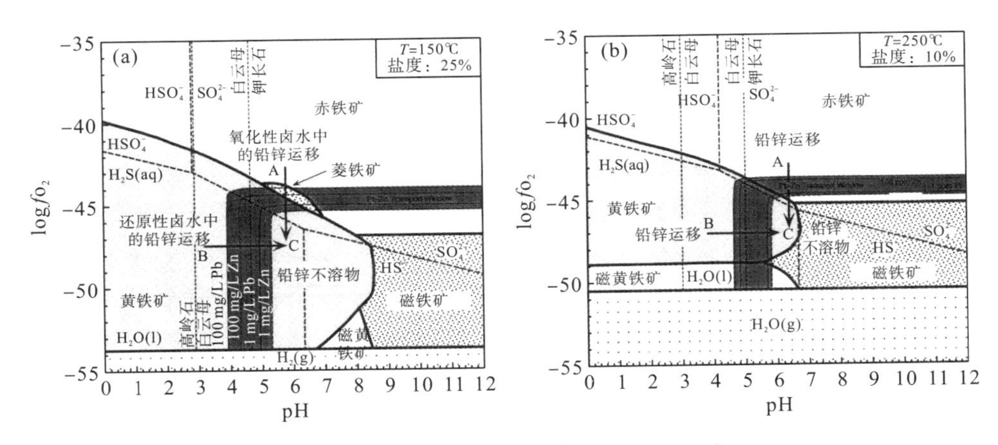

图 5-11　Log f_{O_2} -pH 图解(Hinman，1996)

图 5-11 显示了铁氧化物和硫化物、菱铁矿、高岭石、白云母和正长石的稳定域，方铅矿和闪铅矿的溶解度等值线和金属传输窗口，主要含硫物种的优势场，以及水和 $H_{2(g)}$ 稳定域(P_{H_2} = 1bar)。图 5-11(a)为 150℃，$m(Na^+)$=4.76，$m(K^+)$= 0.46，$m(Ca^{2+})$= 0.31，

$m(Cl^-)=5.83$(≈25%)。图 5-11(b)为 250℃，$m(Na^+)=1.58$，$m(K^+)=0.15$，$m(Ca^{2+})=0.10$，$m(Cl^-)=1.94$(≈10%)。箭头表示等温条件下氧化性和还原性酸性卤水中方铅矿和闪锌矿沉淀的有效反应轨迹。

图 5-12 显示了铁氧化物、硫化物和菱铁矿的稳定域，方铅矿和闪锌矿溶解度等值线和金属输运窗口，主要含硫物种的优势场，以及水和 $H_{2(g)}$ 的稳定域(P_{H_2}=1bar)。辐射的箭头簇标记了氧化性和还原性卤水的任意反应轨迹。注意：正长石是图 5-12 中所示条件范围内的稳定的含钾铝硅酸盐矿物，计算条件为 pH = 5.5，$\Sigma S=0.001m$，$\Sigma C=0.256m$，$m(Na^+)=4.76$，$m(Ca^{2+})=0.31$，$m(K^+)=0.46$，$m(Cl^-)=5.83$(≈25%)。

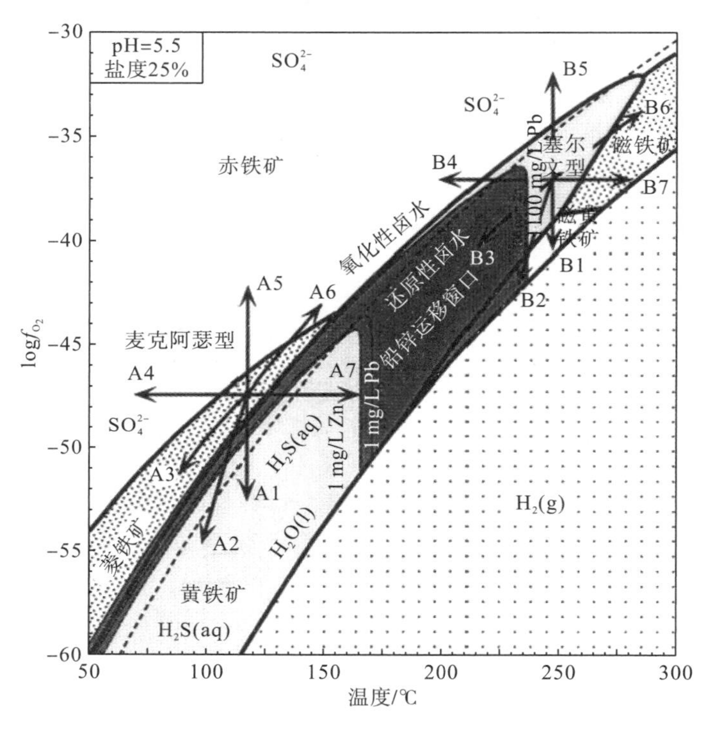

图 5-12 Log f_{O_2} -T 图解(Hinman，1996)

对于氧化性卤水(以 SO_4^{2-} 或 HSO_4^- 主)，方铅矿和闪锌矿的溶解度与 pH 无关(图 5-11)。硫酸盐转化为含水硫化物或硫化物矿物，硫化氢加入和盐度降低将是铅锌沉淀的主要原因：

$$PbCl_x^{2-x}(aq)+SO_4^{2-}(aq)+4H_2(g)\Longleftrightarrow PbS(s)+4H_2O(l)+xCl^-(aq) \tag{5-5}$$

$$ZnCl_x^{2-x}(aq)+SO_4^{2-}(aq)+4H_2(g)\Longleftrightarrow ZnS(s)+4H_2O(l)+xCl^-(aq) \tag{5-6}$$

氧化还原对氧化性卤水中 Pb-Zn 溶解度的控制分别见图 5-11 和图 5-12。还原硫浓度的增加、氧逸度降低和稀释将导致氧化性卤水的铅锌沉淀。氧化性卤水中贱金属可能比还原卤水更不饱和，需要有效和实质性的还原剂，才能形成矿化。如图 5-12 所示，在 250℃时，在弱酸性(白云母缓冲)(pH 为 4.6～5.8)条件下，盐度为 10%还原性流体能够挟带显著的贱金属(大于 1×10^{-6})。然而，当温度下降到 150℃时，还原性中盐度卤水(10%)的计算表明还原性卤水必须是强酸性的(pH 为 2.8～4.2)才能挟带大量铅锌。然而，在较高的 pH 条件下该低温还原性卤水挟带铅锌则需要较高的盐度(大于 15%)。相比之下，温度对氧化性卤水中贱金属运输的控制作用要小得多。在 150℃或更低的温度下，在 pH 为碱性至酸性条件下，氧化性卤水可以挟带超过 100×10^{-6} 的铅和锌。

5.3.2　盆地卤水中成矿元素的沉淀机理

盆地卤水成矿元素沉淀机制研究主要依据经典 MVT 型矿床研究，这类矿床是盆地卤水成矿作用最具典型的实例。盆地卤水成矿作用研究已在成矿流体来源、流体流动机理、成矿时代、成矿物质(如铅、锌和硫)来源与溶解度、沉淀机制等方面取得了重大研究进展。这些研究指出金属的浓度、硫的浓度、pH 和氧化还原条件四个参数从根本上决定了金属元素在盆地卤水中的运移和沉淀方式。盆地卤水卸载方式主要有以下三种模型：①还原硫模型(Sverjensky，1981；1986)，金属元素与还原硫在低浓度溶液中一起迁移，硫化物沉淀是由于冷却、稀释和酸度下降等因素引起；②硫酸盐还原模型(Anderson，1975，1991，2008；Anderson and Garven，1987；Fallick et al.，2001)，金属元素与硫酸盐一起迁移，溶液中可以有更高浓度的金属和硫，硫化物沉淀是由于流体进入一个足够还原的环境，使流体中硫酸盐转化为硫化物时引起的；③流体混合模型(Plumlee et al.，1994；Leach et al.，2006)，硫化物沉淀是由富金属贫硫化物流体，并与贫金属富硫化物流体在沉淀地点发生混合而形成的。在还原硫模型中，由于金属与还原硫在流体中一起迁移，流体运输金属元素的能力是十分有限的，难以解释巨量铅锌金属元素富集。因此，硫酸盐还原模型和流体混合模型是目前普遍认可的盆地卤水卸载模型。下面着重讨论这两类模型。

硫酸盐还原模型：该模型以 TSR 为代表，TSR 会受到硫化氢浓度、pH、还原剂浓度、还原剂的性质和硫酸盐浓度等因素影响。TSR 常用表达式为(Anderson and Thom，2008)

$$CH_4 + SO_4^{2-} = H_2S + CO_3^{2-} + H_2O \tag{5-7}$$

在以碳酸盐岩为主的环境中，硫酸盐还原会产生以下两个主要的结果。

第一个结果是碳酸盐矿物的沉淀，其基本原理可通过

$$Ca^{2+} + CH_4 + SO_4^{2-} = H_2S + CaCO_3 + H_2O \tag{5-8}$$

表达。如果有硬石膏，则方解石将通过以下反应交代硬石膏：

$$CaSO_4 + CH_4 = H_2S + CaCO_3 + H_2O \tag{5-9}$$

方解石交代硬石膏是酸性气体石油研究中常见的现象(Worden and Smalley，1996；Worden et al.，2000)。如果环境中有 Mg^{2+}提供，则将通过以下反应产生白云石：

$$Mg^{2+} + 2CaSO_4 + 2CH_4 = 2H_2S + CaMg(CO_3)_2 + Ca^{2+} + 2H_2O \tag{5-10}$$

因此，通过式(5-8)～式(5-10)可以产生碳酸盐岩矿物(如方解石和白云石)。

第二个结果是硫化物矿物沉淀，这是 TSR 产生的硫化氢所致。在这种情况下，碳酸盐岩矿物是溶解的，而不是沉淀的。以闪锌矿沉淀为例：

$$CH_4 + Zn^{2+} + SO_4^{2-} = ZnS + H_2CO_3 + H_2O \tag{5-11}$$

CO_2或H_2CO_3的产生导致了碳酸盐矿物的溶解，该反应所引起碳酸盐溶解量远低于富含硫流体和富金属流体混合的溶解程度：

$$H_2S + Zn^{2+} = ZnS + 2H^+ \quad (5\text{-}12)$$

尽管 TSR 很可能产生导致晚期金属沉淀的硫化氢，但并不能直接形成纯交代的矿床（Anderson and Garven，1987）。此外，碳酸盐矿物和硫化物不能同时沉淀，但可在同一地点沉淀，在式(5-11)或式(5-12)中碳酸盐溶解产生的 Ca^{2+}水溶液必须远离硫化物沉淀位置，并在碳酸盐为的主环境中，将不可避免地在某个地方重新沉淀。

关于这些反应需要指出的是，TSR[式(5-7)]假定甲烷作为还原剂，且其中 C^{4-}持续氧化为CO_2中的C^{4+}。该反应的还原产物并未得到实验证实，甲烷也可能被部分氧化成其他(亚稳态)有机化合物。在酸气石油环境中，通过方解交代硬石膏的反应至少产生部分二氧化碳，但这取决于成矿环境。最重要的原因是产生硫化物的 TSR 只会在二氧化碳诱导的情况下碳酸盐才会溶解，如果不产生二氧化碳，就没有碳酸盐溶解，理论上碳酸盐和硫化物在同一地点同时沉淀是可能的。

流体混合模型：水文学家可以很清楚地理解地壳流体的混合，当假定流体流动速度非常缓慢时，将不可避免地出现层流，这意味着两种流体的混合是通过分子扩散和水动力扩散来实现的，如 MVT 矿床的流体混合模型。最接近 MVT 矿床流体混合的实例是沿海地区地下水和海水的混合，因为地下水盐渍化是一个巨大的环境问题。这种混合完全通过扩散作用进行，并伴随重力、对流或其他驱动机制(Abarca et al.，2007；Hanor and McIntosh，2007)。在 MVT 成因模型中，混合作用指的是两种流体共存，其中一种流体是富金属的成矿流体(通常被认为是锌和铅的氯化物络合物)，另一种可能是富还原硫气体或液体。在 MVT 成矿过程中，可能出现的是含硫化氢的液体与富金属流体独立进入同一成矿地点并在那里发生混合作用，也可能是还原性气体(如甲烷)与富金属成矿流体发生混合。

这两种流体混合作用的研究需要考虑到：①来自不同的地方，可能有不同流动态的两种流体，它们是如何独立地找到相同地点发生混合；②其中富金属流体流动是连续还是间歇或者挟带可变的金属含量。事实上，富金属硫酸盐流体流动的持续时间大致是连续的，其持续时间比矿化时间更长，而且流体中金属含量是波动的，从而出现多个矿化阶段；流体混合作用是通过分子扩散和水动力扩散完成的。因此，根据这条合理假设，富硫酸盐热液加热围岩，产生甲烷，甲烷扩散或以其他方式运输到成矿溶液中，产生气帽和硫化物沉淀(Anderson，2008)。

在图 5-13 中，含硫酸盐热卤水可在开始挟带金属之前经历长时间流动，也可以间歇性地挟带金属元素。将甲烷输送到挟带硫酸盐但含金属的溶液中，形成气相从而产生含甲烷的气帽，通过气体和流动的硫酸盐溶液之间的反应，逐渐成为硫化氢气帽。随后，当硫酸盐溶液演化为含金属溶液时，硫化氢与金属之间的反应将产生相对快速的硫化物沉淀，形成细粒硫化物晶体。可见，富还原性气帽控制了硫化物沉淀。应当注意到，无论沉淀多少的硫化物，都需要的硫化氢气体量远大于沉淀矿物所需的量，且还原硫和金属需要被运输到沉淀地点(Anderson，1975)。因此，硫化物替代可渗透的含 H_2S 气帽表明硫化氢的来源超出了被圈闭在这些气帽中的来源，这意味着存在一个气藏，但不一定是一个气帽。还应指出的是，硫化物交代碳酸盐岩并不是在沉淀地方由于 TSR 所致，因为即使 C^{4-}彻底氧

化为 C^{4+}，极少出现碳酸盐溶解，也不足以影响竞争性替代(Anderson and Garven，1987；Anderson and Thom，2008)。

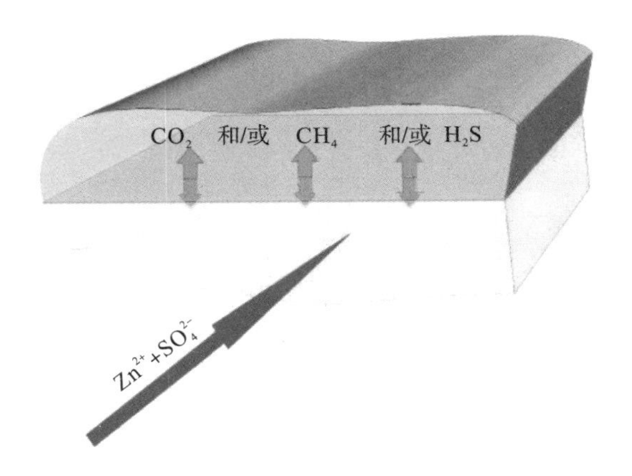

图 5-13　在含甲烷和硫化氢的气帽下流动的含硫酸盐溶液示意图(据 Anderson，2008 修改)

注：任何一种气体扩散到矿石溶液中都会导致硫化物沉淀，但其影响程度不同

5.3.3　金属成矿与油气成藏的耦合关系

沉积盆地可以看作一个由固体无机、有机沉积物颗粒和盆地流体组成的多相巨型化学反应器，其中发生着复杂的无机-有机、固体-流体、流体-流体的相互作用，盆地中的油气和金属矿床就是这个巨型化学反应器的重要产物。就成矿-成藏而言，在金属元素的活化、迁移和富集成矿以及油气的生成、运移和聚集成藏的全过程中，盆地流体均扮演了不可或缺的重要角色，成矿与成藏均受控于盆地流体参与的物质与能量交换和转移的动力学过程；换言之，盆地流体是连接金属成矿与油气成藏的纽带和桥梁。事实上，油气是一种被封存起来的以碳氢化合物为主的盆地有机流体，而固态的金属矿石则大多是以水溶液相为主的盆地流体在适当部位将所溶解挟带的成矿金属组分沉淀卸载的结果。

在沉积盆地的不同部位以及盆地演化的不同阶段，流体的来源和特征不尽相同，但与成藏和/或成矿有关的流体大致可分为以碳氢化合物为主的有机流体(与油气成藏有关)、以含金属盐水溶液为主的无机流体(与金属成矿有关)以及同时富含烃类和金属组分的有机成矿流体(与油气成藏和金属成矿有关)三类。盆地中的成矿、成藏作用及其耦合关系即受控于这三类流体的演化过程(图 5-14)。通常，在沉积物埋藏后的成岩阶段早期，盆地流体主要为压实作用所释放出的孔隙水，其中无论是金属还是盐类的含量均很低。随着埋深加大和温度升高，黏土矿物的相转变(主要是蒙脱石向伊利石转化)逐渐释放出层间水和结构水；同时，沉积物中分散的有机质不断成熟并向石油和天然气转化。这些组分一起加入初始的孔隙流体中，并在运移途中通过复杂的固体与流体、流体与流体反应而使盆地流体的成分和性质不断发生变化。这种运移中的盆地流体最终能否成矿或成藏，取决于盆地内的矿源层、烴源层、输导构造、物理化学条件、地球化学障、圈闭等多种因素以及这些因素的有效匹配。

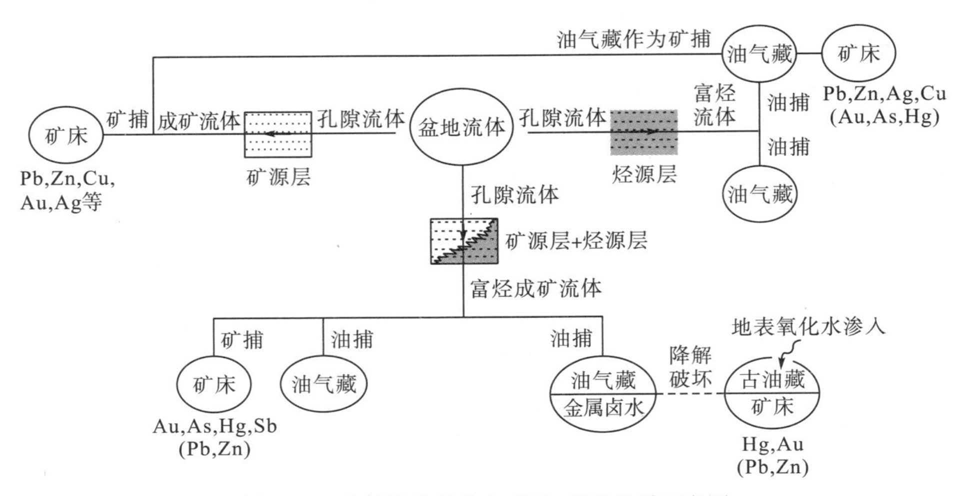

图 5-14 盆地流体演化与成矿-成藏关系示意图

若盆地流体是一种富含碳氢化合物但贫金属组分的富烃流体，当存在适当的圈闭和保存条件时则可形成独立的油气藏。若盆地流体是一种富含金属但贫烃类的流体，只要在其运移途中存在适当的地球化学障引起物理化学条件的急剧变化，所挟带的金属便可卸载沉淀下来形成独立的金属矿床；或者，当其进入现存的油气藏环境时，则可通过原油直接提供还原硫或通过硫酸盐热化学还原作用而沉淀出金属硫化物，形成金属矿床与油气藏的伴生（先后关系）。倘若盆地流体同时富含烃类和金属组分，当存在合适的物理圈闭和良好的地球化学障时，油气和金属便会被捕捉下来形成在空间上既密切相关又相互分离的油气藏和金属矿床（孪生关系）；或者油气和金属同时进入一个环境稳定的圈闭构造，形成上为油气、下为富含金属卤水的油气藏，一旦这种油气藏后期遭受降解破坏，油田卤水中的金属便会沉淀下来形成金属矿床与古油藏的伴生。

Sverjensky（1984a、1984b）提出油田水在所含的主要元素、盐度、δD 和 δ^{18}O 方面均与 MVT 矿床的成矿流体十分相近。表 5-4 是由他给出的这两种流体成分的比较，从表中可知两者十分相近。油田水的另外一个特点是含有相当量的金属（表 5-5）。在我国的一些油田水中也有上述相似的特征，特别是位于山东半岛的胜利油田，其油田水和原油中金的含量很高，而胶东地区正是我国的主要黄金产地。普莱森特贝（Pleasant Bay）和雷利（Rayleigh）两处的油田水，因位于密西西比铅锌矿区，所以水中的 Pb、Zn 含量很高。加拿大的派恩波因特（Pine Point）铅锌矿也与艾伯特油田毗邻。这就证明油田水、石油和金属矿床的成矿流体在某种程度上有成因上的联系。

表 5-4 油田水和 MVT 矿床中包裹体成分（Sverjensky，1984a，1986b）

物理量	流体包裹体	油田水
T/℃	100～150	130～150
p/MPa	＜50	38.8～84.3
m_{cl}	59000～120000	71520～207400
m_{Na}	27000～53400	29000～79100

续表

物理量	流体包裹体	油田水
m_{Ca}	17000～20400	4140～74800
m_K	2500	243～7080
Na/K	21～36	40～370
Na/Ca	2.7	1.4～17
Zn/Pb	未知	3～25

表 5-5　密西西比地区在蓄水库条件下油田水的主要性质（Sverjensky，1984a，1986b）

物理量	普莱森特拜乌油田水	雷利油田水
T/℃	138～150	130～135
p/MPa	78.7～84.3	38.8～39.9
pH（计算值）	＜5.7	4.3（±0.3）
Cl/（mol/L）	1.9～2.4	4.9～6.7
Zn 实测值/（mg/L）	1.5～1.6	33～367
Pb 实测值/（mg/L）	0.4～1.1	17～111
H_2S 实测值/（mg/L）	0.5～2.0	—
计算值		＜0.1

以美国东南部的辛辛那提穹拱（Cincinnati arch）为例，其北部的杰萨明穹窿（Jessamine dome）为肯塔基州中部铅锌矿集区，南部的纳什维尔穹窿（Nashville dome）为田纳西州中部铅锌矿集区，两者之间的坎伯兰鞍部（Cumberland saddle）一带是铅锌与石油的共同产区。沿辛辛那提穹窿分布的MVT铅锌矿主要产于上寒武统至奥陶系地层中，矿石中除闪锌矿、方铅矿、重晶石、萤石外，还含有丰富的沥青和正在渗漏的原油。沿该穹窿分布的石油与铅锌矿具相同的产出层位，迄今已开采的石油约为 75×10^6 桶，其中主要的油田围绕伯克维尔（Burkeville）铅锌矿床分布。

我国云南兰坪中生代、新生代沉积盆地蕴含丰富的Pb、Zn、Cu、Ag多金属矿产资源，并因产有金顶超大型铅锌矿床而闻名。同时，盆地内发育多套油气生储盖组合，上三叠统海陆交互相泥质岩和中侏罗统陆相泥质岩为主力生油岩。据研究，上三叠统烃源岩在燕山早期生油，在燕山晚期大量生气；喜马拉雅山早期强烈的构造变形改造，使原生油气藏遭受破坏形成次生裂缝型油气藏；喜马拉雅山晚期以来强烈隆升剥蚀，含油气储层暴露地表后形成沥青。在金顶及其外围的一些铅锌矿床中，油气显示突出，古油藏遗迹明显。在铅锌矿石及矿化岩石中，产有包括干酪根、沥青、重油、轻油、烃类气以及石油和甲烷包裹体等多种形式、产状和成熟度的有机物质，矿石新鲜面上常见有轻质油或稠油从溶孔或裂缝中渗出。流体包裹体研究表明，成矿流体中富含CH_4、C_2H_6、N_2和H_2，有机物质含量（摩尔分数）高达34.8%；金属硫化物的$\delta^{34}S$值均为负值，且变化幅度大（−30.4‰～−1.7‰），具生物成因硫的特征；有机质生物标志化合物研究表明，矿石及矿化岩石中的有机质主要来源于三叠系碳质泥岩和泥灰岩，与区内（古）油气藏的烃类来源一致。薛春纪等（2009）认为，伴随着新生代金顶局部穹窿化过程，油气运移至穹窿中形成油气藏，盆地含矿流体

与油气藏中的 H_2S 反应导致铅锌的快速沉淀，形成金顶超大型铅锌矿床。此外，位于金顶矿区以北约 30km 处的白秧坪 Cu-Pb-Zn-Ag-Co 多金属矿床与金顶的成矿背景和成矿环境相似，在该矿床的矿石矿物和脉石矿物流体包裹体中也发现有丰富的有机物质在兰坪盆地西部金满铜矿以及盆地中南部白洋厂铜银多金属矿床中，矿石和围岩中富含有机质，硫化物的草莓状结构和木质细胞交代结构大量发育，硫化物的 $\delta^{34}S$ 值多为负值(最低可达23‰)且变化幅度大，反映了有机质在成矿中的重要作用。

综上所述，金属矿床与(古)油气藏在空间上密切的共生/伴生关系以及物质组成上“你中有我、我中有你”的现象，暗示了二者成因上的有机联系。就某一具体实例来说，金属成矿与油气成藏之间的耦合关系可能存在以下三种情况：①油气成藏在前，金属成矿在后；②金属成矿与油气成藏同时或近同时进行；③油气成藏晚于金属成矿。其中，第三种情形在自然界少见且可能纯属偶然，烃类的聚集完全与金属成矿无关，或烃类仅仅追随成矿热液沿相同的通道发生运移。

5.4 典型盆地卤水成矿作用的实例

沉积盆地演化过程中有大量地质流体强烈活动，不仅构成了盆地动力学演化的重要环节，而且形成了绝大多数的石油天然气和相当多的金属/非金属矿床。本节以盆地卤水为主线考察发生在盆地中的成矿过程，以萤石矿床、MVT 铅锌矿床和汞矿床为例进行说明。

5.4.1 萤石矿床

我国扬子板块发育大量的受断裂控制且赋存在碳酸盐岩中的石矿床。双河萤石矿床是扬子地块中部川东南萤石成矿带中典型的大型萤石矿床(邹灏等，2013)。该矿床处于成矿带南端，在地理位置上位于贵州省东北部(图 5-15)。前人将贵州省划分出 4 个三级构造单元，其中的上扬子地台南部被动边缘褶冲带(III-2-7)又被分为 6 个四级构造单元，双河矿区处于其中之一的凤冈滑脱褶皱带(Ⅳ-2-7-2)。

双河萤石矿床早期无色萤石中主要为富液相两相水溶液包裹体，流体包裹体测温结果显示，早期萤石均一温度为 89～131℃，主要为 120～130℃；盐度为 3.83%～20.84%；流体密度为 0.97～1.11g/cm^3。晚期浅褐色萤石中流体包裹体的均一温度为 99～122℃，主要为 110～120℃；盐度为 5.37%～20.51%；流体密度为 0.99～1.09g/cm^3。激光拉曼分析显示早期萤石中流体包裹体气相组分主要是 H_2O，同时含有少量的 CH_4；而晚期流体包裹体气相组分主要是 H_2O，两期次萤石中流体包裹体液相成分主要是 H_2O。综上，双河萤石矿成矿流体具有低温、盐度范围变化较大、中低密度的特征，成矿流体总体为 $NaCl-H_2O$ 体系，同时含有少量的 CH_4。此外，将双河萤石矿床与川东南萤石矿床中包裹体均一温度-盐度进行对比，两者具有类似特征(Zou et al.，2016)，双河萤石矿床成矿流体均一温度为 95～290℃，主要集中在 110～190℃，盐度为 4.34%～21.86%，且川东南地区萤石矿与双河矿床具有相似的地质特征，地理位置接近，二者应属川东南地区统一的成矿流体场且双河萤石矿属于川东南成矿带。国内外其他地区的受碳酸盐岩控制的萤石矿床的显微测温数据显示(表5-6)，成矿温度集中在80～170℃，这与双河矿床具有一致性，都表现为中-低温矿床，符合典型的MVT矿床(均一温度为90～150℃和盐度为10%～30%；Leach et al.，2005)的特征。

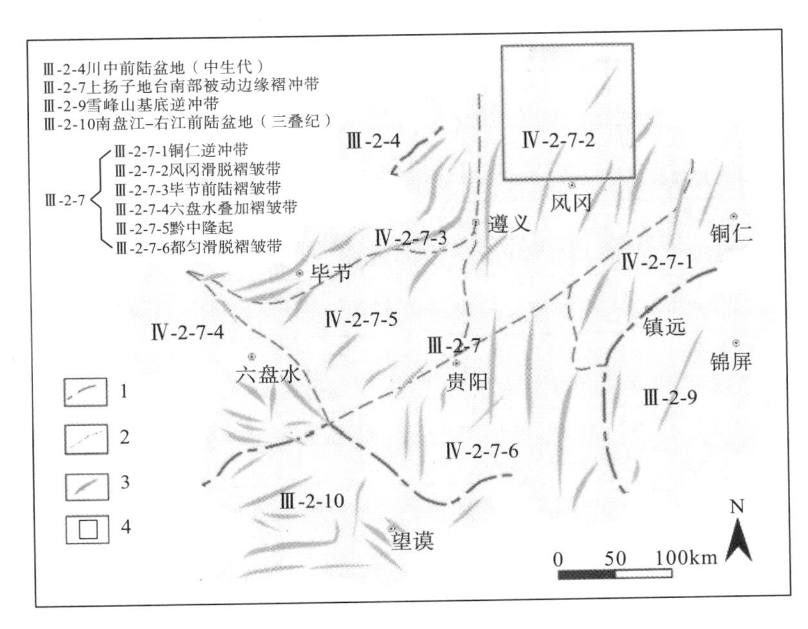

图5-15 双河萤石矿床大地构造示意图(据Zou et al.，2020)

1.Ⅲ级构造单元分区界线；2.Ⅳ级构造单元分区界线；3.燕山期褶皱(背斜)；4.研究区

表5-6 国内外典型受断裂控制且赋存于碳酸盐岩中的萤石矿的Sr-S-Th数据

地区	矿床	矿物	$^{87}Sr/^{86}Sr$	$\delta^{34}S$/‰	均一温度/℃	参考文献
中国	双河	萤石	0.709081～0.710647		89～131	本次研究
		重晶石	0.709953～0.712258	31.1～38.2		
	郎溪	萤石	0.707806～0.709279	32.2～36.7	140～200	Zou et al.，2016，2020
	冯家	萤石	0.709471～0.709802			
	二河水	重晶石		22.6～32.9		
	桐梓	萤石	0.708800～0.708950			
		重晶石		35.6～35.9		
	小坝	萤石	0.709562～0.710136			
		重晶石	0.711126～0.712999	40.4～42.1		
伊朗	Komsheche	重晶石	0.709147～0.709595	23～27	119～323	Alaminia et al.，2021
	Irankuh	重晶石	0.70839～0.70878	14.3～18.9		Ghazban et al.，1994
	Farsesh	重晶石		8.8～16.6	125～200	Asl et al.，2015
阿尔及利亚	Mesloula	重晶石		21.1～33.5	136～155	Laouar et al.，2016
		萤石			100-230	

续表

地区	矿床	矿物	$^{87}Sr/^{86}Sr$	$\delta^{34}S$/‰	均一温度/℃	参考文献
土耳其	翁斯(Önsen)	重晶石	0.71052～0.71213	19.98～20.70	107～320	Cansu et al.，2020
	塞克罗巴(Şekeroba)	重晶石	0.71183～0.71373	28.93～40.44	73～410	
	托尔德(Tordere)	重晶石	0.71109～0.71283	31.46～32.01	120～418	
	Pohrenk	萤石			58～154	Genç，2006
突尼斯	Jebel Mecella	萤石	0.708127～0.708857		100～250	Jemmali et al.，2017
		重晶石		14.8～15.4		
	Sidi Taya	重晶石		21.6～22.2		
	Zaghouan	重晶石	0.707654–0.708127	15.3～26.2		Souissi et al.，2013
	Hammam Zriba	重晶石		14.7～17.2		Jemmali et al.，2017
意大利	撒丁大区	重晶石	0.70865～0.71379	31.6～34.7		Barbieri et al.，1977
	Silius	萤石	0.71106～0.71566		120～180	Castorina et al.，2020；Boni et al.，2009
西班牙	Parzan	萤石	0.71236～0.71456			Fanlo et al.，1998
		重晶石	0.71156～0.71269	18.2～20.9		
	比利亚沃纳	萤石	0.708261～0.708806		80～125	Sánchez et al.，2006
		重晶石		31.3～56.7		
		方解石	0.708359～0.708733			
	Berbes	萤石	0.708018～0.709639		90～170	
		重晶石	0.709561～0.709659	17.2～30.7		
		方解石	0.708371～0.709220			
	La Collada	萤石	0.710038～0.710519		85～170	
		方解石	0.708849～0.708947			
德国	黑林山	重晶石	0.711～0.717	12～45	50～150	Staude et al.，2011
		重晶石	0.714～0.719		50～150	
英国	奔宁	萤石	0.710639～0.710813		105–159	Kraemer et al.，2019
		萤石	0.710751～0.713896			
摩洛哥	Jebilet	重晶石	0.70966～0.72222	8.9～24.2		Valenza et al.，2000
	Bou Dahar	重晶石		17.2～20.4	135～172	Rddad and Bouhlel，2016
法国	Massif	萤石	0.7108321～0.710946		85～170	Munoz et al.，1999；Sizaret et al.，2009
		重晶石		16.2～21.5		
墨西哥	科阿韦拉	萤石	0.7076～0.7083			Kesler et al.，1983
		重晶石		14.9～19.5	59～150	González-Sánchez et al.，2009，2017
加拿大	新斯科舍	重晶石	0.70978～0.71026	11.2～12.7	130～230	Casey et al.，1989
		重晶石	0.71127～0.71200			
	劳伦斯	重晶石	0.7081～0.7129			Carignan，1997
美国	Cave-in- Rock	萤石			132-151	Ruiz et al.，1988；Richardson et al.，1988
		重晶石	0.7081～0.7129			

成矿流体的来源可以通过它们的 H-O 同位素组成来区分(吴海枝等，2015)。双河萤石矿床矿物中流体包裹体的 $\delta D_{V\text{-}SMOW}$ 为−33.1‰～−26.3‰，$\delta^{18}O_{V\text{-}SMOW}$ 为 0.2‰～1.1‰。在 $\delta^{18}O_{V\text{-}SMOW}$ 和 $\delta D_{V\text{-}SMOW}$ 投点图中(图 5-16)，双河萤石矿床的包裹体 $\delta D_{V\text{-}SMOW}$ 和 $\delta^{18}O_{V\text{-}SMOW}$ 主要位于建造水以及大气降水之间，说明成矿流体主要来源于建造水，在成矿作用中有大气降水加入。双河萤石矿床中两期萤石流体包裹体的盐度都具有较大的波动，说明源于海水随着流体的运移，大气降水以及建造水参与成矿作用中，对成矿流体产生了稀释作用，从而使流体的盐度具有较大的变化范围。Zou 等(2016)对该地区郎溪萤石矿床进行的氢、氧同位素分析表明，成矿流体的来源是多源的，主要为建造水、大气降水和海水。而在三叠纪之前，整个研究区都为海相沉积，因此建造水主要为保存在海相地层中的卤水，海水也为深部的热卤水。此外，Zou 等(2020)对川东南郎溪萤石矿床进行的单个流体包裹体 LA-ICP-MS 分析也表明，川东南成矿带的成矿流体主要为盆地卤水，并带有少量大气降水。可见双河矿床成矿流体最可能为热卤水，主要来源于建造水和大气降水。同时通过对多地的受碳酸盐岩控制的萤石矿床的 H-O 同位素投点(图 5-16)，与双河矿床的投点位置相似，大多数位于大气降水线两侧，这说明这类萤石矿床的成矿流体来源是多源的大气降水和海水。

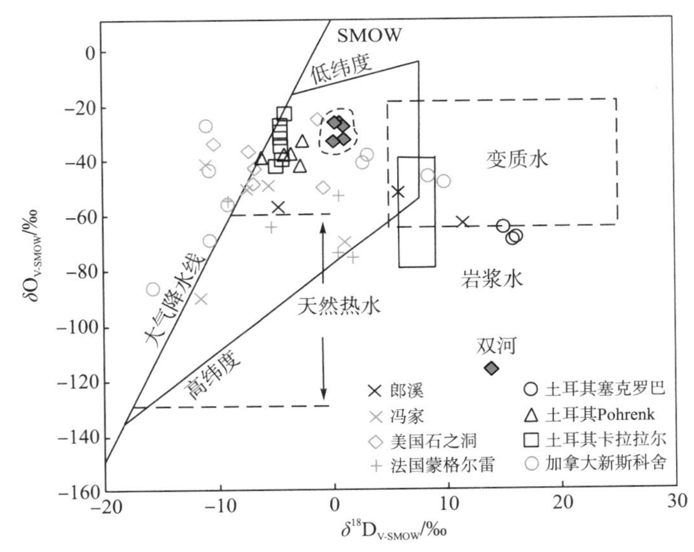

图 5-16　双河萤石矿床成矿流体的 $\delta D_{V\text{-}SMOW}$ 和 $\delta^{18}O_{V\text{-}SMOW}$ 组成(据 Zou et al，2020)

综上所述，双河萤石矿床的成矿流体表现为低温、中低密度的特征，盐度变化较大，成矿流体总体为 NaCl-H_2O 体系，同时含有少量的 CH_4，为热卤水，主要由基底卤水、建造水和大气降水组成。

稀土元素(rare earth element，REE)的地球化学行为与丰度与成矿作用有关，通过研究 REE 是获取物质来源信息及示踪成矿作用的关键方法之一。由于 Sm 和 Nd 具有很相似的化学性质且不容易分离，刘英俊和曹励明(1987)提出 Sm/Nd 可以反映源区的特征。双河矿区萤石的 Sm/Nd 为 0.29，高于赋矿围岩(平均 0.19)，且稀土配分模式存在差别(图 5-17

和图 5-18），推测成矿流体中 REE 主要来自其他地层。Möller 等(1976)提出的 Tb/Ca 与 Tb/La 图解，可以用于根据其沉积、热液和伟晶岩的亲和力来区分萤石来源。在图 5-19 中，双河和世界其他地方的其他萤石矿床的萤石样品位于热液区，表明萤石为热液成因。同样存在一些样品靠近沉积区，暗示成矿流体可能与围岩发生了水-岩反应。

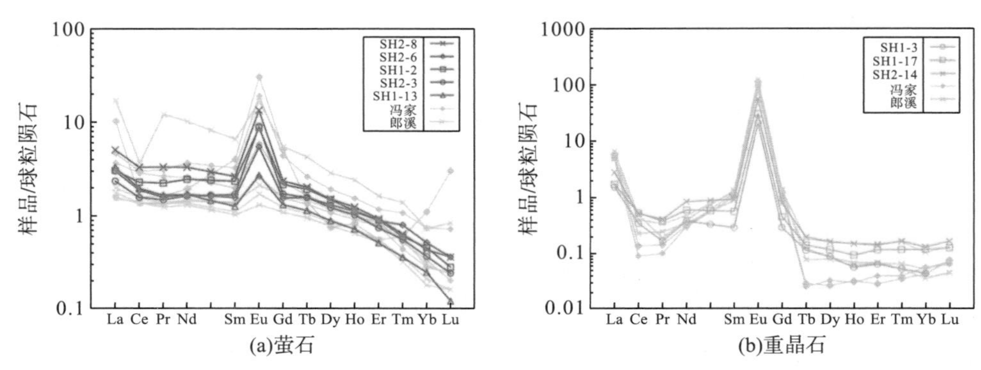

图 5-17　双河萤石矿床中萤石-重晶石 REE 配分模式图

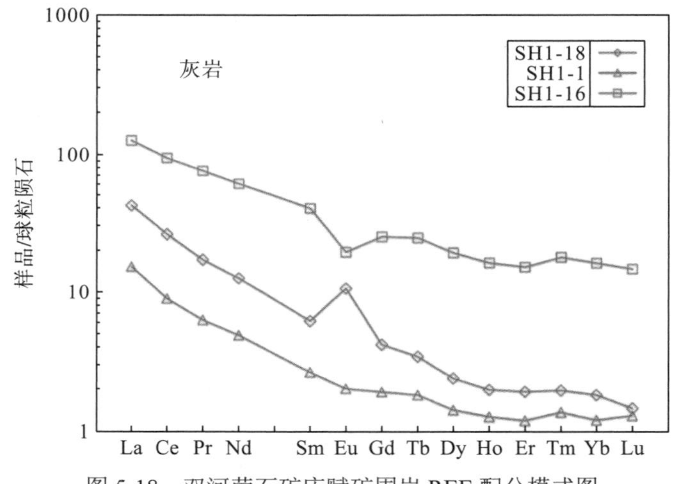

图 5-18　双河萤石矿床赋矿围岩 REE 配分模式图

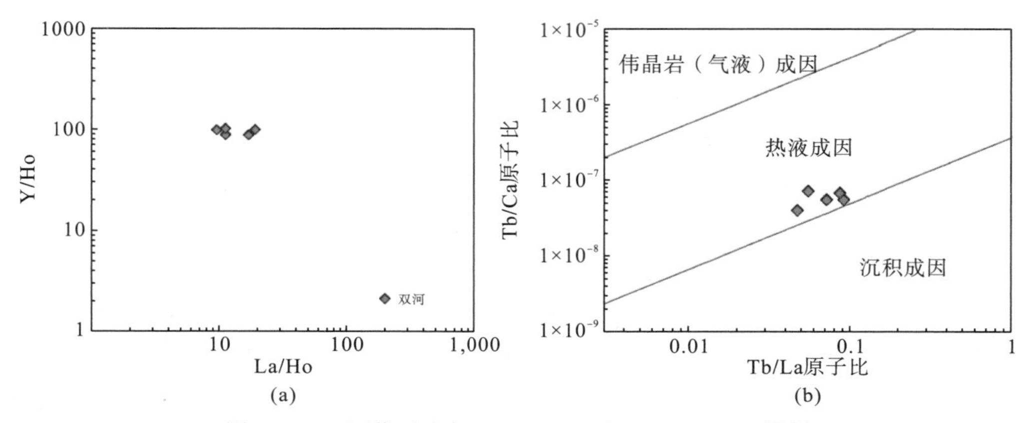

图 5-19　双河萤石矿床 La/Ho-Y/Ho 与 Tb/Ca-Tb/La 图解

Eu 异常和 Ce 异常是萤石成矿流体温度和氧化还原条件的指示(Bau and Möller，1992；曹华文等，2014)。REE 在流体运移中容易被活化并且淋滤出源岩。当流体温度大于 250℃时，Eu^{2+}会占据主导地位，甚至是在弱还原和酸性条件下(Bau and Möller，1992)。由于 REE^{3+}离子的半径都小于 Eu^{2+}离子，当发生吸附作用控制水-岩反应时，Eu^{2+}离子吸附作用相对较弱，容易溶解在流体中，不容易吸附到矿物的表面，这就导致流体最终形成 Eu 异常(Bau and Möller，1992)。而在双河矿床成矿温度远小于 250℃，Eu^{3+}将在流体结晶沉淀时占据主导地位，萤石中的 Ca^{2+}离子半径(0.100nm)与 Eu^{3+}离子半径(0.095nm)相似，容易与萤石主矿物晶格发生离子置换，增加 Eu 含量，这就导致萤石矿物中 Eu 呈现正异常。本书研究中萤石和重晶石样品都呈现出明显的 Eu 正异常，说明成矿流体在低温下结晶，且在此之前流体经历了高温状态表现为 Eu 正异常。此外，萤石样品呈现出 Ce 负异常。一般热液成因的萤石呈现 Ce 负异常是由于 Ce^{4+}不活泼或 Ce^{3+}被氧化等导致，这表明流体源区的氧逸度较高(Constantopoulos，1988)。当环境中氧逸度较高时，Ce^{3+}就容易被氧化成 Ce^{4+}，由于 Ce^{4+}的溶解度非常小且易被氢氧化物吸附脱离溶液体系，这就导致溶液相对亏损 Ce 元素，进一步使得溶液结晶沉淀出的矿物呈现 Ce 负异常(Bau and Möller，1992)。海水就是比较好的例子，相对亏损 Ce 元素，具有 Ce 负异常(Shimizu and Masuda，1977；Elderfield et al.，1990)。而对于双河矿床，含矿层及矿源层均属于海相沉积地层，这导致成矿流体具有 Ce 负异常，同时结晶沉淀出的萤石同样具有 Ce 负异常。因此，我们认为成矿流体具有海水的来源，是保存于海相地层的建造水。

萤石可以通过多种机制从热液中沉淀出来，其中最可能为下面 4 种：①温度与压力发生变化；②不同性质的流体混合；③流体不混溶或沸腾作用；④成矿流体与围岩相互作用(Richardson and Holland，1979；代德荣等，2018)。

在热液成矿过程中，流体的沸腾作用通常是由于压力突变引起的(Sibson et al.，1988；McCuaig and Kerrich，1998；Wilkinson，2001)，而双河萤石矿严格受断层控制，深部流体在通过断层向上运移时易发生流体沸腾作用，但测温过程中，并没有观察到富气相包裹体且气相均一，因此构造减压沸腾或流体不混溶作用不可能是矿石沉淀的主要因素。前已述及，双河矿床成矿流体为热卤水，主要由基底卤水、建造水和大气降水组成，矿石沉淀可能为流体混合作用。但前人研究表明流体混合作用通常存在高温、高盐度和低温、低盐度两个端元(Wilkinson，2001)，而在双河萤石矿床研究中只存在低温、低盐度与低温、高盐度两个端元，在均一温度和盐度散点图中(图 5-20)，两期萤石流体包裹体样品点在均一温度基本恒定的条件下，没有明显的谐变关系，这说明流体的等温混合导致了矿石的沉淀。

对双河矿床中萤石的稀土元素分析发现，萤石成矿流体在矿化前进行了水-岩反应，同时杨忠琴等(2016)对沿河地区不同萤石矿的稀土元素开展的研究与张遵遵等(2018)对沿河大竹园萤石矿床开展元素地球化学研究均表明，该地区的萤石矿床在成矿过程中，成矿流体在迁移过程中与碳酸盐岩围岩发生了水-岩反应。前已述及，双河萤石矿床受地层控制，主要发育在下奥陶统十字铺组及红花园组，在其下寒武纪碳酸盐岩地层中并未发育，这说明成矿流体在向上迁移过程中发生的水-岩反应不足以致使矿石沉淀，而是萃取了围岩中的成矿元素 Ca。上涌的成矿热液在富集成矿元素后运移至有利层位，随着时间变化，温度降低导致溶解度下降引发矿石逐渐沉淀。

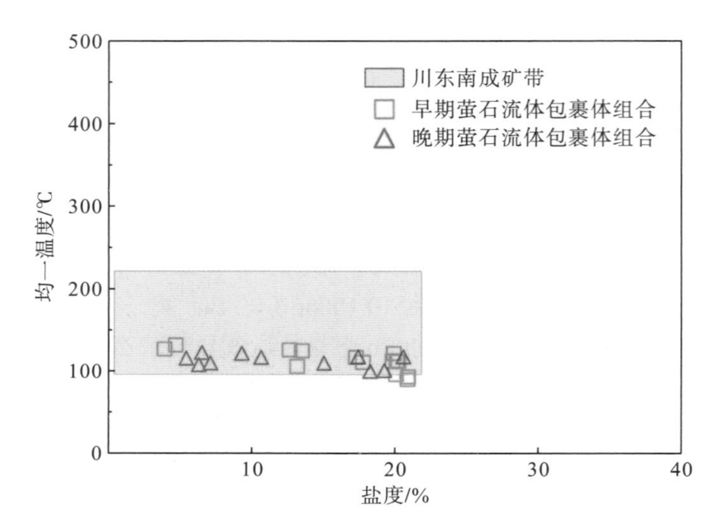

图 5-20 双河萤石矿床包裹体均一温度-盐度关系图

综上所述，矿石沉淀机制是以温度降低为主，其成矿过程中发生的水-岩作用主要是促使成矿元素 Ca 聚集到成矿流体中，并不是矿石的沉淀机制。

5.4.2 MVT 铅锌矿床

铅锌矿床是有色金属矿床之一，主要在中、低温热液作用过程中形成，少数由火山成矿作用和外生成矿作用形成。其中 MVT 铅锌矿床是指赋存于台地碳酸盐岩中成因与岩浆活动无关的浅成后生层状铅锌矿床(Leach et al.，2005，2010)，该类型占全球约 17%的锌资源量，16%的铅资源量，以及 2.9%的银资源量，是全球重要的铅锌矿床类型之一(罗开，2019)。它以规模大、发现早、研究程度深而著称。

事实上，MVT 矿床是一类矿床特征差异很大的类型，至今还未能建立像斑岩铜矿、块状硫化物矿等那样统一适用的成矿模式。根据地理属性及控矿特征上的差异，前人将 MVT 矿床区分出了许多亚类，包括阿尔派恩(Alpine)型、赛利西亚(Silesia)型、爱尔兰(Irish)型等(Leach et a1.，2005；Paradis et al.，2005；罗开，2019)。

MVT 矿床在全球许多地区均有分布，在北美洲和欧洲较为发育，著名 MVT 成矿省(矿集区)或矿床包括：美国田纳西州的杰斐逊(Jefferson)矿集区、科珀岭(Copper Ridge)矿集区，密苏里州的旧铅带(Old Lead Belt)矿集区，威斯康星-伊利诺伊州的密西西比河上游矿集区；加拿大西北地区的纳尼希维克(Nanisivik)、派恩波因特(Pine Point)等(Leach et al.，2005，2010)。

MVT 矿床具有以下基本特点(Leach et al.，2005，2010)：①矿床产出于造山带边缘前陆环境或靠近克拉通一侧的沉积盆地环境；②容矿围岩以白云岩为主，仅有少数矿床产于灰岩中；③矿床具有后生特征，其形成与岩浆活动无直接联系；④可发育层控的、断层控制以及受喀斯特地形控制的矿体，矿体形态变化较大，可分为层状、筒状、透镜状、不规则状等；⑤矿物组合简单，主要为闪锌矿、方铅矿、黄铁矿、白铁矿、白云石、方解石和石英，仅在少数矿床/矿区发育重晶石和萤石，个别矿区发育有含银或者含铜的矿物；⑥硫化物通常交代碳酸盐岩或充填开放孔隙空间，组构变化较大，矿石由粗粒到细粒，由块状到浸染状；⑦围岩蚀变主要有白云岩化、方解石化和硅化，主要涉及围岩的溶解作用和重结晶作用等；⑧最重要的控矿因素为断层、破碎带和溶解坍塌角砾岩等；⑨成矿流体为低温中高盐度盆地流体，温度一般为 50～250℃，盐度一般为 10%～30%；⑩金属和硫具有壳源特征。

5.4.2.1　派恩波因特矿床

派恩波因特矿集区位于海伊河(Hay River)镇以东 80km 处的大奴湖(Great Slave Lake)南岸(Szmihelsky et al.，2020)，包括从中泥盆世碳酸盐赋存的大约 40 个贱金属矿化矿床，产量超 5800 万 t(Gleeson and Turner，2007)。派恩波因特地区被加拿大西部沉积盆地东缘的岩石所覆盖，这些岩石由 350～600m 的奥陶纪到泥盆纪岩石组成，上面覆盖着太古宙和元古宙的结晶基底岩。前寒武纪基底岩石的确切性质尚不清楚，但该地区下面的两个钻孔横穿云母石英岩和黑云母花岗闪长岩(McClenaghan et al.，2018)。该地区的矿体主要集中在北向、主向和南向三个东北—西南向矿体带内(图 5-21；Oviatt et al.，2015)。

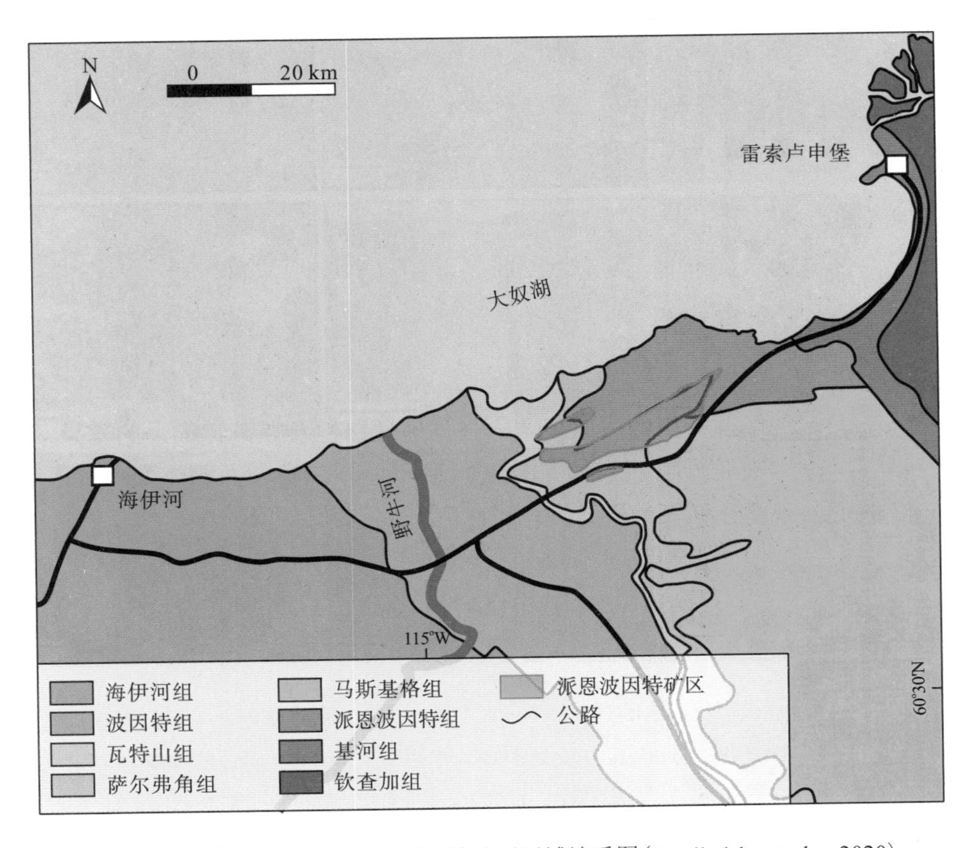

图 5-21　加拿大西北地区派恩波因特矿区区域地质图(Szmihelsky et al.，2020)

注：插图显示了区域环境、中泥盆统矿脉和同时期的油层

铅锌矿床赋存于中泥盆世碳酸盐岩中，矿体的形态可分为近水平板状层控矿床或垂直定向的椭圆形豆荚矿床(Broughton，2017；McClenaghan et al.，2018)。垂直矿化带长250m，宽20～30m，高50～60m，它们横切上覆白云岩，并经常延伸到上覆的地层中。此外，一些垂直沉积向下延伸至派恩波因特组(Broughton，2017)。派恩波因特地区单个矿体的储量为0.1～17.5Mt，平均铅品位为2%，锌品位为6.2%(Pb/Zn=0.3)(Oviatt et al.，2015)，总资源(已生产和剩余已探明资源)估计为95.4Mt(McClenaghan et al.，2018)。主要成矿期硫化物有方铅矿、闪锌矿和黄铁矿(图5-22；Gleeson and Turner，2007)。

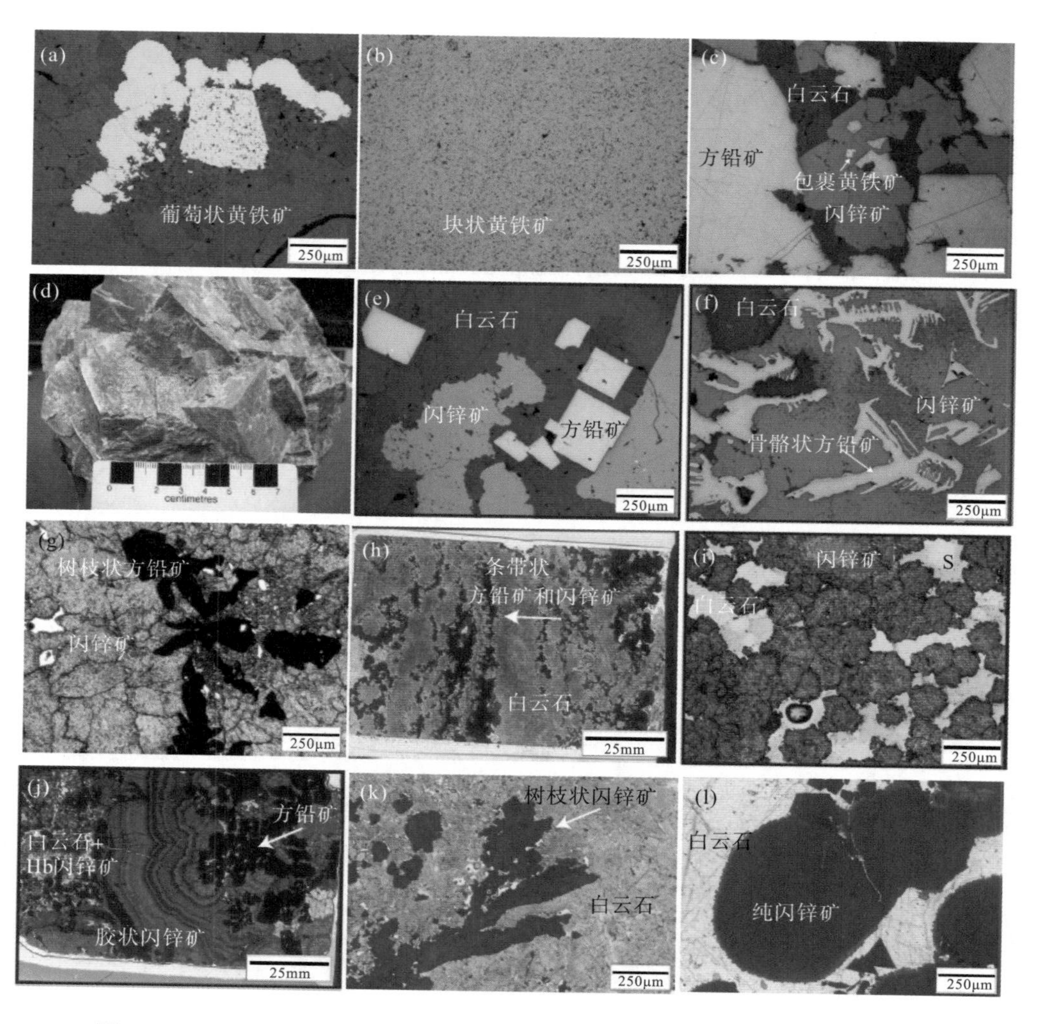

图5-22　派恩波因特矿区矿石手标本或矿物薄片的显微照片(Oviatt et al.，2015)

(a)白云岩寄主中的葡萄状黄铁矿(Py)，反射光；(b)大量黄铁矿，反射光；(c)闪锌矿(Sp)内含黄铁矿、方铅矿(Gn)和白云石(Dol)，反射光；(d)S65矿床中块状3cm立方黄铁矿；(e)白云岩中的立方方铅矿和闪锌矿，反射光；(f)胶状闪锌矿中的骨骼状方铅矿，反射光；(g)树枝状方铅矿，单偏光；(h)条带状方铅矿和闪锌矿，单偏光；(i)蜂蜜棕色(Hb)闪锌矿，原生硫(S)填充空隙，单偏光；(j)胶状闪锌矿+方铅矿，单偏光；(k)树枝状闪锌矿，单偏光；(l)白云岩中的闪锌矿，单偏光

1. 成矿流体特征

派恩波因特矿床中闪锌矿和白云石在形成过程中涉及至少两类不同盐度的流体，其盐度变化为 18.1%～34.5%。第一类流体是由氯化钠、氯化钙和氯化镁组成的低温溶液，其相态关系可依据 Oakes 等(1990)提出的氯化钠-氯化钙-水三元相图来解析。此类流体的氯化物总含量很高，其盐度可以高达 34.5%，其中钠和钙比例接近 1∶10，显示出氯化钙为主要成分；第二类流体出现在晚期方解石中，含有更多的钠成分，且盐度相对较低(图 5-23 中流体 D)。通过对流体包裹体化学成分数据的分析，我们可以进一步将第一类流体细分为 A、B、C 三种亚类(图 5-23)。这些研究不仅深化了我们对派恩波因特矿床中流体性质的理解，也揭示流体演化的复杂过程。

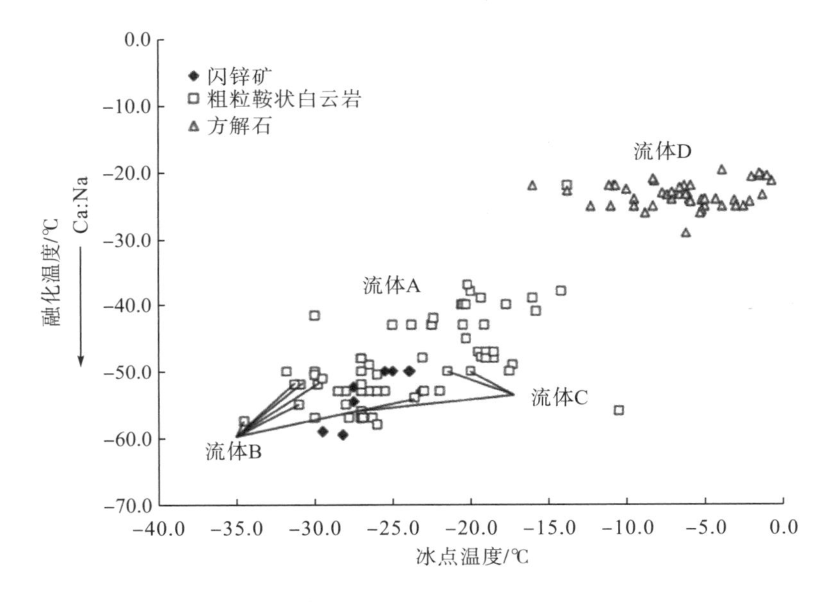

图 5-23　融化温度(Ca∶Na 比值)与冰点温度的对比图

晚期方解石中存在成分明显不同的流体。流体 B 的盐度最高且富含 Ca 和 Br；流体 C 的盐度较低，富含 Na；其余的微测温数据与以流体 A 为主的样品有关；方解石中记录了流体 D，与主要成矿阶段的硫化物和碳酸盐矿物相比，流体 D 的盐度最低，但 Na 含量高

2. 成矿流体来源

形成派恩波因特铅锌矿床以及未矿化粗颗粒和鞍状白云石胶结物的流体是高盐度、富钙的卤水，不同于今天在泥盆纪含水层中发现的 Na-Ca-Cl 地层水(Gleeson and Turner，2007)。鞍状和粗粒白云岩与明显的硫化物成矿作用无关，其卤素组成范围狭窄，这表明它们是由单一的富 Br 流体形成的，类似于卤水(Gleeson and Turner，2007)。铅同位素研究表明，成矿流体沿大奴湖剪切带从基岩中运移(Paradis et al.，2005；McClenaghan et al.，2018)。对成矿期白云石晶体的原位锶同位素分析发现，该地区 N81 矿床的同位素组成发生了变化。如图 5-24 所示，N81 处的粗粒亮晶白云岩和鞍状白云石含有锶，解释为至少

来自两种流体来源。一种流体起源于中泥盆世海水；第二种流体具有较高的 $^{87}Sr/^{86}Sr$，解释为基底改造流体，并沿断裂进入成矿系统，这种流体可能为矿床提供了部分铅(Gromek et al.，2012)。Gleeson 和 Turner(2007)通过对矿化样品的卤素分析发现，在成矿早期存在三种流体：一种成分类似于蒸发海水的主要富溴流体(流体 A)，一种为来源不明的极富溴流体(流体 B)，以及一种极少量贫溴流体(流体 C)。这些流体的混合可能促进了矿化，流体 A 和流体 B 的富钙和富钠性质与富 $CaCl_2$ 海水的表面蒸发一致。

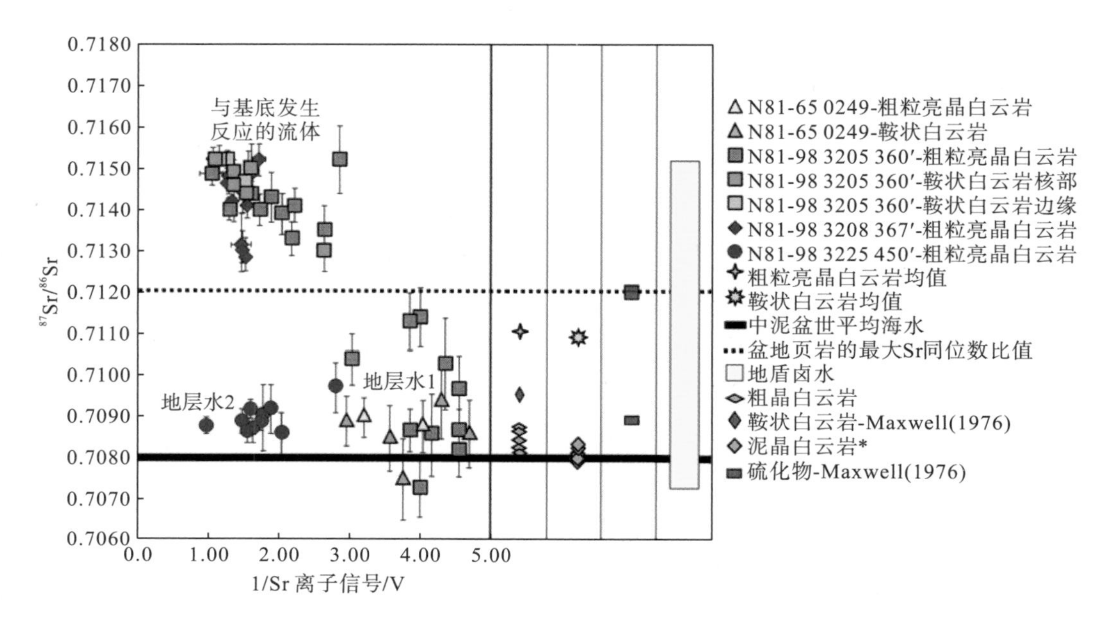

图 5-24　派恩波因特矿区粗粒亮晶白云岩和鞍状白云岩的 $^{87}Sr/^{86}Sr$ 与 1/Sr 离子信号的比值，并与其他 Sr 同位素研究数据进行比较(Gromek et al.，2012)

3. 成矿物质来源

在该矿区碳酸盐岩序列中很难找到铅和锌的来源，因此，一些研究者认为成矿物质部分来自深部的岩浆作用，这些流体沿着重新活化的前寒武断裂被输送到沉积地点(Gleeson and Turner，2007)。Krebs 和 Macqueen(1984)根据成矿流体的温度和矿体中贱金属的垂直分带，认为成矿流体来自较深地壳，麦克唐纳(McDonald)断裂带可能是流体运移通道。还有研究者认为泥盆纪页岩可能是金属和流体的来源(Smith et al.，1983)。Szmihelsky 等(2020)通过对闪锌矿赋存流体包裹体组合的详细分析，结合该矿床粗粒闪锌矿沉积的地球化学证据，认为当含铅和 SO_4^{2-} 的盆地卤水与液态油混合时在该地区沉淀闪锌矿。

4. 成矿模式

拉勒米(Laramide)构造运动导致该矿床以西的艾伯塔省前陆盆地隆起。由此产生的压力驱动成矿流体运移，使其穿过麦克唐纳基底断层进入派恩波因特地区。两期的岩溶作用控制了硫化物矿带的分布。早期岩溶作用发生在安特勒(Antler)造山早期浅层埋藏和堡礁出露的循环过程中。在晚安特勒造山带石炭纪的深埋藏之后，盐水沿着这些预先存在的溶解趋势流动，形成了粗晶白云岩。白云岩化交代了灰岩层，并向上延伸到上覆地层。中泥盆统的含金属热液卤水，一定程度上受先形成的块状白云岩溶解的控制（图 5-25；Broughton，2017）。以方解石和自然硫沉淀为代表的同生作用晚期是由富 Br 流体和大气降水混合驱动的（Gleeson and Turner，2007；图 5-25）

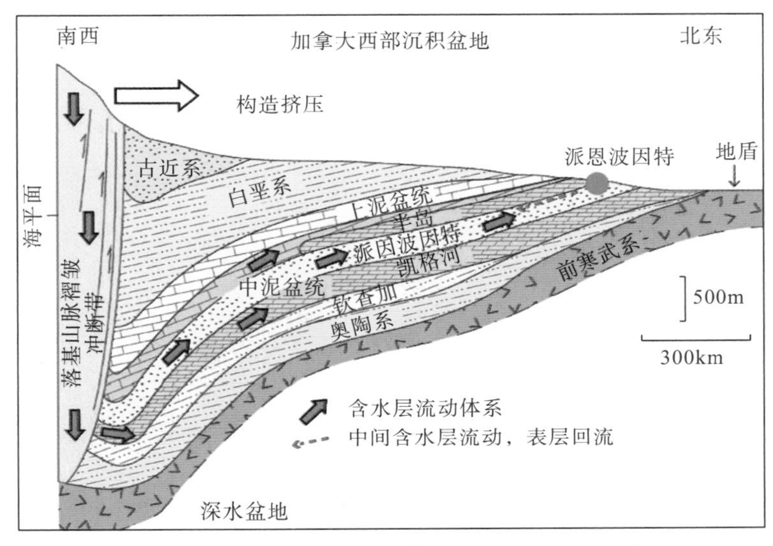

图 5-25　派恩波因特成矿模式（Broughton，2017）

拉勒米构造作用导致矿床西部艾伯塔前陆盆地的地形升高。由此产生的压力驱动深层流体穿过麦克唐纳基底断层进入派恩波因特区。

5.4.2.2　四川会理天宝山铅锌矿床

川滇黔铅锌成矿省位于扬子地块西南缘，是中国西南地区大面积低温成矿省的重要组成部分（Zhou et al.，2018）。区内已探明的 Pb+Zn 总储量达到约 2000 万吨（Tan et al.，2019），已被确定为中国铅、锌、银和锗等金属的重要产地（Ye et al.，2016）。多达 400 个以上铅锌矿床分布在约 170000 平方公里的三角区，由小江、垭都-紫云和弥勒-师宗三条断裂带所挟持（图 5-26），包括 1 个超大型铅锌矿床（会泽），7 个大型铅锌矿床（天宝山、大梁子、富乐、茂租、毛坪、赤普和乐红）和大量中小型铅锌矿床（Li et al.，2007）。

天宝山铅锌矿床位于川滇黔铅锌成矿省西部，是该地区赋存于震旦系地层最具代表性的铅锌矿床之一，其 Pb+Zn 储量超过 260 万吨。天宝山矿床中出露的岩浆岩主要是辉绿岩。在天宝山矿段，辉绿岩脉主要分布在 F_3 断裂东侧，在新山矿段也有一些出露。最大的南北走向辉绿岩脉长约 800m，宽约 40～50m，横切天宝山矿段的矿体。矿石构造以充填构造为主，交代构造次之。铅锌矿石主要为块状、浸染状、层状、脉状或角砾状（图 5-27）；矿物结构主要为粒状结构、交代结构、固溶分离结构、揉皱结构和碎裂结构。闪锌矿、方铅矿、黄铜矿和黄铁矿是主要的矿石矿物；脉石矿物主要包括白云石、方解石和石英（图 5-27）。

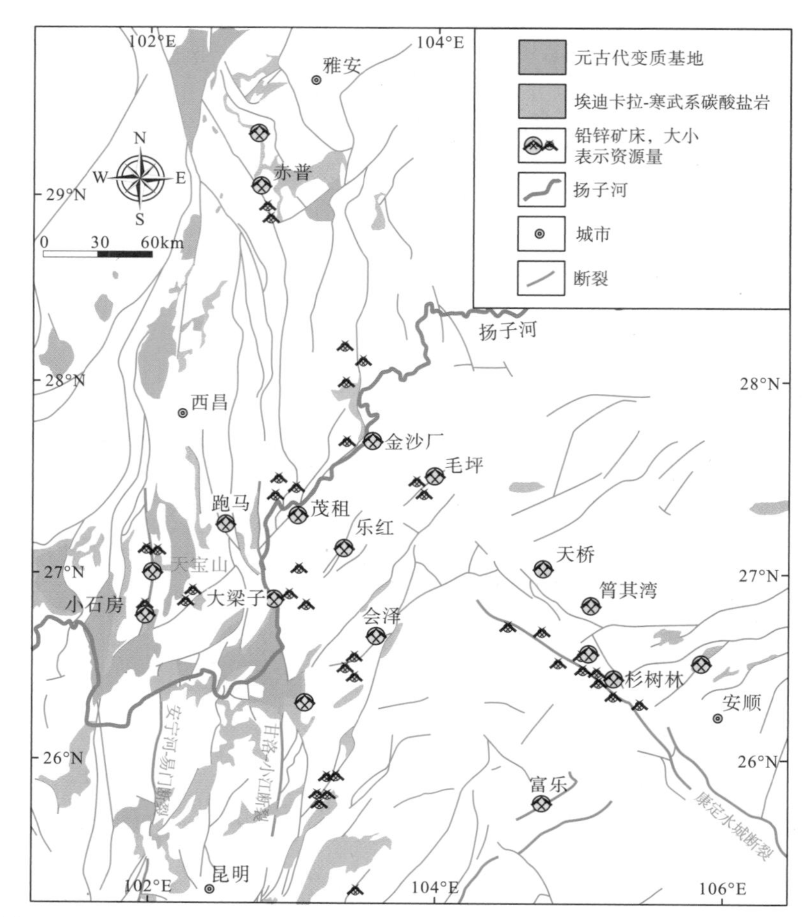

图 5-26 中国西南地区川滇黔铅锌成矿省地质简图(据 Zhong et al.，2017 修改)

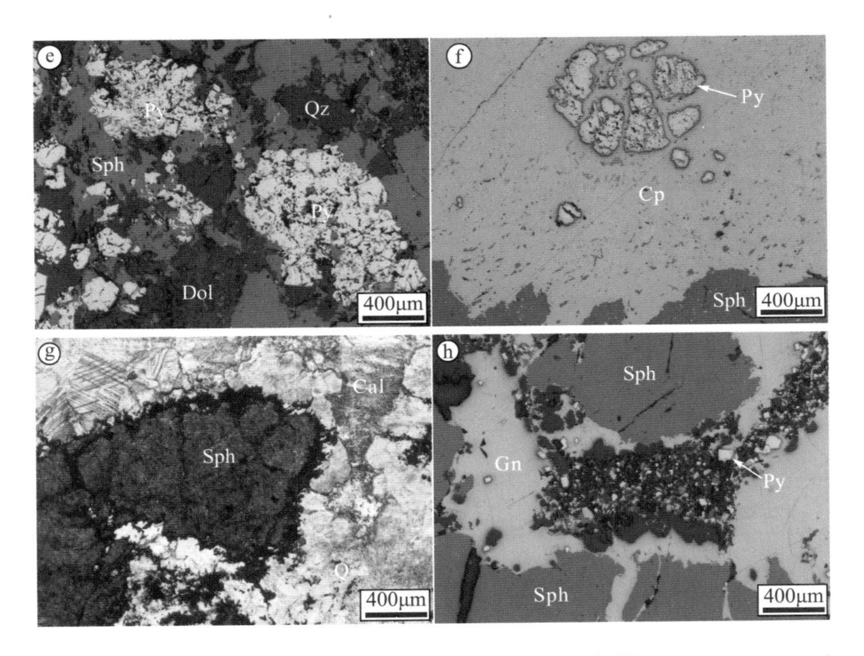

图 5-27　天宝山铅锌矿床代表性样品的照片和显微照片(据 Yang et al.，2023)

(a)天宝山角砾状铅锌矿石；(b)块状铅锌矿石；(c)浸染状黄铁矿与黄铜矿出现在角砾状铅锌矿石中；(d)含黄铁矿与黄铜矿块状铅锌矿石；(e)早期黄铁矿被晚期闪锌矿交代；(f)黄铁矿被黄铜矿交代成孤岛状，同时黄铜矿边缘又被闪锌矿交代；(g)粗粒闪锌矿被石英与方解石脉穿插；(h)闪锌矿被后期方铅矿脉穿插，方铅矿脉分布有自形细粒黄铁矿。矿物缩写：Cal-方解石，Qz-石英，Cp-黄铜矿，Dol-白云石，Gn-方铅矿，Py-黄铁矿，Sph-闪锌矿。

1. 成矿流体特征

天宝山铅锌矿床的流体包裹体中以气液两相包裹体为主，其均一温度和盐度与典型 MVT 卤水相似(图 5-28)。其成矿流体中的 K、Na、Cl、Br 比值显示出典型盆地卤水的特征，而从闪锌矿中单包裹体 LA-ICP-MS 分析获取的流体包裹体数据(Zhao et al.，2024)表明，天宝山铅锌矿床的成矿流体主要为中高盐度的流体，其主要成分为钠钙氯化物。此外，成矿流体中逐渐富集的 Ca、Mg 和 Sr 元素进一步揭示了水岩反应对锌沉淀的影响。基于闪锌矿中包裹体微量元素特征(图 5-29)，天宝山铅锌矿床的闪锌矿具有低 In、Mn、Se、Te，高 Cd、Ge 特征，与典型 MVT 矿床的元素特征高度一致。因此，综合流体包裹体显微测温及其微量元素组成特征，天宝山矿床成矿流体具有典型 MVT 铅锌矿床特征。

2. 成矿流体来源

关于天宝山铅锌矿床的成矿流体，目前多数学者认为其成矿流体以盆地卤水为主，不排除有岩浆热液(Wang et al.，2018)、大气降水(Yang et al.，2018)和有机流体的贡献(Zhou et al.，2013)。单个流体包裹体成分分析为成矿流体的来源提供了最有效的手段(Stoffell et al.，2008)。MVT 矿床的形成与盆地卤水密切相关，其特征是高 Ca-Na(Pelch et al.，2015)，

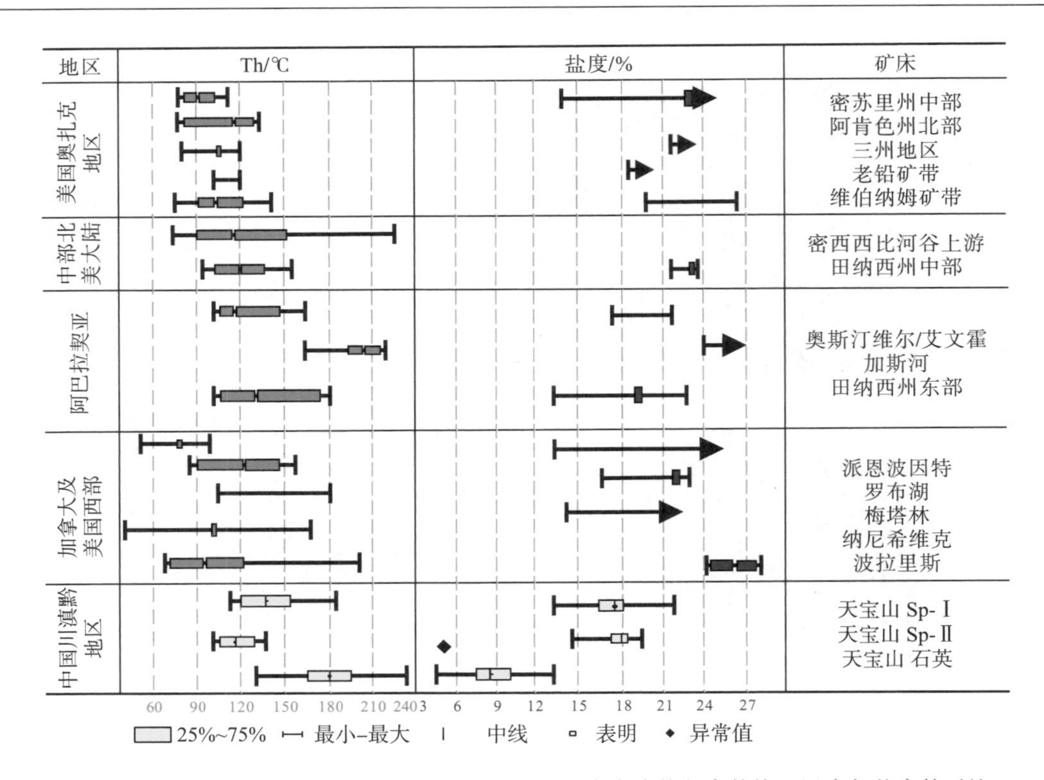

图 5-28 天宝山铅锌矿床与世界典型 MVT 铅锌矿床中流体包裹体均一温度与盐度的对比（据 Zhao et al.，2024）

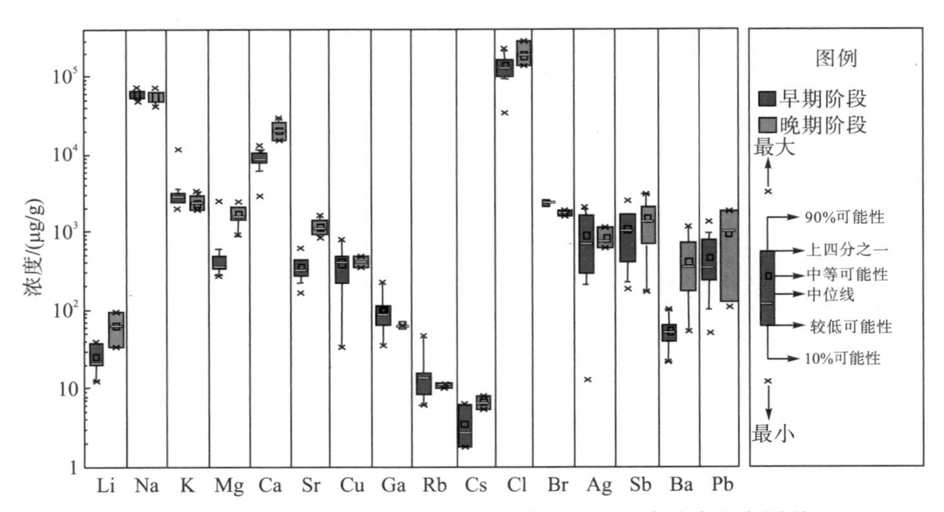

图 5-29 基于 LA-ICP-MS 分析测试闪锌矿中单个流体包裹体微量元素浓度分布图（据 Zhao et al.，2024）

与由 Na-K 主导的岩浆热液矿床明显不同（Li et al.，2022）。在天宝山矿床中，成矿流体中显著高含量的 Na 和 Ca 特征，表明成矿流体属于 Na-Ca 体系（图 5-30）。Cl 和 Br 对流体来源的确定至关重要，在流体演化过程中，卤素元素通常不进入造岩矿物中，这意味着卤素比在水岩相互作用过程中不会发生变化。因此，单个流体包裹体中主要阳离子（Na、K

和 Ca)、卤素元素(Cl 和 Br)和成矿元素(Pb 和 Zn)的分析能够有效确定矿床的成因类型并刻画成矿过程。Haynes 和 Kesler(1988)最早提出可使用 Ca/K 比值区分盆地卤水和岩浆热液，目前常联合 K/Na 和 Rb/Na 比值以区分这两种流体。如图 5-30 所示，天宝山矿床闪锌矿中的流体包裹体数据均落在盆地卤水范围内，这表明在天宝山矿床的任何矿化阶段中，岩浆热液并未参与成矿过程。通过检测信号峰显示富含 Br 的特征，获得了三个可靠的 Br 浓度数据，它们均分布在海水蒸发线上，表明流体来源于海水蒸发的残余卤水(图 5-30)。

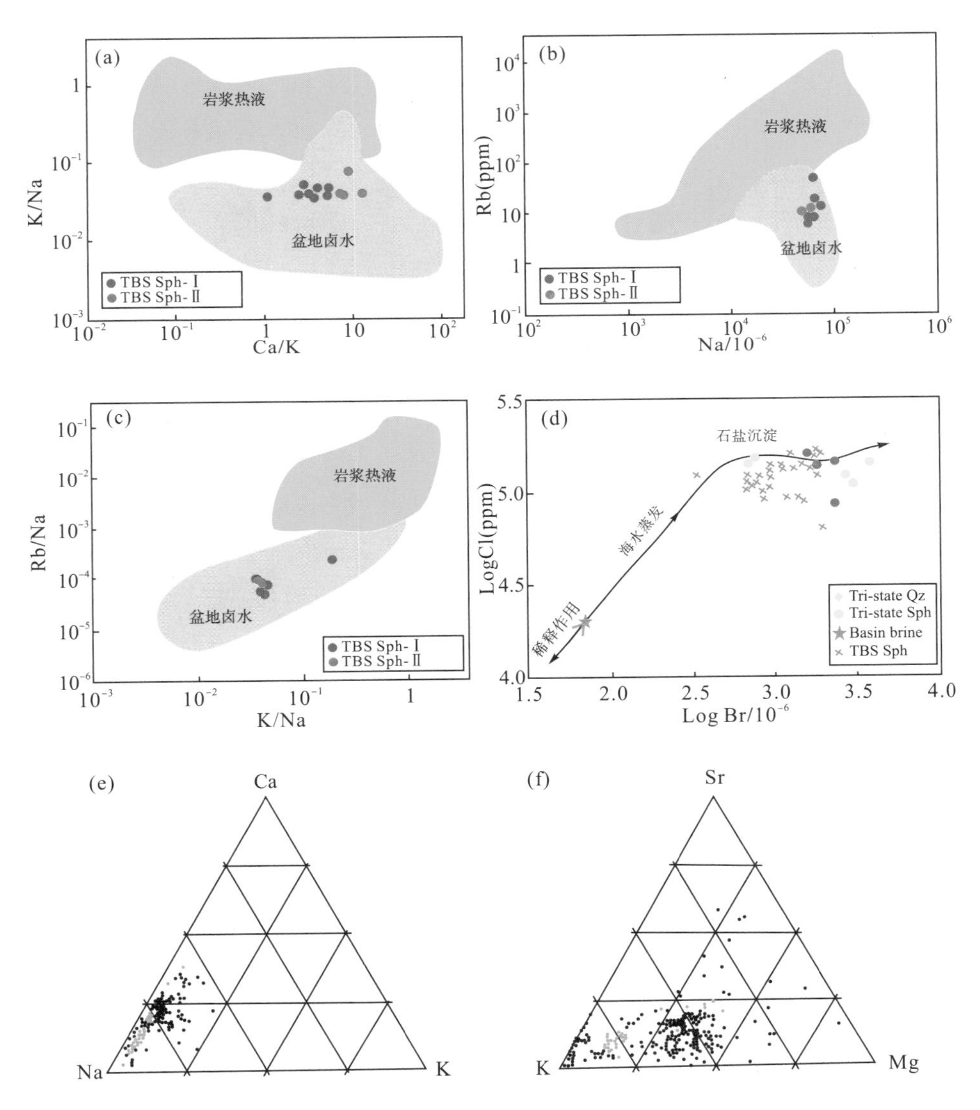

图 5-30　天宝山铅锌矿矿床成矿流体来源判别图

元素(a)、(b)和(c)为 Sph-Ⅰ和 Sph-Ⅱ中的流体包裹体的选定元素浓度和浓度比的图解；(d)为 LogBr 与 LogCl 关系图；(e)和(f)是 Na-Ca-K 和 K-Sr-Mg 三角图解。(e)(f)中的蓝点代表天宝山矿床中闪锌矿流体包裹体数据，而黑点代表典型 MVT 矿床的数据(据 Zhao et al.，2024)；TBS-天宝山；Tri-state-美国三州地区；Basin brine-盆地卤水

3. 矿床成因

天宝山铅锌矿床的闪锌矿具有低 In、Mn、Se、Te，高 Cd、Ge 特征，这使其与远端夕卡岩型矿床、VMS 矿床和 SEDEX 矿床有所区别。尽管这些元素有很大变化范围，但天宝山的闪锌矿组成与典型的 MVT 矿床相似。在 Mn-Fe、Mn-Co、Cd/Fe-Mn、In/Ge-Mn (图 5-31) 关系图中，天宝山的闪锌矿样品数据均位于 MVT 矿床范围内，与 SEDEX 矿床、VMS 矿床和远端夕卡岩型矿床有很大差异。

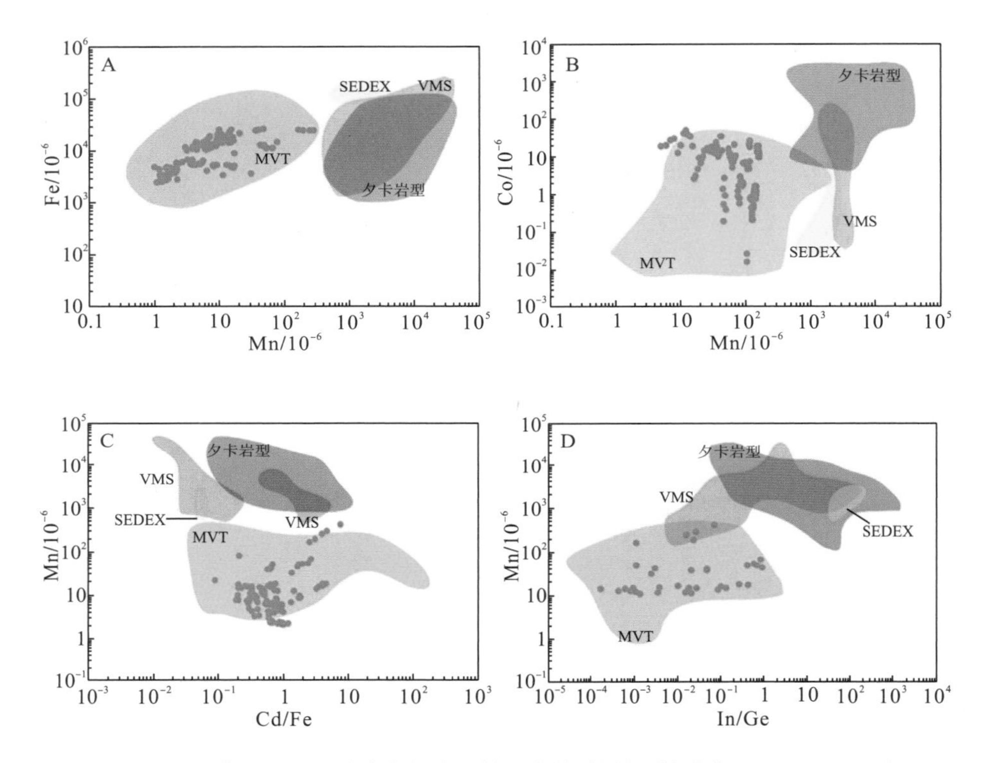

图 5-31 天宝山 Pb-Zn 矿床中闪锌矿的元素关系图解(修改自 Ye et al.，2011)

天宝山矿床的铅锌矿体主要以透镜状产于震旦系灯影组白云石中。单个流体包裹体的成分分析将成矿流体来源限定在盆地卤水中，且高含量 Na 和 Ca 排除了岩浆热液参与的可能性。另外，天宝山铅锌矿床在赋矿地层岩性、矿化类型、矿物组合、岩蚀变，以及矿流体等方面与美国中部地区的 MVT 矿床非常相似。矿体形态和矿石品位的差异可能反映了这两个地区成矿流体运移通道和沉淀机制的差异。天宝山铅锌矿床的成矿流体在构造和重力梯度的共同作用下经历了大规模迁移。在大规模流体迁移过程中，流体从地层中提取了铅和锌形成富金属流体，并与白云岩反应卸载铅锌元素。早期流体具有高温、低盐度和富含挥发分，随着温度逐渐降低，这些挥发分逐渐逸出。随后，与盆地卤水的混合作用导致了流体中铅锌元素沉淀。

5.4.3　汞矿床

我国汞矿资源丰富，现已探明有储量的矿区 103 处，分布于 12 个省(区、市)。丹寨汞矿是贵州省著名的汞矿，丹寨汞矿地质条件复杂，矿床的形成受原生沉积与后生热液改造的影响，且经历了多次成矿作用，才形成了如今富矿(图 5-32)。

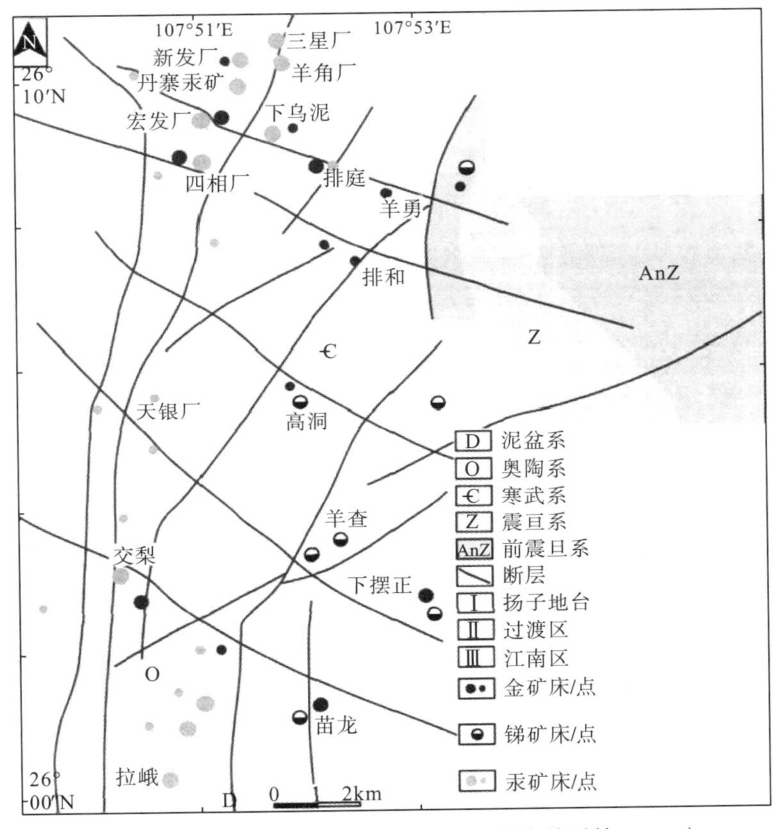

图 5-32　贵州三都—丹寨区域地质简图(李德鹏等，2019)

矿体形态主要有似层状、脉状和网脉状三种。似层状矿体沿层间破碎带断续分布，产状与层理大体一致，厚度一般为 0.5～2.0m；脉状矿体沿断层或断裂带断续产出，多呈透镜体、扁豆状、脉状、囊状，厚度一般为 1m 左右；网脉状矿体沿裂隙充填产出，由细脉群、网脉群组成，厚度一般为 0.2～0.5m。

矿石中主要金属矿物为辰砂，其次有自然汞、雄黄、辉锑矿、黄铁矿、毒砂，偶见闪锌矿、方铅矿、黄铜矿、白铁矿、雌黄、自然砷、自然金、银金矿。非金属矿物有方解石、白云石、石英、重晶石、炭沥青。矿石构造有层纹状、条带状、浸染状、脉状、细脉状、网脉状、角砾状、晶洞状等。矿石结构为自形、半自形及他形晶粒状结构(图 5-33)。

本区围岩蚀变简单，主要有硅化、白云石化、方解石化、重晶石化和黄铁矿化，为一套典型的低温蚀变组合。

图 5-33　丹寨汞矿床矿石、矿化及围岩蚀变特征(李德鹏等，2019)

(a)金矿层：褐铁矿化硅化灰岩；(b)金矿层：薄至中厚层灰岩，层理间有黄铁矿化；(c)金矿石：条带状灰岩中有含金黄铁矿；(d)金矿石：薄层泥质灰岩，层间有方解石脉；(e)中厚层灰岩中发育后期方解石脉；(f)破碎带中的含锑方解石脉；(g)汞矿石：方解石脉中有颗粒状辰砂；(h)汞矿石：辰砂在薄层灰岩中顺分布；(i)汞矿石：细粒状辰砂沿方解石脉或灰岩节理分布；(j)有机碳呈粉末状沿微破裂面分布；(k)灰黑色碳质-硅质页岩；(l)矿石中的沥青；Cin.辰砂；Cal.方解石

成矿期次划分为热液期和表生期。其中热液期大致可以分为三个阶段：第一阶段形成的矿物组合主要有石英、方解石、白云石、重晶石、黄铁矿、闪锌矿和方铅矿等；第二阶段是成矿的主要阶段，形成的矿物组合为石英、白云石、方解石、炭沥青、重晶石、黄铁矿、辉锑矿、辰砂和雄黄等；第三阶段形成的矿物主要是石英、方解石和白云石。

1. 成矿流体性质与来源

样品中包裹体形态为椭圆形、近方形、六边形、菱形及不规则状等，多呈星散状或成群成带分布，大小从 3μm 到 30μm 不等，一般为 5～15μm。在室温下根据成分相态特征，包裹体类型可划分为 H_2O 包裹体、烃类包裹体、烃-H_2O 包裹体和固体包裹体四大类(图 5-34)。

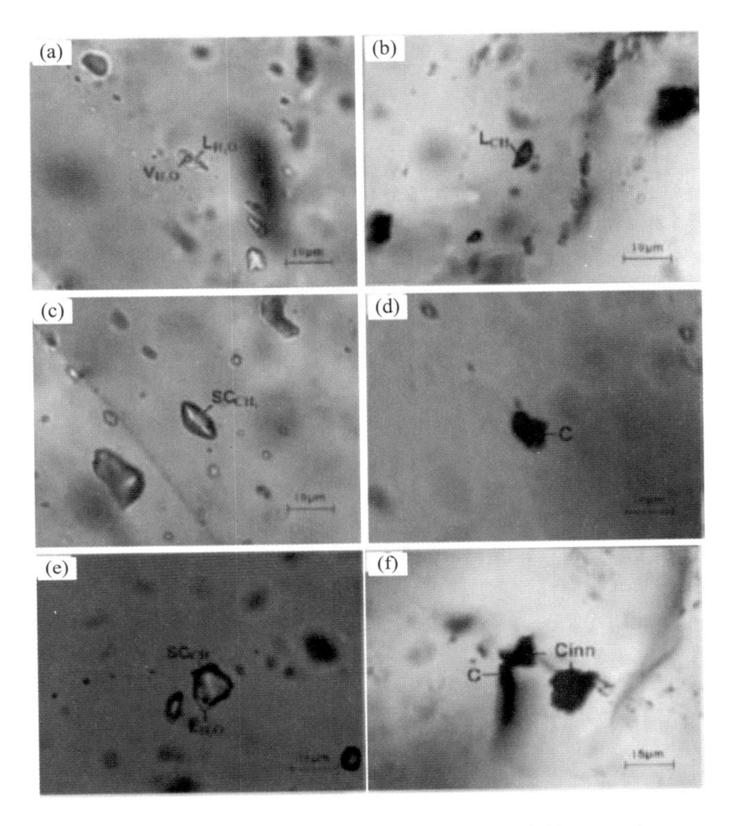

图 5-34　贵州丹寨汞矿包裹体类型(李葆华等，2013)

H_2O 包裹体在各成矿阶段均有产出，星散或成群分布，包括液相 H_2O 包裹体和气液 H_2O 包裹体两类[图 5-34(a)]。

烃类包裹体数量较多，在矿床各个成矿阶段都大量发育。根据其相态和成分的不同，又可细分为甲烷包裹体、液相烃包裹体和沥青包裹体三类。液相烃包裹体主要分布于第一成矿阶段，在透射单偏光镜下，液烃(石油)呈深褐色、黄褐色[图 5-34(b)]；甲烷包裹体和沥青包裹体主要存在于第二成矿阶段。第二成矿阶段形成的石英、方解石中甲烷包裹体数量很多，在偏光显微镜下多呈灰黑色，中部可观察到一条亮线[图 5-34(c)]，大小一般为 10～20μm，常呈星散状产出，并与沥青包裹体密切共生。甲烷包裹体与 H_2O 包裹体呈反消长关系，凡是甲烷包裹体大量出现之处，H_2O 包裹体就比较少见。沥青包裹体在偏光显微镜下呈黑色，不透明，形态多呈不规则状[图 5-34(d)]。

烃-H_2O 包裹体有两种，一是含重油包裹体，二是 CH_4-H_2O 包裹体。含重油包裹体主要见于第一成矿阶段方解石中，常是一个或几个油滴以不混溶形式存在于水体系的包裹体中。CH_4-H_2O 包裹体主要捕获于主成矿阶段，室温下有两相，超临界相 CH_4 的颜色为灰黑色[图 5-34(e)]，水溶液相无色透明。CH_4-H_2O 包裹体中的甲烷占总体积的 10%～95%，其中甲烷充填度较小的包裹体在加热过程中均一至水溶液相，甲烷充填度较大的包裹体在升温过程中，多数未达到均一即发生爆裂，个别可均一至 CH_4 相。

固体包裹体即辰砂包裹体，分布于第二成矿阶段石英中，呈棕红色，常与沥青共生或连生[图 5-34(f)]。

2. 成矿模式

在裂谷及被动大陆边缘阶段，随着岩层深度的增大，地层中残余海水、粒间水受压力作用而被释放，黏土和膏盐类矿物因地温增高而脱水，形成地层水，并沿深大断裂和构造薄弱层向下渗透，到达深部的基底地层，混入少量的变质水。在此过程中，受地热梯度的增温作用形成了热的盆地流体。受上覆地层的负荷作用，流体被封存于深部，在温度梯度和浓度梯度作用下发生对流循环，淋滤及溶解了各地层中的卤素、铅锌元素以及硫酸盐，形成了含矿热卤水。丹寨汞矿床中汞主要来源于地层，碳酸盐岩的溶解及沉积有机物的脱羟基作用在汞矿的形成过程中起重要作用(李德鹏等，2019)。

第6章　变质热液及其成矿作用

在地球上发生的变质作用中，因脱水作用而产生的流体叫作变质流体。地球上发生的变质作用及其有关流体有以下几种：①区域变质作用，主要是以 H_2O 为主的流体的渗透作用，温度为400～550℃，压力为350～800MPa；②接触变质作用，其水岩比很高，为40∶1，发生交代也是以 H_2O 为主的流体；③俯冲带的变质作用，也是富水的流体；④麻粒岩相的变质作用，以 H_2O-CO_2 或 CO_2 流体为主。每一种变质作用均与流体相伴随。

6.1　变质热液及成矿作用的提出

“变质”一词来自希腊语 meta morph，意思是形态的改变。在岩石学中，变质作用是指岩石的矿物学、质地和/或成分的变化，这种变化主要发生在与岩石最初形成时不同的固态条件下（介于成岩作用和大规模熔融作用之间的条件）（Winter，2020）。“变质流体”一词通常用来表示与地壳中的变质岩石处于同位素和/或化学平衡状态的流体，在更严格的意义上用于表示在变质脱挥发反应中释放的流体（Yardley，1997）。仅从化学角度来看，可以认为在某些情况下变质流体可能含有高浓度的金属，因此可能是潜在的成矿流体（Yardley and Cleverley，2015）。卤水，特别是与盐岩沉积物有关的卤水，随着温度的升高，更多的盐能够溶解，盐度可以继续上升，在变质条件下可能挟带大量的金属。除了贱金属外，许多其他金属，包括稀土元素，都可以被Cl络合（Banks et al.，1994）。盐度较低的富气流体有可能析出硅酸铝和碳酸盐矿物以及金，但与围岩交换普通金属的能力相对较小，这为仅含少量贱金属的金矿床的形成提供了机制。亲铜元素的浓度被调动Au所需的相对高水平的S所抑制（Yardley and Cleverley，2015）。虽然低盐度的成矿流体通常被认为是变质成因，但值得注意的是，低盐度的 H_2O-CO_2 流体也可以从岩浆演化而来，特别是与伟晶岩有关的Li和Be（Cameron et al.，1953）。尽管局部变质流体的化学成分有时有利，但它们无法形成矿床，因为无法在短时间内通过集中的通道大量流动。相反，它们的产生非常缓慢，变质作用期间近静岩流体压力的证据表明，变质岩的渗透率非常低。然而，在某些情况下，吸热反应必须受热源限制的总体限制将不适用，这些情况可能为快速变质作用提供机会，从而通过变质脱挥发反应形成矿石（Yardley and Cleverley，2015）。

6.2 变质热液的形成、性质与迁移

6.2.1 变质流体的产生和来源

变质流体是矿物在变质过程中脱水而成，流体从含水矿物中释放的速率主要取决于变质过程的热供应，在一定程度上也受反应类型和变形过程的影响。改变地壳厚度的构造过程(如逆冲或均匀增厚，以及侵蚀或构造隆起)，引起热扰动，当达到相关脱挥发反应的 *P-T* 条件时，流体从岩石中释放出来。

在变质过程中常发生以下脱水反应：

$Mg_6[Si_4O_{10}](OH)_8$(蛇纹石)+$4Mg(OH)_2$(水镁石)$=\!=\!=$$4Mg_2SiO_4$(镁橄榄石)+$12H_2O$(水)

$5Mg_6[Si_4O_{10}](OH)_8$(蛇纹石)+$2CaMg(SiO_3)_2$(透辉石)$=\!=\!=$$6Ca_2Mg_5[Si_4O_{11}]_2(OH)_2$(镁橄榄石+透闪石)+$9H_2O$(水)

$5Mg_6[Si_4O_{10}](OH)_8$(蛇纹石)$=\!=\!=$$6Mg_2SiO_4$(镁橄榄石)+$Mg_3[Si_4O_{10}](OH)_2$(滑石)+$9H_2O$(水)

$Mg(OH)_2$(水镁石)$=\!=\!=$ MgO(方镁石)+ H_2O(水)

$4Mg_2SiO_4$(镁橄榄石)+ $9Mg_3[Si_4O_{10}](OH)_2$(滑石)$=\!=\!=$$5(Mg,Fe)_7[Si_4O_{11}]_2(OH)_2$(直闪石)+$4H_2O$(水)

$(Mg,Fe)_7[Si_4O_{11}]_2(OH)_2$(直闪石)+ Mg_2SiO_4(镁橄榄石)$=\!=\!=$$9Mg_2[Si_2O_6]$(顽火辉石)+$H_2O$(水)

$7Mg_3[Si_4O_{10}](OH)_2$(滑石)$=\!=\!=$$3(Mg,Fe)_7[Si_4O_{11}]_2(OH)_2$(直闪石)+$4SiO_2$(石英)+$2H_2O$(水)

$(Mg,Fe)_7[Si_4O_{11}]_2(OH)_2$(直闪石)$=\!=\!=$$7Mg_2[Si_2O_6]$(顽火辉石)+$SiO_2$(石英)+$H_2O$(水)

$Ca_2Mg_5[Si_4O_{11}]_2(OH)_2$(透闪石)+$Mg_2SiO_4$(镁橄榄石)$=\!=\!=$$5Mg_2[Si_2O_6]$(顽火辉石)+$2CaMg(SiO_3)_2$(透辉石)+ H_2O(水)

$Ca_2Mg_5[Si_4O_{11}]_2(OH)_2$(透闪石)$=\!=\!=$$2CaMg(SiO_3)_2$(透辉石)+$3Mg_2[Si_2O_6]$(顽火辉石)+ SiO_2(石英)+ H_2O(水)

$2K\{Al_2[AlSi_3O_{10}](OH,F)_2\}$(白云母)+$3SiO_2$(石英)$=\!=\!=$$K[A1Si_3O_8]$(钾长石)+$4Al_2SiO_5$(夕线石)+$2H_2O$(水)

$Al_4[Si_4O_{10}][OH]_8$(高岭石)$=\!=\!=$$2Al_2[SiO_4]O$(红柱石)+$2SiO_2$(石英)+$4H_2O$(水)

变质流体的主要来源是变质沉积物和蚀变岩浆岩中矿物和流体包裹体中的挥发组分。一般来说，变质岩从相对多孔的沉积物演化为结晶岩，几乎没有孔隙。一旦重结晶为低孔隙度的变质岩，它们只有在断裂或由于特定的变质反应而产生次生孔隙度时才能容纳大量(百分比)的流体。这种反应在某些岩石类型中是已知的，但它们并不普遍，而且增强的孔隙度是非常短暂的。易挥发性矿物分解并被具有较低挥发性含量的矿物组合所取代，这些反应是强吸热的，在渐进加热过程中，流体被释放出来，流体压力升高，直到岩石获得足够的渗透性，使流体逸出。通常，这被假定为接近岩石压力的值，在变质过程中，这种情

况在脉石和相平衡计算中都有广泛的证据。相反，在冷却时逆向反应逆转了脱水作用，并迅速消耗了剩余的孔隙流体，使岩石基本上变干。此外，变质岩不是变质流体来源，它有可能成为流体的汇，而不是源，在冷却的逆行反应中吸收水或其他流体物质。

在低温递进变质作用中，通常直到石榴子石带，岩石仍然是相对细粒的，因此有可能挟带相对大量的流体。随着岩石变得更粗，孔隙流体的数量可能会减少，但也会受到反应速率的影响，流体产生速度越快，可能持续存在的孔隙度就越大。在盐存在的地方，即使是少量的盐，水和非极性(CO_2-CH_4)流体也不能混溶，相对渗透率效应可能会抑制流体漏失(Yardley and Graham，2002)。在较高的变质等级，水仍然被生产出来，但通常盐度变得更低，两相行为的可能性较小。然而，由于温度的影响，金属浓度可能会增加(Yardley and Cleverley，2015)。

6.2.2　变质流体的成分

变质流体一般被认为是 H_2O 和 CO_2 的混合物。学者们利用流体包裹体检测了变质流体的成分(Yardley and Graham，2002)，并利用实验研究了变质条件下矿物和流体之间的阳离子交换(Shmulovich and Graham，2008)。在大多数变质条件下，无论盐度如何，铝硅酸盐在纯水中的溶解度均不大。实验研究表明，硅酸盐饱和水中的 Si 含量受温度、压力控制(Newton and Manning，2000)，因此在炎热的下地壳条件下，Si 含量可以上升到 1%以上(Shmulovich et al.，2006)。虽然 Al 在水中的溶解度很低，但 Al 能够与 Si 和 Na 形成水合物，因此，在与铝硅酸盐组合物平衡的盐水中的浓度可能要高得多(Newton and Manning，2008)。相比之下，Si 的溶解度不会因 Na 盐的存在而受到很大影响，尽管在有 CO_2 的情况下 Si 的溶解度会明显降低(Shmulovich and Mercury，2006)。

虽然变质流体中铝硅酸盐含量最多只有千分之几，但金属浓度可能要高得多，因为它们可形成可溶性盐。除低浓度的天然流体外，变质流体中阴离子以氯离子为主，金属离子则主要形成可溶性氯化物。变质流体中的金属浓度主要由母岩中矿物的相互作用决定，它们本身受控于温度和流体的含氯量(Yardley，2005)。Na、K 和 Ca 在变质流体中也很重要，在高盐度流体中 Ca 的浓度更高(Houston and Dean，2011)，贱金属浓度随着温度的升高而增加，Fe 在热含盐流体中达到百分位水平。在一些卤水中，硫酸盐含量也很丰富，这对流体的氧化状态有影响，在温度升高和大多数岩石被强烈还原的环境中，保留了氧化母岩的能力(Yardley and Cleverley，2015)。

岩石的变质脱水会产生含盐量适中的低盐度变质流体。然而，流体包裹体的证据表明，变质流体盐度通常是很高的。大陆边缘层序的变质沉积物通常保存了盐度大于海水的流体，而在含蒸发岩层序中，孔隙流体在角闪岩相的温度下仍可能是盐饱和的。相比之下，来自海洋或增生的沉积物没有表现出如此极端的盐度，尽管盐浓度高于海水的情况并不罕见。俯冲带流体除溶解于其中的各种来自俯冲板片的元素(离子)外俯冲下去的壳源物质所挟带的流体及挥发分主要由 HO、CO、S、N、Cl、F 等组成，而 HO 和 CO 仍然是俯冲带流体最主要的组分(肖益林等，2018)。地壳卤水(从浅层地盾卤水到岩浆卤水)的贱金属浓度由矿物流体在反应温度下的相互作用所决定，随温度和盐度有系统的变化。矿物组合的差异肯定会对结果产生一些影响，尤其是对像 Fe 这样的金属，它的溶解度也依赖于氧化还原条件，但这种影响是次要的(Yardley，2005)。

气体在富 Cl 流体中比在纯水中更不易溶解，在低盐度流体中，碳酸氢盐和硫化物等配体(它们的浓度分别与 CO_2 和 H_2S 的溶解度有关)的绝对含量和相对含量都可能更丰富。从理论、实验和流体包裹体观察来看，除了在极端高压条件下，通常缺乏富含 CO_2 和盐的流体(Liebscher et al.，2007)。对于硫化物，流体包裹体的分析数据很少，但富 Cl 卤水中高浓度的 Fe 和其他亲铜元素与不溶性硫化物表明硫化物流体浓度较低(Yardley，2005)。

变质流体的成分不仅取决于变质作用环境，而且受变质作用开始时沉积序列中存在流体的性质和数量控制。只有在已经重结晶且孔隙率极低的先存变质岩受到后期构造事件影响的地方，才有可能产生缺乏继承溶质的“纯”变质流体。在变质作用早期，原始沉积物中的地层水残留在孔隙中，随孔隙度降低，它们逐渐被替代，同时它们也会与矿物所释放的流体发生不同程度的相互作用。盆地卤水的盐度变化很大，可以是具有高 Br/Cl 和各种阳离子浓度比 Na^+ 更高的残余卤水，也可以是 Cl^- 含量相似但以 NaCl 为主的再溶解卤水(Yardley and Cleverley，2015)。多孔沉积物中的浓卤水可能含有足够高的溶解负荷，由于存在的反应性矿物物质不足(质量有限的流体)，因此矿物-流体相互作用有时无法改变流体成分(Houston and Dean，2011)。如果含有这种浓卤水的沉积物开始发生变质作用，那么这些卤水很可能会迁移，并逐渐与新的母岩平衡，在此过程中可能发生钠长石化或其他变质作用。重熔蒸发岩卤水中的 Br 和 Ca 含量都很低，但来自哥伦比亚祖母绿矿床的低级变质卤水比类似的沉积卤水富含 Ca，虽然明显来自盐岩溶解(非常高的 Cl/Br)(Banks et al.，2000)。这表明变质作用过程中矿物流体相互作用增强，使 Ca 含量更接近岩石缓冲值。哥伦比亚祖母绿矿床卤水中的贱金属浓度也显著高于沉积卤水中的贱金属浓度，似乎有理由认为，如果在低级变质作用期间，即使是像这样非常浓缩的卤水也能够与其母岩保持平衡，那么变质流体的成分除了稳定成分，如从一开始就集中在流体相中的 Cl 和 Br，一般可能具有母岩的成分(Yardley，2009)。变质流体没有明确的起源，就像成岩作用和变质作用没有明显界限一样，变质流体通过与母岩的相互作用而不断演化(Yardley and Cleverley，2015)。

6.2.3 变质流体的地质作用

虽然很多变质反应不直接涉及流体，但并不是说这些变质反应过程中没有流体存在。变质流体的存在可以使得反应能够以较快的速率进行，同时在相当大的尺度达到化学相平衡，如蓝晶石多型转变为夕线石的反应机制为，蓝晶石溶解于一个高盐度的流体中，夕线石从流体中沉淀并在与原蓝晶石无关的构造位置成核(程素华和游振东，2016)。变质流体的组成还控制着变质反应启动的温压条件，如无水条件下脱碳反应(碳酸岩与石英之间的反应)的温度比含水条件下高出 100℃(图 6-1)。此外变质流体对于元素的迁移(Berkesi et al.，2012)、晶体生长动力学及岩石流变性质等都有较大的影响(Touret and Huizenga，2011)。很多热液矿床的形成与变质流体密切相关。首先，变质流体很多情况下会相对富含金属元素，并可以为金属的分离提供条件；其次，作为变质反应的重要类型脱碳反应将导致流体的集中运移和矽卡岩的形成；最后，地体的快速抬升会引发脱水反应，尽管抬升会导致温度降低，但流体产生的速率不受热流的影响。这些因素为成矿作用提供了极为有利的条件。

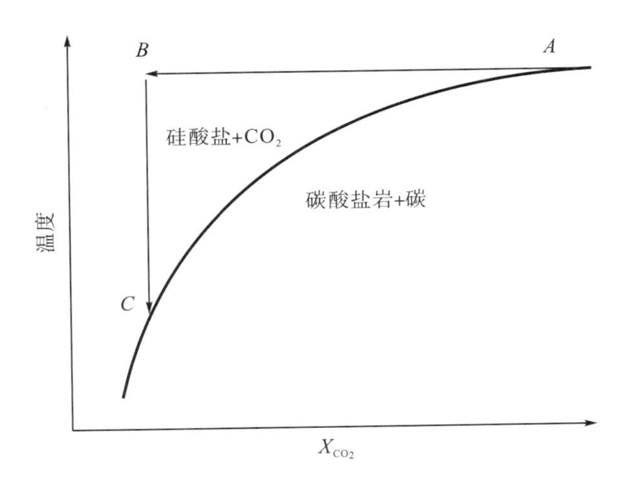

图 6-1　温度-X_{CO_2}图解（Yardley and Cleverley，2015）

注：无水条件下含石英大理岩会被加热至 *A* 点。若部分流体存在于含石英大理岩的夹层中，随着岩石孔隙（可渗透性）的增大，流体的加入势必会使得 CO 的比例降低，使得流体的成分变为 *B* 点，此时的条件远远高于平衡时初始条件（*C* 点），因此随着流体的不断渗透反应速率将比直接升温来得更快，体系的温度逐渐拉回到 *C* 点。变质反应 *A* 点与 *C* 点的温差大于 100℃

在矿床学中，变质矿床是一种重要的矿床类型，变质流体被认为是形成这些矿床的重要来源，尤其是金矿床。很多脉型金矿床都赋存于或邻近于麻粒岩地体，例如：我国胶东成矿带、澳大利亚西部的伊尔加恩（Yilgarn）金矿床等（Fu and Touret，2014）。在这种麻粒岩相变质背景下形成的金矿床和变质流体之间存在密切联系，麻粒岩中低水活度流体（CO 和高盐度卤水）可促进成矿前金的进一步富集（Fu and Touret，2014）。值得注意的是，这些变质作用发生的区域往往还会存在不同时代的岩浆活动，所以一些赋存于变质岩中的矿体可能是变质作用和岩浆作用叠加的结果。

6.2.4　变质流体的迁移

变质流体的流动性质目前主要存在两种观点，一种认为变质岩是完全可塑的，即无黏性的，任何由脱挥发产生的流体都会以产生的速度从岩石中排出（Walther and Orville，1982；Yardley 2009）。该观点认为，渗透率是一种动态性质，流体是向上流动的。相比之下，另一观点认为岩石是刚性的，或者至多是脆性的，因此，地壳渗透率决定了变质流体的流动（Walder and Nur，1984）。有实验研究表明变质流体存在显著的横向流体流动，这与在刚性介质中的流动相一致（Ferry and Gerdes，1998）。而颗粒级的流体-岩石相互作用表明，反应产生的颗粒级渗透性被压实作用迅速密封，证明变质岩具有无黏性的特征（Ague and Baxter，2007）。上述证据表明变质岩既不是无黏性的也不是刚性的，而是具有有限的强度。在排水条件差的条件下，发生变质脱挥发作用，产生流体和颗粒级孔隙，流体排出受到反应岩石抗压实能力或变形改变上覆岩石渗透性的速率的限制。在前一种情况下，压实作用的时间必须大于变质作用的时间，流动模式由岩石渗透性决定。在压实作用相对变质作用更快的情况下，流体是由流体充填孔隙度波动驱动并完成的压实过程(James，2010)。

变质岩中的流体沿着从微裂缝到脉状的大小不等的裂缝迁移，流体包裹体(所谓的次生包裹体)的平面标志着这些迁移通道的愈合痕迹(Yardley，1983)。在变质反应产生挥发物和岩石抗拉强度较低的条件下，这些裂缝在流体和宿主岩石密度差的驱动下向上传播(Walther and Orville，1982)。这些包裹体中的流体很可能是由直接周围岩石的脱挥发反应产生的，并且在包裹体形成时与宿主岩石矿物组合处于平衡状态。这些包裹体保存了与矿物生长过程中形成的原生包裹体相同的信息。这些流体运动机制还允许流体通过变质岩渗透，在距离流体源一定距离处或明显晚于宿主岩石变质矿物组合时被捕获(Yardley，1983)。后一种情况最可能出现在横切矿脉矿物的流体包裹体中，但不能排除受到外部流体普遍涌入岩石的可能性(Crawford and Hollister，1986)。

6.3 变质热液的成矿作用

6.3.1 成矿元素的来源及其在变质热液中的迁移形式

变质作用是原岩矿物组合和结构发生重新调整的过程，该过程中由于流体的参与及运移，矿物中的元素(包括主量元素和部分微量元素)产生响应，具体有元素的活化迁移(即元素的活动性)、元素的再分配和元素分异等一系列元素地球化学效应。因此，从元素地球化学行为的角度可以深入揭示变质流体作用的性质和过程。

6.3.1.1 元素的活动性

当变质作用有流体相的参与时，由原岩矿物分解出来的微量元素将会与流体相中的络阴离子形成配合物，随着流体的运移、沉淀，该部分微量元素可能被迁移出变质岩体系，表现出它们的活动性(唐红峰和刘丛强，2001)。接触变质作用过程中，元素 Na、K 具有明显的活动性，它是流体形成并发生迁移的结果(Ferry，1983)。区域变质作用过程中，随着变质程度的增强，岩石的质量连续减少，该质量损失主要是元素 Si 的丢失，此外也包括其他组分特别是 Ca、Na、K 等在深部地壳变质过程中具强活动性的元素(Ague，1991)。玄武岩在经历了埋藏变质作用后，岩石中的稀土(尤其是轻稀土)元素有明显活动性(Hellman et al.，1979)。对于俯冲带变质流体作用的元素而言，B、N、Cs、As、Sb 等在流体中活泼的元素有明显的活动性，伴随流体的迁移，较高级变质岩石相对于较低级变质岩石有高达约 80%的亏损(Becker et al.，2000)。模拟实验研究同样表明，俯冲带变质流体作用下元素 Pb、Nd、Rb 分别较之 U-Th、Sm、Sr 更易于被流体迁移(Kogiso et al.，1997)。

6.3.1.2　元素的再分配

变质作用过程中由于原岩矿物的分解、重结晶，形成了新矿物，因此组成矿物的元素也随矿物的上述变化有一个再分配过程。高压变质作用过程中稀土元素可发生重新分配，使其中的一部分稀土元素未能进入新的矿物而滞留在矿物颗粒的空隙中(Shatsky et al.，1995，1998)。下地壳经历了高级变质或超变质作用的岩石，在变质过程中，尤其是有熔体形成后，微量元素的分布状况会随着变质反应的进行发生重新调整(Bea and Montero，1999)。当变质作用有流体相的参与时，由原岩矿物分解出来的微量元素将会与流体相中的络阴离子形成配合物，随着流体的运移沉淀，该部分微量元素不仅进行了再分配，而且可能被迁移出变质岩体系，表现出它们的活动性(Tribuzio et al.，1995)。

6.3.1.3　元素分异

元素分异是变质过程中又一个需要重点研究的问题，尤其在流体参与下的变质作用中更应如此。变质过程中的元素分异主要包括不同变质相带岩石间的元素分异和相关元素对之间的分异。随着变质程度的增加，微量元素 B、Cs、N(主要赋存于云母中)和 As、Sb(可能主要在氧化物和硫化物中)显示系统的亏损，从而导致了它们与其他元素间的分异。同时，这些元素在脱挥发分反应过程中的敏感性不同，变质过程中损失的量有差异，从而导致了它们之间的分异(Marroni et al.，1998)。俯冲变质脱水过程中往往伴随有元素的迁移和分异，变质流体的性质(富水流体、含水熔体和超临界流体等)和残留矿物(如锆石、帘石、含 Ti 矿物和石榴子石等)是控制元素分异的主要因素(张贵宾等，2021)。卤族元素(如 F、Cl、Br 和 I)在变质脱水过程中对其他元素的迁移-分异能力也存在重要影响，如 Cl 的加入会显著增加 LREE 和 HREE 之间的分异，而 F 的加入只是稍微加大轻、重稀土的分异，同时随着 Na_2CO_3 的加入，会明显地提高稀土元素在熔/流体中的溶解度(Guo et al.，2019)。

6.3.2　成矿元素在变质热液中富集沉淀机理

6.3.2.1　金在变质流体中的富集

绿片岩相和角闪岩相岩石的全岩分析和矿物学模拟表明，在绿片岩相和角闪岩相的交界处会发生大量的挥发分损失(Phillips and Powell，1993)。含金流体由地壳岩石自绿片岩相向角闪岩相的进变质脱水产生，该过程中黄铁矿向磁黄铁矿转变释放了大量的 Au(Phillips and Powell，2009)。金矿床中的流体普遍具有高地热梯度、低盐度、中等浓度的 CO_2、富 ^{18}O、近中性的 pH、具弱还原性，并以硫化物复合物为主的特征(Phillips and Powell，1993)。

6.3.2.2　变质热液与金的迁移与富集规律

金可以作为胶体颗粒在流体中运移并以絮凝的方式沉淀在纳米级方解石细脉中，从而形成超高品位金矿脉（McLeish et al.，2021）。石英-碳酸盐矿脉中的游离金沉积，水力压裂过程中伴随着的巨大压力波动导致相分离，是破坏金水硫络合物稳定最可能的机制。在这一过程中存在一些相互对立的物理化学变化，其中一些变化增加了金的溶解度，而另一些变化则降低了金的溶解度（Mikucki，1998）。低盐度、低硫流体挟带贱金属的能力有限，但运输金的潜力很大。这是因为 Au^+ 在更深地壳环境中的稳定性和其本身柔软的性质，促使像 $Au(HS)_2^-$ 这样络合物形成并非常稳定。相反，在还原变质环境下，Au 与 Cl^- 络合的稳定性要差得多（Phillips and Powell，1993）。金在绿片岩相带中含量较高，尤以绿片岩相带下部最高，但随着变质程度的加深，金含量逐步降低。这说明在变质程度高的部位 Au 会随变质热液带出，在绿片岩相带中（T=200～400℃，P=1～3kpa）重新沉积下来了（Beryake et al.，2001）。事实上，变质热液金矿床大部分都产于绿片岩相变质岩石中，且受断裂构造控制明显。相对于硫化物而言，金的丰度较高，这是因为矿成矿流体富含气体，但通常盐度相对较低，因此它们输送金的能力因相对较高的硫化氢水平而增强，而它们输送贱金属的能力则因低浓度的氯化物而受到限制，金矿成矿主要是由 CO_2-H_2O-NaCl-H_2S 流体的相关系决定（Yardley and Cleverley，2015）。

6.4 典型矿床

造山型金矿（orogenic gold deposit）指与大洋板块俯冲和陆块拼贴有关、产在汇聚板块边界变质地体内部或者边缘受韧-脆性断裂构造控制的，成矿流体以低盐度 H_2O-CO_2-CH_4 为主要特征的，成矿深度（2～20km）和温度（200～650℃）及其相应的蚀变矿化组合有较大变化的系列金矿床（王庆飞等，2019）。其形成在汇聚板块边缘挤压或压扭的构造环境中，形成时间和空间与造山作用过程存在成因上的联系，是全球重要的金矿类型，也是当前矿床学和大地构造学的研究热点。

我国造山型金矿分布于江南造山带志留纪、天山-阿尔泰二叠纪、华北克拉通北缘三叠—侏罗纪、特提斯造山带二叠—侏罗纪、华南板块晚三叠世—侏罗纪、华北克拉通东南缘白垩纪、青藏高原及周缘古近纪等七大成矿带，主要受到了显生宙不同时代造山作用的控制，成矿时代晚于变质峰期，重要成矿带大型矿集区（胶东、哀牢山、扬子西缘）的实例解剖均支持幔源流体成因模式（王庆飞等，2019）。

6.4.1 本迪戈金矿

澳大利亚有“坐在矿车上的国家”之称，其矿产资源是国家财富极其重要的组成部分。本迪戈矿集区位于东澳大利亚含金区的南部拉克兰造山带西缘（维多利亚州），距墨尔本北西 120km，累计采金超过 697t，为澳大利亚第二大金矿，也是世界上 12 个主要金矿省之一。

本迪戈(Bendigo)金矿产于巴拉腊特地区早奥陶世浊积岩中，岩石组成主要是砂岩、硅质岩、板岩、含笔石的板岩等，这些岩石发生区域变质且都已达到绿片岩相，普遍遭受强烈变形，出现大量的流劈理，发育一系列 NNW-SSE 向的直立紧闭褶皱，主要的断裂构造走向也是 NNW-SSE 向(图 6-2；张定源等，2014)。

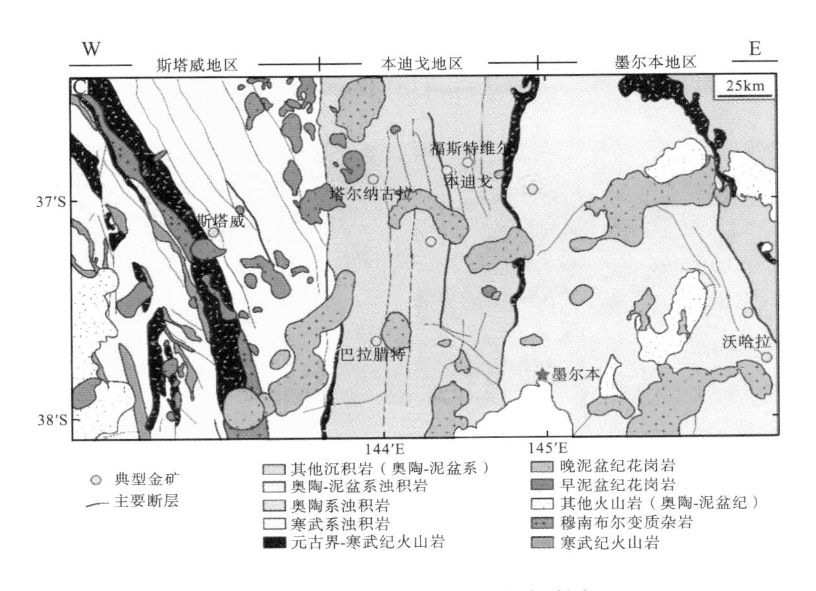

图 6-2 维多利亚中部简化地质图

注：填充的圆圈表示主要的金矿(Voisey et al.，2020)

金矿床的容矿岩石主要是奥陶系卡斯尔梅恩(Castlemaine)群的浊积岩单元(Wilson et al.，2013)。石英是本迪戈大多数矿脉中的主要矿物，具有各种粒度和变形状态。层理和解理平行的层状脉是最古老的脉体，记录了大量微观结构。由石墨隔开的石英带或具有 S-C 组构和溶蚀接缝的重结晶带是早期形成的矿脉特征。褶皱脉可能保存有波状和重结晶石英(0.01～0.1mm)，这种构造环境中不存在磁黄铁矿(Wilson et al.，2013)。金矿平均品位较高(9.6～27.0g/t)(Phillips and Healey，1996)。在大多平行脉中，石英被认为与磁黄铁矿-黄铁矿同时沉淀。在所有其他矿脉类型中，石英似乎比大多数硫化物和碳酸盐矿物更早沉淀，其微观结构从块状到纤维状，暗示着成矿环境为开放体系(Wilson et al.，2013)。

石英脉中含有少量的铁白云石、绢云母、方解石、钠长石和不到 2%的硫化物，硫化物为毒砂、黄铁矿、磁黄铁矿、黄铜矿、闪锌矿和方铅矿，局部可能有辉锑矿。金的品位通常在 30g/t 以上，以金块和(或)自然金粒的形式存在于鞍状石英脉和马刺形矿脉中，经常伴生黄铁矿、毒砂、方铅矿、闪锌矿及少量的黄铜矿和磁黄铁矿(图 6-3)。含金矿脉两侧围岩的热液蚀变晕范围超过 150m，蚀变矿物主要有多硅白云母、绿泥石、方解石、菱铁矿、黄铁矿、毒砂等。热液蚀变的黄铁矿一般呈自形状态，与围岩原有的草莓状含砷黄铁矿明显不同。

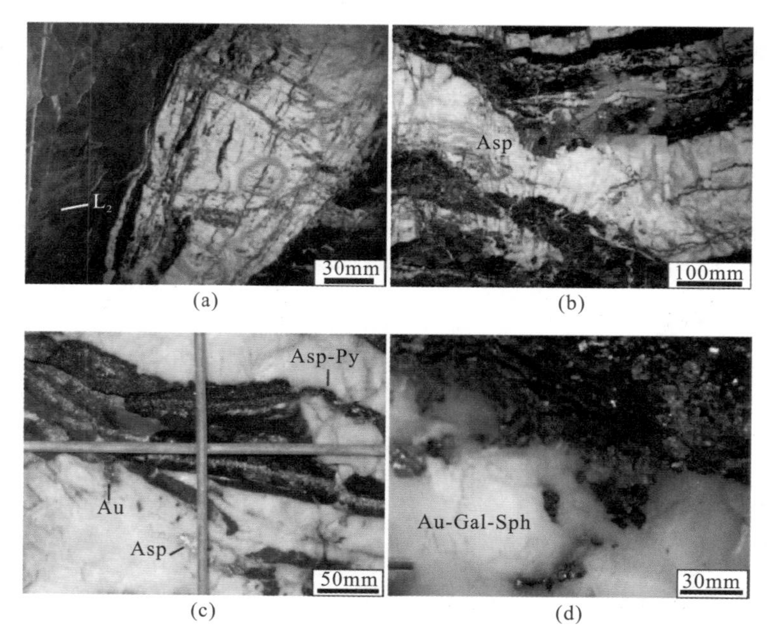

图 6-3 典型矿脉特征（Wilson et al.，2013）

(a)层状花柱石英脉中与“颈”相邻的断裂带附近有阶梯状纤维的浅 L_2 条纹，可见金的位置用圆圈标出；(b)矿化的层状矿脉被颈部毒砂(Asp)密集的花柱石英脉横切，并被硫化物和含金的风化岩和裂缝横切；(c)晚期石英与毒砂叠加，叠加了早期毒砂-黄铁矿(Asp-Py)富集层的泥岩；(d)晚期石英中的金(Au)-方铅矿(Gal)-闪锌矿(Sph)，叠加泥岩碎屑中的毒砂

1. 成矿流体来源

石英脉中的流体包裹体主要由水和二氧化碳组成，氮和甲烷的比例较小，特别是在晚期走滑断裂中。甲烷的零星赋存表明存在一个开放的流体系统，指示来自外部来源的流体与寄主岩石中的流体混合。一种碳水化合物和含氮化合物(C-O-H-N)普遍存在于变质流体中，表明早期流体具有氮含量变化和同沉积-成岩硫化物交换变化的特征，并与层序的褶皱密切相关(Jia et al.，2001)；另一种相对富含甲烷和硫的流体成分很可能与后期断裂活动有关。第二种流体的进入是导致较早形成的矿脉中同位素组成变化的主要因素，正如Huizenga 和 Touret(2012)所指出的那样，开放的流体系统通常具有高度可变的 $X(CO_2)/X(CO_2)+X(CH_4)$。

无定型黄铁矿通常生长在毒砂之上，并伴生可见金，闪锌矿和方铅矿通常一起发现，产于解理平行脉和伸展脉中，被认为与后来的走滑断裂有关。伴随着这些事件的是低盐度的 H_2O-CO_2 流体，它们可能起源于下面的火山沉积基底(Wilson et al.，2013)。热液白云母的氮含量和 $\delta^{15}N$ 与区域富沉积岩系进行变质脱水反应形成的流体一致(Jia et al.,2001)。成矿流体的 $\delta^{18}O$ 为 8‰(假设 325℃)～11‰(假设 375℃)，δD 为−37‰～−17‰，也指示成矿流体的变质成因。总体而言，稳定同位素数据结合以前对流体包裹体的详细研究表明，早期石英脉生长的流体来源为变质成因，涉及在绿片岩到角闪岩的转变过程中，通过变质脱水反应从地壳中层衍生出的流体形成晚期脉状石英(Jia et al.，2001)。

尽管最近的几项研究认为，同沉积预富集可能是决定本迪戈造山金矿床中金的储量和分布的一个重要因素，但 Wilson 等(2013)认为，几乎没有直接或矿床规模的证据表明围岩变质沉积岩中的原始金含量与特定构造部位金矿化的分布有关系。因此本迪戈深部断裂是流体流动的通道和金矿的来源，金主要来源于深源含金变质流体，集中在离散的构造部位。Leader 等(2013)以及其文中的参考文献表明，伸展和剪切断裂网络控制着主要石英脉附近和内部的后期流体渗透和金矿化。当变形涉及东西向缩短时，这种流体渗透事件首先发生在石英内，但主要矿化伴随着一次重大的走滑断裂事件与南北向运动(Wilson et al.，2013)。

2. 成矿物质来源

碳酸盐 δ^{13}C(−9.0‰～−5.5‰，中位数为−6.5‰)表明成矿流体中碳的来源最可能是沉积岩(浊积岩)中以石墨形式存在的同位素贫化还原碳与沉积岩和海水蚀变火山岩中的碳酸盐的均匀混合物(Jia et al.，2001)。与金有关的硫化物 δ^{34}S(−7‰～8‰，中位数为 2.5‰)可能反映了成矿流体与围岩中的同沉积-成岩硫化物在矿液向沉积地点输送过程中的不同交换(Jia et al.，2001)。

3. 成矿模式

岩相学方法与宏观构造观察密切相关，并结合稳定同位素和流体包裹体分析，限制了金矿化相对于地质变形的相对时间(Wilson et al.，2013)。Large 和 Maslennikov(2020)通过对 11 个金矿床中黄铁矿的 LA-ICP-MS 分析，结合黄铁矿的结构研究，确定了隐形金在黄铁矿中的准确位置，从而确定了生长在黄铁矿边缘的金与晚期造山作用有关。晚侏罗世碱性镁铁质脉岩沿区域褶皱的轴面侵入，并且穿切各期次的石英脉。这种地质构造关系清楚地说明，金是在含矿地层沉积之后形成的，但早于碱性镁铁质岩脉。含金矿脉中的绢云母 ^{40}Ar/^{39}Ar 测年表明成矿年龄(439±2) Ma(张定源等，2014)。这和与含金石英脉紧密伴生的硫化物(毒砂、黄铁矿)Re-Os 同位素数据年龄(438±6)Ma 一致。辉钼矿样品 Re-Os 年龄为(376±2)Ma 与哈考特花岗岩中的 ^{40}Ar/^{39}Ar 年龄(373±1)Ma 极为相近，说明矿化发生在晚泥盆世岩浆作用之后。

Au-Sb 矿化可能形成于造山运动时期(380～370Ma)，与墨尔本附近地区发现的矿床类似，并叠加了较早的硫化物事件。金成矿的相对时间尚不清楚，但由于相似的空间关联(即相似的侵位深度和构造宿主)、叠印关系和地球化学模拟，可能与 Au-Sb 成矿同时发生。Voisey 等(2020)的地球化学模拟结果表明，第二次 Au 导入事件中的流体 pH 缓冲是通过与第一次矿化事件中产生的绢云母蚀变反应实现的。这样，矿化的并列作用对于在断裂再活化过程中至关重要，它有助于在离散的地壳水平中富集高品位的 Au-Sb。

在本迪戈地区，金的沉淀过程并非与解理发育同步，而是呈现出一定的滞后性。这一过程始于褶皱形成阶段，并在顺层平行的石英脉中的反向断裂阶段得到显著增强，最终形成了与走滑断裂事件紧密相关的石英脉。值得注意的是，部分金在富含碳酸盐的碎裂岩中重新活化，而这些碎裂岩的形成与后来的脆性断裂密切相关。此外，少量的晚期含锑矿物广泛存在于多种脉型中，它们的存在对金的沉淀过程产生了一定的延缓作用。在石英脉中，年轻硫化物组合的形成主要受到温度降低和硫活度增加这两个因素的依次控制(图 6-4)。这一系列的地质作用和物理化学变化共同塑造了本迪戈地区独特的金矿化过程，为我们深入理解和研究金矿的形成机制提供了宝贵的线索。

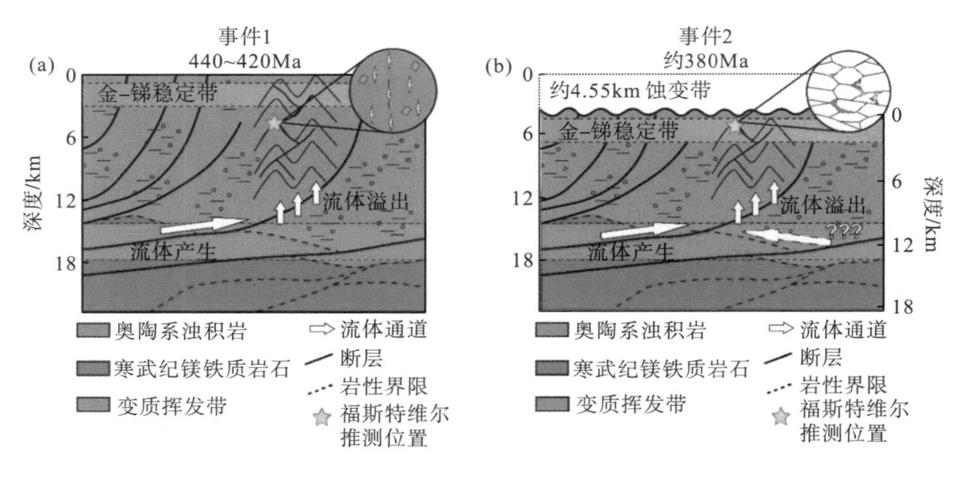

图 6-4 本迪戈矿床成矿模式图(Voisey et al., 2020)

图 6-4 中黄色五角星指示 440～420Ma(a)和约 380Ma(b)的福斯特维尔金矿田位置。根据六氯环己烷的模拟结果，Au-Sb 矿物稳定区域显示为灰色/金色。含金变质流体产生于红色突出显示的区域。图 6-4(a)热液流体沿褶皱控制的二级断层网络流动，这些断层于浊积岩系列褶皱期间及之后形成(440～420Ma)。在这个时间点上，福斯特维尔金矿化仅作为难分离的硫化物矿石出现。图 6-4(b)热液流体沿着重新活化的断层带网络流动，这些断层带网络在 440～420Ma 的前一次矿化事件中发生热液蚀变(白云母+碳酸盐岩)。经过大约 40Ma 的侵蚀和隆起，福斯特维尔靠近地表约 4.55km，因此位于 Au-Sb 稳定带内。变质流体被解释为来源于本迪戈带相对未变质的远端浊积岩，而不是已经脱挥发分的源岩。金本身可能来自这些流体来源或在重新活化的流体通道中从早期矿化中被重新活化。

6.4.2 平水金矿

江南造山带是华南重要的金成矿带，主要产出 250 余个金矿床(点)，如东段典型矿床为璜山、平山、庙下畈、何山、石其等；中段典型矿床为沃溪、万古、黄金洞、龙山等，西段典型矿床为正冲、大官冲、付家冲、保华岭等，累计金资源储量 970 余吨，是我国第三大金矿带(Deng and Wang，2016)。江南造山带东段的平水金矿床是近年来新发现的赋存于韧性剪切带中的金矿床，包括两层金矿体[图 6-5(b)]：其中一层矿体厚 5.43m，金平均平品位为 5g/t；另一层矿体厚 3.13m，金平均品位为 2g/t(Ni et al.，2015a)。

平水矿区出露围岩为平水组火山岩，以细碧岩、角斑岩为主，与夹泥质岩、燧石和砂岩。石英闪长岩、斜长花岗岩和花岗岩侵入平水火山岩图[6-5(a)]。这些侵入体经历了弱绿泥石化且中等变质。锆石 U-Pb 年代学资料（Ye et al.，2007）表明，石英闪长岩的侵位时间约为 905Ma。矿区主要构造为断裂和韧性剪切带，北东向断裂控制铜矿体，而近平行韧性剪切带控制金矿体，具有韧性的宏观和微观变形结构[图 6-6(a)～(c)]。矿石矿物是自然金以及少量黄铁矿；脉石矿物包括石英、绢云母、绿泥石、方解石和白云石[图 6-6(g)]。

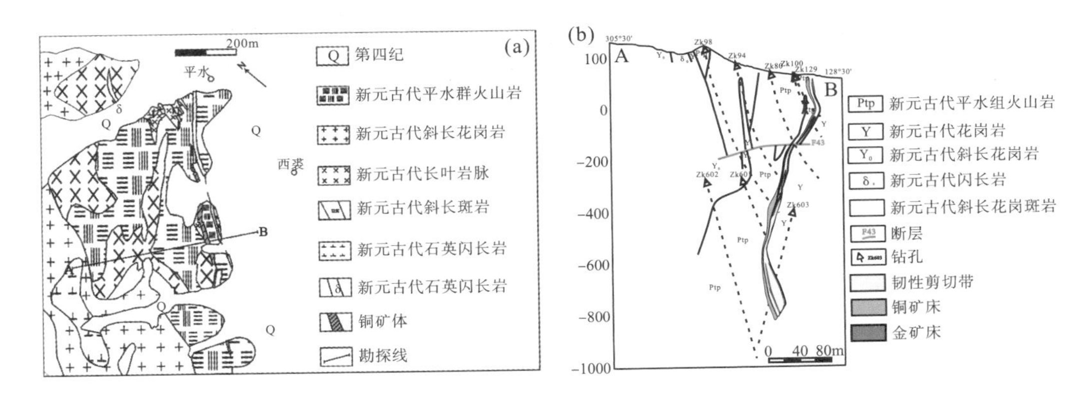

图 6-5　平水矿床地质图及 6 号勘探线矿床剖面图（根据 Ni et al.，2015a 修改）

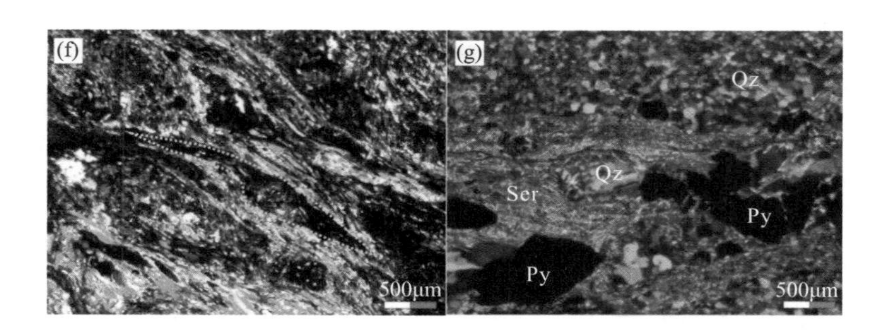

图 6-6 平水金矿床金矿体代表性样品照片

(a)～(c) 金矿体赋存于韧性剪切带中；(d)～(f) 显微照片显示糜棱结构特征；(g) 蚀变矿物包括绢云母和石英(Ni et al., 2015a)；Qz-石英；Ser-绢云母；Py-黄铁矿

1. 成矿流体特征

平水金矿床含金石英脉中主要有 H_2O-CO_2 包裹体(Ⅰ 型)和富液相气液两相盐水包裹体(Ⅱ型)两种类型(图 6-7)。其中Ⅰ型包裹体通常为负晶形、圆形和椭球形，大小为 2～10μm，具有可变的 CO_2 相体积比(V_{CO_2})。有些Ⅰ型包裹体在室温下为两相或三相(即液相 H_2O+液相 CO_2±气相 CO_2)，而有些 V_{CO_2} >90%的包裹体只含有少量的水。Ⅱ型包裹体通常包括一个液相水和一个小气泡，其充填度为 80%～90%，大小一般为 3～12μm。Ⅰ型包裹体与Ⅱ型包裹体主要共存于含金石英脉中，构成不混溶流体包裹体组合。

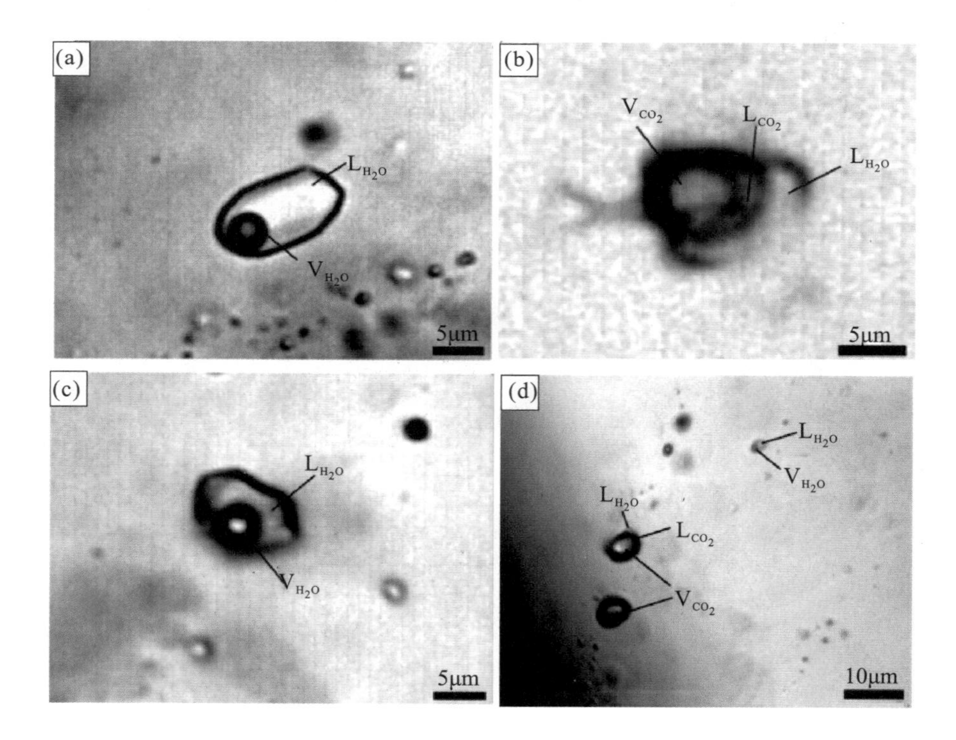

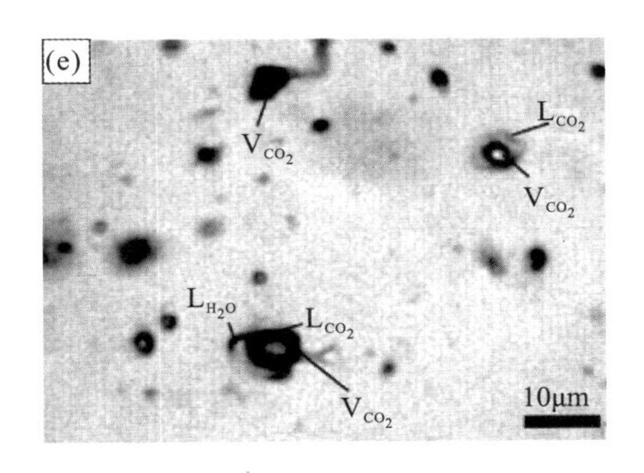

图 6-7　平水矿床中不同类型流体包裹体的显微照片

(a) 平水金矿床金矿体中 II 型包裹体；(b) 平水矿床含金脉中的 I 型包裹体；(c) 平水矿床含金脉中 II 型包裹体；平水金矿含金脉中 (d) 和 (e) I 型和 II 型不混溶流体包裹体组合，其中，L-液相；V-气相 (Ni et al.，2015a)

I 型包裹体初熔温度为 58.1～56.6℃，表明这些包裹体非水相主要为 CO_2。CO_2 笼形物的熔化温度为 6.8～9.4℃，其盐度为 1.2%～6.0%[图 6-8(a)]；部分均一温度为 17.6～26.3℃，完全均一温度为 225～282℃，最终均一至液相[图 6-8(b)]。II 型包裹体的冰点为 1.6～5.6℃，对应的盐度为 2.7%～8.7%[图 6-8(a)]，其最终均一温度为 214～271℃[图 6-8(b)]。

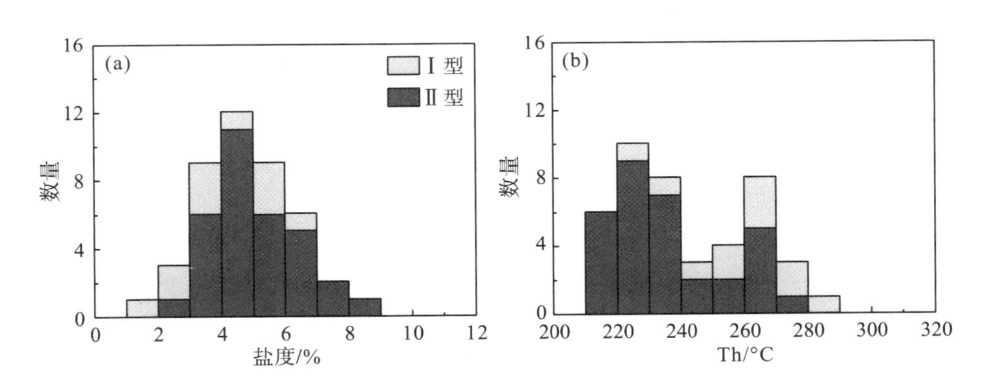

图 6-8　平水金矿脉 I 和 II 类包裹体盐度和均一温度 (Th) 直方图 (Ni et al.，2015a)

2. 流体不混溶与金沉淀机制

平水矿床的金矿体记录了流体不相混溶现象。岩相学证据表明，含金脉中同时存在 I 型和 II 型流体包裹体 (图 6-7)。I 型包裹体均一温度为 225～282℃，盐度为 1.2%～6.0%；II 型包裹体的均一温度为 214～271℃，盐度为 2.7%～8.7% (图 6-8)。区内金矿床表现出类似的均一温度范围，但盐度不同。II 包裹体均一为液相，而 I 包裹体均一为气相，表明金矿化过程中发生了流体不相混溶现象。

流体不混溶可能是由热液从深部向浅部远距离运移过程中压力突然降低引起的 (Ridley et al.，1996；Sterner and Bodnar，1984)。实验和热力学数据表明，金以硫代硫酸盐络合物[$Au(HS)_2^-$和/或$AuHS^0$]的形式迁移(Shenberger and Barnes，1989)。流体不混溶会将H_2S强烈分配到气相，从而降低HS^-的活性。此外，不混溶还会通过将流体中酸性成分分配到气相来增加残余流体pH值。因此，HS^-的减少和pH值的升高都有效地促进了金的沉淀。

对于造山型金矿床金的沉淀机制，也有人提出流体混合机制(Gebre-Mariam et al.，1993；Groves，1993)。流体混合过程最有可能发生在浅成环境(<5km)形成的金矿床中。浅成环境的金矿体通常赋存于绿片岩相的脆性构造中。在这种情况下，深部来源的载金流体与地表水混合，导致金沉淀。然而，平水矿床的金矿体是受韧性剪切带而非脆性构造控制，并且它产于深部环境，位于绿片岩相到角闪岩相之间。此外，平水矿床中的流体包裹体缺乏流体混合的证据。因此，流体不混溶是平水金矿床金沉淀的主要机制。

3. 成因类型

平水金矿床成矿流体为中温(214～295℃)低盐(1.2%～9.8%)富CO_2流体，其流体特征与韧性剪切带型或与侵入岩相关的金矿床一致(均一温度为200～350℃，盐度为1%～8%，Baker，2002)，明显区别于具有高温度(一般＞350℃)和高盐(70%)的斑岩型矿床(Wang et al.，2013)。

与侵入岩相关金矿床中富含CO_2的成矿流体，很可能是由长英质岩浆的脱挥发作用造成(Thompson et al，1999)。有关模拟研究表明，在较深的环境(大于1.3～2kbar，即4～6km)中长英质岩浆的结晶可以产生低盐度流体。许多实验研究表明，CO_2在长英质岩浆中的溶解度随压力的增加而剧烈增加，富CO_2流体发生在较深的环境中(Lowenstern，2001)。尽管璜山和平水金矿床的载金流体与侵入岩型金矿床相似，但在火成岩、矿物组合、围岩蚀变等方面明显不同与侵入型金矿床。

平水金矿的侵入岩形成于新元古代(Yao et al.，2014)，缺乏同期早古生代岩浆岩，而这些是侵入岩型金矿床所必需的成矿岩体。Au-Fe-Cu、Au-Cu-Mo-Zn、Au-As-Pb-Zn-Cu、Au-Te-Pb-Zn-Cu和Au-W-Sn等金属元素组合在侵入岩型金矿床中很常见，但在平水金矿床中，金是唯一可开采的矿产。造山带金矿床变质脱挥发分模式是对江绍断裂带东段金矿床成因最好的解释。金可从脱水的岩石中浸出，也可从通道附近的岩石中浸出(Pitcairn et al.，2006)，当成矿流体到达地壳浅部时，平衡条件的改变将导致金和其他硫化物的沉淀(Phillips and Groves，1983)。

综上所述，平水矿床经历了广泛的区域绿片岩-角闪岩相变质作用和北东向韧性剪切变形，并且金矿床严格受剪切带控制，其成矿流体很可能是变质脱挥发分作用产生的，因此，平水金矿是典型造山型金矿床。

6.4.3 金山金矿

金山金矿床位于华南新元古代江南造山带中，区内金山—西蒋韧性剪切带控制了远坑、雷高雾、金山、水石坞、石坞、朱林西、渔塘、西蒋等金矿床的产出。金山金矿体发育蚀变岩型和石英脉型两种矿化类型。蚀变岩型金矿化与NWW韧性剪切带相关，而石英脉型矿化则与 NE 韧性剪切带相关(图 6-9 和 6-10)。金山金矿床的主要金属矿物包括自然金、黄铁矿和砷黄铁矿，少量闪锌矿、黄铜矿和方铅矿；脉石矿物包括石英、绢云母、绿泥石和方解石。金矿床中金的成色集中在 940～971，其颗粒大小在蚀变型矿石中为 0.005～0.037mm，在石英脉型矿石中为 0.010～0.290mm。

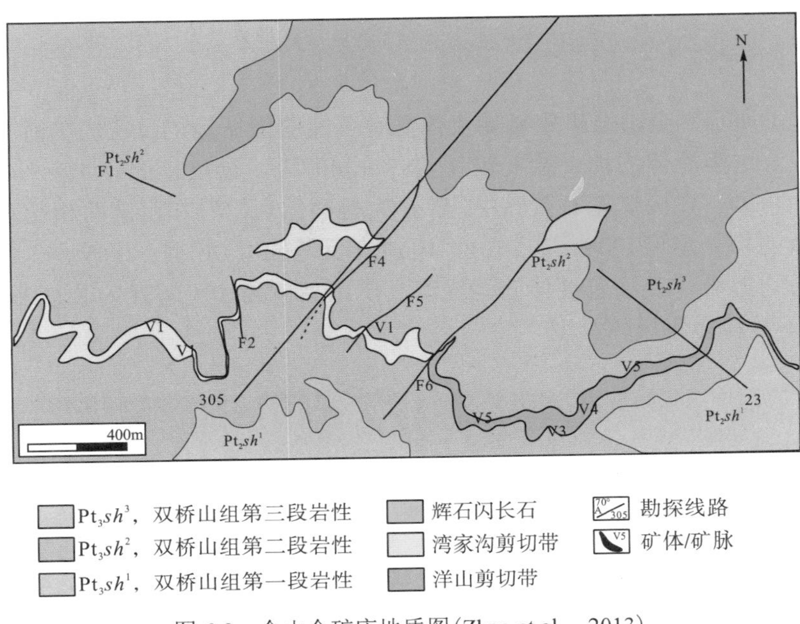

图 6-9　金山金矿床地质图(Zhao et al.，2013)

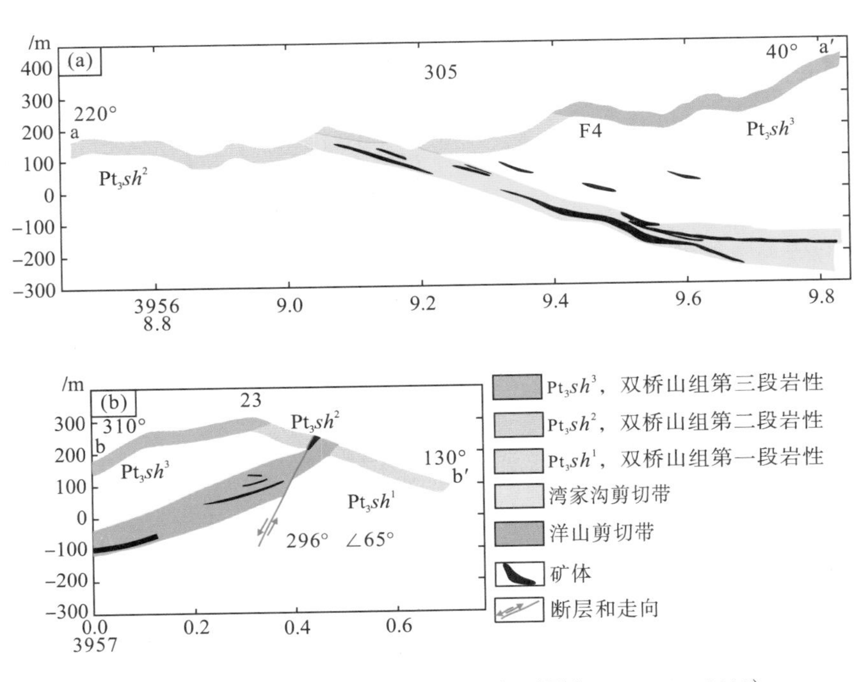

图 6-10　蚀变岩型与石英脉型金矿体剖面图(Zhao et al.，2013)

石英脉型矿化包括成矿前脉、成矿期脉和成矿后脉。成矿前脉以黄铁矿-石英矿物组合为特征，金矿化较少或没有；成矿期脉以自然金-石英-黄铁矿-绢云母-绿泥石-方解石组合为特征；成矿后脉由绿泥石-方解石-石英组合为特征，但不含金。蚀变岩型矿化与大量的硅化密切相关，而石英脉型矿化则与绢云母、黄铁矿、绿泥石、方解石和石英等蚀变矿化组合相关。

1. 成矿流体特征与形成机理

如图 6-11 所示，金山金矿床初始流体最有可能的证据是记录在成矿前 CO_2-H_2O 包裹体（Ⅰa）中。这类流体的均一温度较高（285～340℃），盐度较低（1.4%～6.1%），并且含有高浓度的 CO_2。在成矿期石英脉中，富 CO_2 包裹体（Ⅱ型）和富液两相盐水包裹体（Ⅲ型）具有相似的均一温度（208～272℃），但盐度反差较大（Ⅱ型：0.6%～3.6%；Ⅲ型：3.5%～8.9%）。此外，Ⅱ型包裹体的温度略高于Ⅲ型包裹体可解释为Ⅱ包裹体为富盐水包裹体，并不是端元包裹体类型。

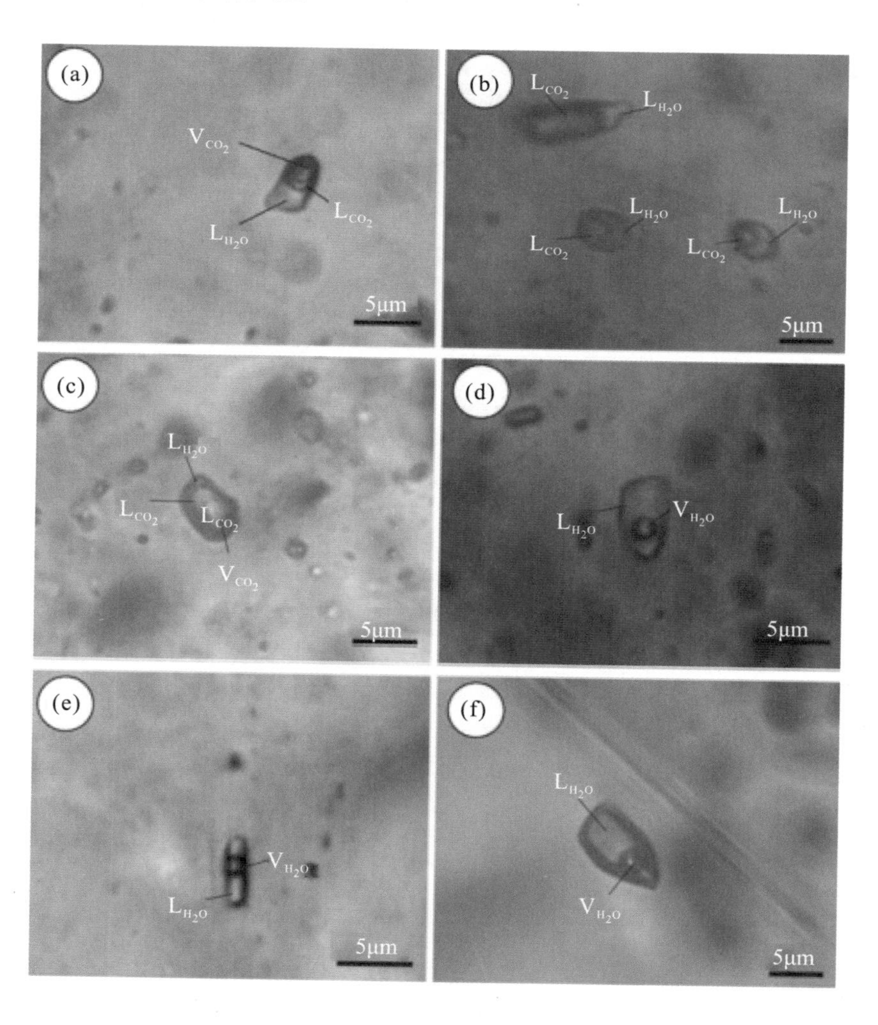

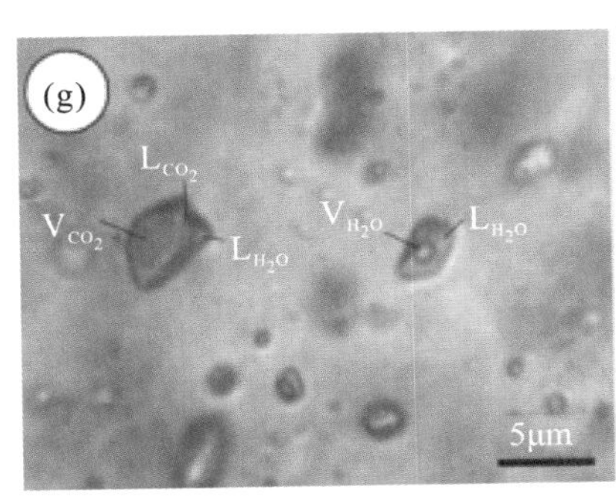

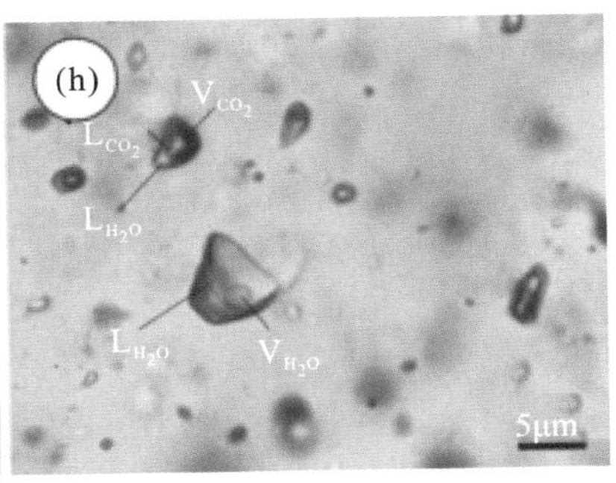

图 6-11　金山金矿床中不同类型流体包裹体的显微照片

(a) 贫石英脉矿前阶段的 I a 型包裹体；(b) 石英脉矿化阶段的 I b 型包裹体；(c) 石英脉矿化阶段的 II 型包裹体；(d) 石英脉矿化阶段的III型包裹体；(e) 石英脉矿化阶段的次生III型包裹体；(f) 方解石脉矿后阶段的III型包裹体；(g) (h) 含金石英脉矿化阶段的III型和III型不混溶流体包裹体组合。L-液相；V-气相

与成矿期的 II 型和III型包裹体相比，I b 型包裹体显示出可变的二氧化碳相比例，以及相对较高的温度(241～292℃)和盐度(1.0%～7.0%)。金的浓度在成矿阶段的液体中被富集，如石英脉中含有高品位矿石。成矿后阶段的流体具有低温(109～201℃)和低盐度(1.1%～6.4%)特征。因此，成矿前阶段的初始流体是高温且富含 CO_2 的流体；流体不混溶发生在主成矿阶段，流体具有中等温度和不同盐度特征。成矿后阶段缺乏 I 型和 II 型包裹体，表明流体是低温且不含有二氧化碳或金。流体包裹体研究表明，金山金矿床的成矿流体属于 H_2O-CO_2-NaCl±N_2±CH_4 体系。该流体组成与许多造山型金矿床相似，如加拿大和澳大利亚晚太古代金矿床(Phillips and Groves et al.，1983)，加拿大北萨省元古代金矿床(Fedorowich et al.，1991)，美国侏罗系至古近纪科迪勒拉山系金矿床(Goldfarb et al.，1997)。然而，一些与侵入岩相关的金矿床中，也会出现与造山型金矿床极其相似的流体，例如美国育空(Yukon)，澳大利亚昆士兰基兹顿(Kidston)，美国阿拉斯加诺克斯堡(Fort Knox)(Thompson et al.，1999)。因此，这些作者提出了与造山型金矿床相关的变质脱挥发分模型(Goldfarb et al.，1998)和与侵入岩相关的长英质岩浆脱挥发分模型(Burrows et al.，1986)。

在花岗质岩浆结晶过程中，流体演化模型预测了在压力大于 1.3～2kbar 时低盐度流体为岩浆结晶的最终产物(Sun et al.，2007)。CO_2 在花岗质岩浆中的溶解度随着压力的增加而显著增加，富 CO_2 的流体在压力大于 3kbar 以上条件下出溶是可行的(Eggler and Kadik，1979)。成矿流体系统被认为是从结晶花岗质岩浆中出溶产生。因此，这些金矿床应与这些花岗岩侵入体相有着密切相关性。然而，在金山金矿床中并未观察到花岗质侵入体，表明长英质岩浆的脱挥发分模型无法解释该矿床的成矿流体的来源。

另一个变质去挥发分模型可很好地解释造山型金矿流体的高 CO_2 含量(Goldfarb et al.，1998)。在 CaO-MgO-FeO-Al_2O_3-SiO_2-H_2O-CO_2 体系中矿物平衡的计算结果表明，在温度为 460～500℃和中地壳条件下，含水矿物和碳酸盐矿物将分解释放大量低盐度富 CO_2 的流体(Powel et al.，1991)。金和其他微量元素从脱水的岩石或沿流体通道附近岩石中淋滤释放(Pitcairn et al.，2006)。当成矿流体到达地壳浅部时，平衡条件改变和流体不混溶会导致金和其他硫化物的沉淀(Phillips and Groves，1983)。金山金矿床经历了广泛的区域性绿片岩相变质作用和两期脆韧性剪切事件，此外，金矿体严格受剪切带构造控制。因此，金山金矿床的成矿流体很可能是变质脱挥发作用的产物。

2. 成矿流体来源

金山金矿床石英脉中包裹体 δD(−71‰～−46‰)和 δ^{18}O(6.9‰～11.2‰)位于变质水和岩浆水区域(图 6-12)。岩浆起源似乎可以解释金山金矿床成矿流体的 H-O 同位素特征。然而，金山金矿床较德兴斑岩型铜金矿床有较高的氧同位素比值(图 6-12)。这一事实不支持金山金矿床形成于侏罗纪德兴斑岩热液系统的观点(Mao et al.，2011)。该观点认为位于德兴斑岩至浅成热液系统远端的金山金矿床，其氧同位素组成应该低于德兴斑岩矿床。金山金矿床成矿流体最有可能是变质热液，是由围岩在脆韧性变形过程中产生。此外，金山金矿床成矿流体的氢氧同位素数据与多数太古宙和元古宙造山型金矿床一致(Kerrich et al.，1987)，这说明变质流体作为金贡献者起着关键作用。因此，金山金矿床的成矿流体最有可能是变质热液，而不是岩浆热液。

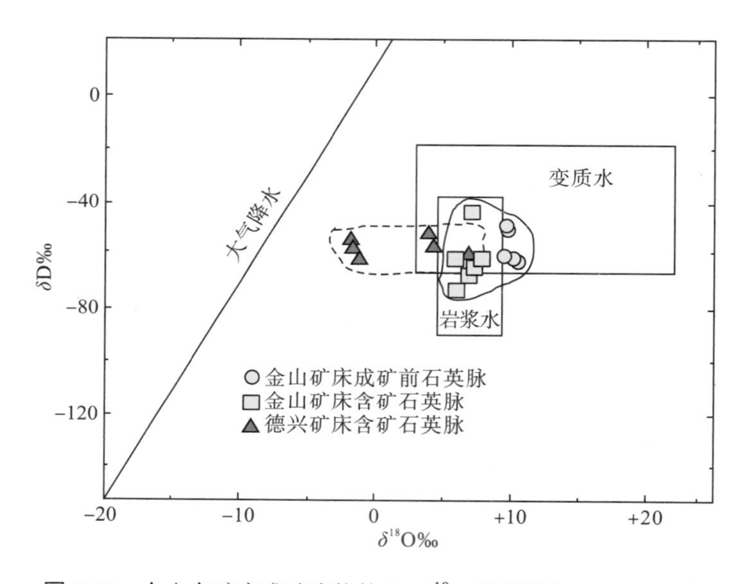

图 6-12 金山金矿床成矿流体的 δD-δ^{18}O 关系图(Taylor，1974)

3. 成矿物质来源

金山金矿床硫化物的硫同位素(3.3‰～4.6‰)较区域上中生代斑岩体(−4‰～3.1‰，Zhu et al.，1983)和原始地幔(接近 0‰，Chaussidon et al.，1989)高，表明金山金矿床的成因不能由德兴斑岩系统解释(图 6-13)。相反，其硫同位素数据与区域新元古代双桥山群地层类似，表明成矿流体是由双桥山群经历变质作用后形成的。其 δ^{34}S 值也覆盖了绝大多数造山型金矿床的范围(0‰～9‰；Steed and Morris，1997；Wang et al.，1997；McCuaig and Kerrich，1998；Ramsay et al.，1998)，这进一步支持金山金矿床为变质流体来源。

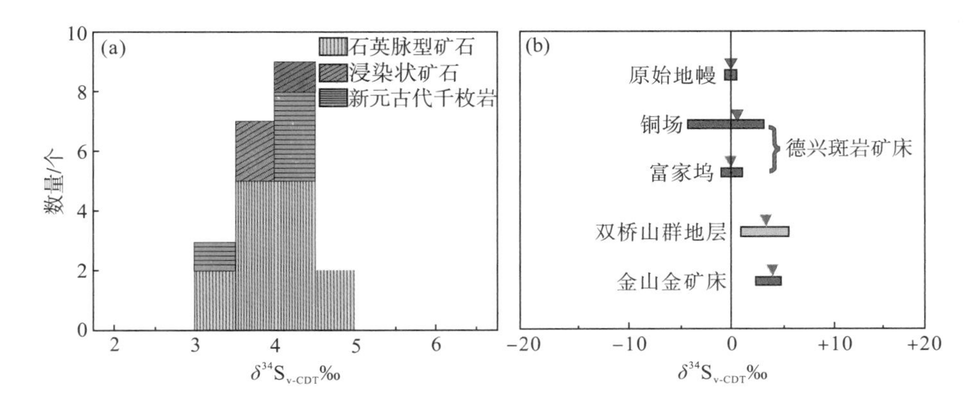

图 6-13　同位素相关图解

(a) 金山金矿床中浸染状和石英脉型矿石硫化物和新元古代双桥山群千枚岩硫同位素直方图；(b) 金山金矿床与新元古代基底地层、金矿床、原始地幔和德兴斑岩矿床的硫同位素对比 (Zhao et al., 2013)

金山金矿床矿石铅同位素比值与区域新元古代双桥山群千枚岩相似 (Zeng et al., 2002)，但高于区域中生代斑岩的铅同位素值 (Zhou et al., 2013)。在铅构造演化图上 (图 6-14)，绝大部分矿石样品铅同位素位于双桥山群千枚岩范围内和德兴斑岩体上方，进一步表明区域双桥山群地层提供了金山金矿床的铅源。

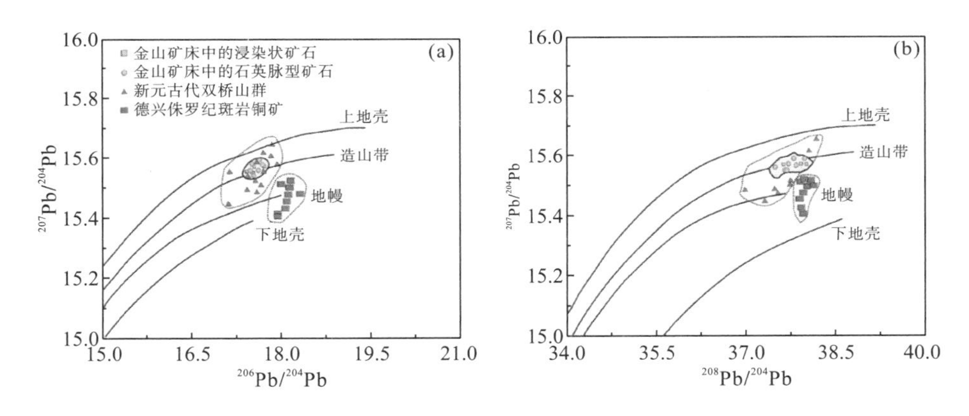

图 6-14　金山金矿中铅同位素图解

其中德兴斑岩矿床铅同位素数据来自 Zhou 等 (2013)

因此，金山金矿床的成矿物质主要来源于地壳物质。金山金矿床中硫同位素和铅同位素的数值与下伏基底岩石相似，表明了成矿物质主要来源于地壳。此外，流体包裹体中的 H-O 同位素组成也显示出与变质作用相关的特征。这些证据均表明金山金矿床的成矿物质主要来源于地壳，而不是来自地幔或岩浆活动。

4. 成因类型

以往对金山金矿床的成矿时代研究获得了三组不同的年龄数据，即新元古代、早古生代和侏罗纪(韦星林，1996；Wang et al.，2000；毛光周等，2008a；2008b)。侏罗纪的成矿年代与德兴斑岩矿床的花岗岩有关。然而，在金山金矿床中并没有观察到晚中生代的侵入岩体。此外，金山金矿床的硫铅同位素与侏罗纪德兴斑岩矿床中的花岗岩有明显的区别，这与成矿时代为侏罗纪的观点相违背。此外，在德兴地区并未观察到早古生代的造山事件。因此，金山金矿床最有可能的成矿年代是新元古代。江南造山带东段在早中新元古代由扬子板块和华夏地块的拼接而形成(Zhou et al.，2009)。在新元古代造山期，金山金矿床发生了两期成矿事件。从浸染状矿石中得到的早期成矿年龄为838Ma，与区域NWW向逆冲推覆构造(866Ma，Charvet et al.，1996)基本一致；从石英脉型矿石获得的晚期成矿年龄为732～714Ma，与后期区域NE向走滑运动相一致(Shu and Charvet，1996)。

除了定年结果与新元古代江南造山事件一致外，金山金矿床与典型造山型金矿床有诸多共同特征(McCuaig and Kerrich 1998；Groves et al.，2000，2003；Goldfarb et al.，2001)。金山金矿的矿体通常有数米厚，沿走向几百米长，倾向延伸1～2km。在垂直向上只有微弱的金属分带，但在横向上呈现强烈分带，如靠近岩体为石英-黄铁矿-绢云母矿物组合，远离岩体为绿泥石-方解石矿物组合。这些矿石只轻微富集Cu、Mo、Pb、Sn和Zn等元素，且有高的金成色(通常>900)。流体包裹体表明，金和其他金属是从低盐度、H_2O-CO_2 ±N_2±CH_4流体经不混溶作用形成。H和O同位素表明，变质流体是来自区域地层，并且硫和铅同位素表明基底地层是主要金属来源。所有这些证据表明，金山金矿床是一个典型的造山型金矿床。

参考文献

包创, 朱祥坤, 陈岳龙, 等, 2015. 内蒙古狼山地区霍各乞矿床中磁铁矿矿体成因. 地质学报, 89(B10): 128-130.

曹华文, 张寿庭, 高永璋, 等, 2014. 内蒙古林西萤石矿床稀土元素地球化学特征及其指示意义. 地球化学, 43(2): 131-140.

陈光远, 孙岱生, 殷辉安, 1988. 成因矿物学与找矿矿物学. 2版. 重庆: 重庆出版社.

陈光远, 孙岱生, 周珣若, 等, 1993. 胶东郭家岭花岗闪长岩成因矿物学与金矿化. 武汉: 中国地质大学出版社.

陈骏, 陆建军, 陈卫锋, 等, 2008. 南岭地区钨锡铌钽花岗岩及其成矿作用. 高校地质学报, 14(4): 459-473.

陈骏, 王汝成, 朱金初, 等, 2014. 南岭多时代花岗岩的钨锡成矿作用. 中国科学: 地球科学, 44(1): 111-121.

程超, 2022. 北秦岭中下地壳岩石流变特征及多尺度构造解析. 西安: 西北大学.

程素华, 游振东, 2016. 变质岩岩石学. 北京: 地质出版社.

代德荣, 何小虎, 金少荣, 等, 2018. 黔西南萤石矿床流体包裹体地球化学特征. 矿物学报, 38(6): 693-700.

党院, 陈懋弘, 毛景文, 等, 2014. 四川省白玉县呷村-有热矿区成矿流体地球化学. 岩石学报, 30(1): 221-236.

范宏瑞, 刘爽, 胡芳芳, 等, 2008. 苏鲁超高压变质带桃行榴辉岩及高压脉体中流体包裹体研究. 岩石学报, 24(9): 2003-2010.

傅斌, 肖益林, 2000. 大别山双河和碧溪岭超高压变质岩流体包裹体研究. 岩石学报, 16: 119-126.

郭小文, 何生, 刘可禹, 等, 2013. 烃源岩生气增压定量评价模型及影响因素. 地球科学, 38(6): 1263-1270.

韩银学, 李忠, 韩登林, 等, 2009. 塔里木盆地塔北东部下奥陶统基质白云岩的稀土元素特征及其成因. 岩石学报, 25(10): 2405-2416.

韩英, 王京彬, 祝新友, 等, 2013. 广东凡口铅锌矿床流体包裹体特征及地质意义. 矿物岩石地球化学通报, 32(1): 81-86.

侯增谦, 艾永德, 曲晓明, 等, 1999. 岩浆流体对冲绳海槽海底成矿热水系统的可能贡献. 地质学报, 73(1): 57-65.

侯增谦, 韩发, 夏林圻, 等, 2003. 现代与古代海底热水成矿作用. 北京: 地质出版社.

侯增谦, 莫宣学, 1996. 现代海底热液成矿作用研究现状及发展方向. 地学前缘, 3(4): 263-273.

胡鹏, 于兴河, 王娇, 等, 2017. 鄂尔多斯盆地东南部本溪组地层水化学特征与天然气成藏意义. 西北大学学报(自然科学版), 47(1): 92-100, 109.

黄丽飞, 楼章华, 陈明玉, 等, 2018. 川西坳陷新场构造带须家河组超压演化与流体的关系. 地质通报, 37(5): 954-964.

蒋国豪, 胡瑞忠, 谢桂青, 等, 2004. 江西大吉山钨矿成矿年代学研究. 矿物学报, 24(3): 253-256.

康志勇, 李晓涛, 田文, 等, 2022. 地表水/地层水水型分类及其划分方法. 地球科学与环境学报, 44(1): 65-77.

李葆华, 李雯霞, 顾雪祥, 等, 2013. 贵州丹寨汞矿田甲烷包裹体研究及其地质意义. 地学前缘, 20(1): 55-63.

李德鹏, 杨瑞东, 陈军, 等, 2019. 贵州丹寨排庭金汞矿床地质地球化学特征. 地质评论, 65(5): 1153-1169.

李鸿莉, 毕献武, 涂光炽, 等, 2007. 岩背花岗岩黑云母矿物化学研究及其对成矿意义的指示. 矿物岩石, 27(3): 49-54.

李兰荣, 王春增, 1996. 糜棱岩中多晶石英条带的类型及形成条件. 桂林工学院学报, 16(3): 224-231.

李敏, 邹灏, 陈海锋, 等, 2021. 黔东北双河重晶石-萤石矿床流体包裹体组合研究及成因. 矿物岩石地球化学通报, 40(4): 858-870.

李明诚, 李剑, 万玉金, 等, 2001. 沉积盆地中的流体. 石油学报, 22(4): 13-17.

李荣西, 王涛, 刘海青, 2018. 地质流体与流体地质填图. 地质通报, 37: 325-336.

李世勇, 李杰, 宋明春, 等, 2022. 胶东玲珑金矿田成矿特征和成矿作用. 地质学报, 96(9): 3234-3260.

李伟, 刘显凡, 秦志鹏, 2012. 地质流体与成矿作用综述. 矿床地质, 31: 667-668.

李文渊, 2007. 块状硫化物矿床的类型, 分布和形成环境. 地球科学与环境学报, 29: 331-344.

李忠, 彭守涛, 许承武, 等, 2009. 韩国太白山盆地古生界砂岩碎屑锆石 U-Pb 年代及其区域构造含义. 岩石学报, 25(1): 182-192.

林文蔚, 殷秀兰, 1998. 胶东金矿成矿流体同位素的地质特征. 岩石矿物学杂志, 17(3): 249-259.

刘建明, 储雪蕾, 1997. 地壳中的成矿地质流体体系. 地球物理学进展, 1: 31-40.

刘建章, 陈红汉, 李剑, 等, 2008. 鄂尔多斯盆地伊-陕斜坡山西组 2 段包裹体古流体压力分布及演化. 石油学报, 29(2): 226-230, 234.

刘雪敏, 陈岳龙, 李大鹏, 等, 2012. 内蒙古霍各乞铜多金属矿床原生晕地球化学特征及深部成矿远景评价. 物探与化探, 36(1): 1-7.

刘英俊, 曹励明, 1987. 元素地球化学导论. 北京: 地质出版社.

刘英俊, 马东升, 1991. 金的地球化学. 北京: 科学出版社.

卢焕章, 1997. 成矿流体. 北京: 北京科学技术出版社.

卢焕章, 1998. 研究地壳中流体的工作方法. 地学前缘, 5(2): 295-300.

卢焕章, 2011. 地球中的流体. 北京: 高等教育出版社.

卢焕章, 范宏瑞, 倪培, 等, 2004. 流体包裹体. 北京: 科学出版社.

卢焕章, 池国祥, 朱笑青, 等, 2018. 造山型金矿的地质特征和成矿流体. 大地构造与成矿学, 42(2): 244-265.

罗开, 2019. 川滇黔接壤区上震旦-下寒武统地层中铅锌矿床成矿作用:以乌斯河和麻栗坪矿床为例. 北京: 中国科学院大学.

罗璇, 李军, 张鹏, 等, 2013. 中国雨水化学组成及其来源的研究进展. 地球与环境, 41(5): 566-574.

吕古贤, 武际春, 胡宝群, 等, 2011. 胶东玲珑金矿田地质与成矿规律. 矿物学报, 31(S1): 74-75.

毛光周, 华仁民, 高剑峰, 等, 2008a. 江西金山金矿含金黄铁矿的 Rb-Sr 年龄. 地球学报, 29(5): 599-606.

毛光周, 华仁民, 龙光明, 等, 2008b. 江西金山金矿成矿时代探讨: 来自石英流体包裹体 Rb-Sr 年龄的证据. 地质学报, 82(4): 532-539.

倪培, 蒋少涌, 凌洪飞, 等, 2001. 流体包裹体面的研究背景、现状及发展前景. 地质论评, 47(4): 398-404.

倪培, 范宏瑞, 潘君屹, 等, 2021. 流体包裹体研究进展与展望(2011-2020). 矿物岩石地球化学通报, 40(4): 802-818.

潘君屹, 丁俊英, 倪培, 2012. Na_2CO_3-H_2O 体系人工流体包裹体中 CO_3^{2-}离子的显微拉曼光谱研究. 南京大学学报(自然科学版), 48(3): 328-335.

邱华宁, 白秀娟, 2019. 流体包裹体 $^{40}Ar/^{39}Ar$ 定年技术与应用. 地球科学, 44(3): 685-697.

任得志, 2018. 新疆萨瓦甫齐盆地流体流动特征与砂岩铀矿化关系. 北京: 中国地质大学(北京).

任鹏, 梁婷, 刘扩龙, 等, 2014. 秦岭凤太矿集区喷流沉积型铅锌矿床 S、Pb 同位素地球化学特征. 西北地质, 47(1): 137-149.

任仁, 米丰杰, 白乃彬, 2000. 中国降水化学数据的化学计量学分析. 北京工业大学学报, 26(2): 90-95.

芮宗瑶, 李荫清, 王龙生, 等. 2003. 从流体包裹体研究探讨金属矿床成矿条件. 矿床地质, 22(1): 13-23

尚婷, 刘鑫, 李文厚, 等, 2020. 鄂尔多斯盆地彭阳地区侏罗系延安组地层水化学特征及成因类型分析. 地质科学, 55(3): 795-812.

沈其韩, 耿元生, 2009. 变质作用分类的历史回顾和新的试行分类雏议. 岩石学报, 25(8): 1737-1748.

舒良树, 周新民, 邓平, 等, 2006. 南岭构造带的基本地质特征. 地质论评, 52(2): 251-265.

苏本勋, 刘霞, 陈晨, 等, 2021. 蛇绿岩铬铁矿成矿新模型: 流体不混溶作用. 中国科学(地球科学), 51(2): 250-260.

苏文超, 朱路艳, 格西, 等, 2015. 贵州晴隆大厂锑矿床辉锑矿中流体包裹体的红外显微测温学研究. 岩石学报, 31(4): 918-924.

谭运金, 童启荃, 皮俊明, 等, 2002. 盘古山钨矿床近矿热液蚀变岩石的地质地球化学. 中国钨业, 17(5): 21-26.

唐红峰, 刘丛强, 2001. 变质流体作用的元素地球化学研究. 地球科学进展, 16(4): 508-513.

王登红, 陈毓川, 陈郑辉, 等, 2007. 南岭地区矿产资源形势分析和找矿方向研究. 地质学报, 81(7): 882-890.

王加昇, 温汉捷, 2009. 湘黔汞矿带脉石矿物方解石碳氧同位素特征及其指示意义. 矿物学报, 29(S1): 330.

王键, 孙丰月, 禹禄, 等, 2017. 青海玉树尕龙格玛 VMS 型矿床流体包裹体及 H-O-S-Pb 同位素特征. 地球科学, 42(6): 941-956.

王莉娟, 彭志刚, 祝新友, 2009. 青海省锡铁山 Sedex 型铅锌矿床成矿流体来源及演化. 矿物学报, 29(S1): 257-258.

王庆飞, 邓军, 赵鹤森, 等, 2019. 造山型金矿研究进展: 兼论中国造山型金成矿作用. 地球科学, 44: 2155-2186.

王声远, 1992. 低温热液成矿作用中的某些问题. 地质地球化学, 5: 1-8.

王新彦, 李建康, 李胜虎, 等, 2015. Linkam 热台与热液金刚石压腔的熔体包裹体均一实验对比研究. 矿床地质, 34(3): 589-601.

王新宇, 2022. 云南大平掌 VMS 矿床构造背景、深部过程和成矿作用研究. 北京: 中国地质大学(北京).

王旭东, 倪培, 蒋少涌, 等, 2008. 赣南漂塘钨矿流体包裹体研究. 岩石学报, 24(9): 2163-2170.

王旭东, 倪培, 袁顺达, 等, 2012. 赣南木梓园钨矿流体包裹体特征及其地质意义. 中国地质, 39(6): 1790-1797.

韦星林, 1996. 江西金山韧性剪切带型金矿地质特征. 江西地质, (1): 52-64.

韦星林, 2012. 赣南钨矿成矿特征与找矿前景. 中国钨业, 27(1): 14-21.

魏然, 王义天, 胡乔青, 等, 2022. 甘肃厂坝-李家沟超大型铅锌矿床成矿金属来源——来自闪锌矿原位 S-Pb 和 Zn 同位素证据. 矿床地质, 41(4): 722-740.

吴海枝, 韩润生, 吴鹏, 2015. 滇中六苴、郝家河砂岩型铜矿床两期成矿流体来源的 H-O 同位素示踪. 地质学报, 89(B10): 198-199.

吴开兴, 胡瑞忠, 毕献武, 等, 2002. 矿石铅同位素示踪成矿物质来源综述. 地质地球化学, 3: 73-81.

吴忠锐, 何生, 何希鹏, 等, 2019. 涟源凹陷上二叠统大隆组泥页岩裂缝方解石脉体流体包裹体特征及其启示. 地质科技情报, 38(4): 70-81.

肖荣阁, 张宗恒, 陈卉泉, 等, 2001. 地质流体自然类型与成矿流体类型. 地学前缘, 4: 245-251.

肖益林, 孙贺, 顾海欧, 等, 2015. 大陆深俯冲过程中的熔/流体成分与地球化学分异. 中国科学, 45(8): 1063-1087

肖益林, 余成龙, 王洋洋, 等. 2018. 变质作用与流体包裹体: 进展与展望. 矿物岩石地球化学通报, 37(3): 17.

肖益林, 陈仁旭, 陈伊翔, 等, 2020. 自然界岩石样品中的超临界流体记录. 矿物岩石地球化学通报, 39(3): 448-462, I0001, I0002.

徐克勤, 朱金初, 1978. 我国东南部几个断裂拗陷带中沉积（或火山沉积）热液 叠加类铁铜矿床成因的探讨. 福建地质, 4: 1-68.

徐克勤, 王鹤年, 周建平, 朱金初, 1996. 论华南喷流-沉积块状硫化物矿床. 高校地质学报, 2: 241-256.

许建祥, 曾载淋, 王登红, 等, 2008. 赣南钨矿新类型及"五层楼+地下室" 找矿模型. 地质学报, 82(7): 880-887.

薛春纪, 陈毓川, 曾荣, 等, 2007. 西南三江兰坪盆地大规模成矿的流体动力学过程——流体包裹体和盆地流体模拟证据. 地学前缘, 14(5): 147-157.

薛春纪, 高永宝, Leach D L, 2009. 滇西北兰坪金顶可能的古油气藏及对铅锌大规模成矿的作用. 地球科学与环境学报, 31(3): 221-229.

杨清, 张均, 王健, 等, 2018. 四川天宝山大型铅锌矿床成矿流体及同位素地球化学. 矿床地质, 37(4): 816-834.

杨涛, 蒋少涌, 葛璐, 等, 2013. 南海北部琼东南盆地 HQ-1PC 沉积物孔隙水的地球化学特征及其对天然气水合物的指示意义. 中国科学(地球科学), 43(3): 329-338.

杨蔚华, 刘友梅, 1997. 中国沉积岩型金矿床地球化学及找矿方向. 地球化学, 26(1): 11-23.

杨孝强, 厉子龙. 2013. 阿尔泰晚古生代超高温麻粒岩流体特征及其意义. 岩石学报, 29(10): 3446-3456.

杨忠琴, 赵磊, 贺永忠, 等, 2016. 安亚运盘应娟贵州沿河萤石矿稀土元素地球化学特征及成因探讨. 贵州地质, 33(3): 199-204+198.

姚治国, 1988. 阿巴拉契亚盆地泥盆纪页岩中碳与硫的相互关系可作为判别沉积环境的标志(摘要). 地球与环境, 12: 51.

于立栋, 孙海微, 张静, 等, 2020. 东天山玉峰金矿热液蚀变作用与元素迁移规律. 岩石学报, 36(5): 1597-1610.

袁顺达, 赵盼捞, 2021. 基于新的合成流体包裹体方法对成矿金属在熔体-流体相间分配行为的实验研究. 中国科学(地球科学), 51(2): 241-249.

曾凡辉, 2015. 海洋学基础. 北京: 石油工业出版社.

曾志刚, 2011. 海底热液地质学. 北京: 科学出版社.

曾志刚, 蒋富清, 翟世奎, 等, 2000. 冲绳海槽 Jade 热浪活动区块状硫化物的铅同位素组成及其地质意义. 地球化学, 29(3): 239-245.

翟裕生, 姚书振, 蔡克勤, 2011. 矿床学(第三版). 北京: 地质出版社.

张潮, 黄涛, 刘向东, 等. 2016. 胶西北新城金矿床热液蚀变作用. 岩石学报, 32(8): 2433-2450.

张德会, 1996. 浅成热液成矿系统模型研究评述. 地球科学进展, 11(6): 563-568.

张德会, 2020. 成矿作用地球化学. 2 版. 北京: 地质出版社.

张定源, 姚仲友, 王天刚, 等, 2014. 澳大利亚拉克兰造山带成矿地质条件与主要矿化类型. 地质通报, 33(2): 255-269.

张贵宾, 刘良, 魏春景, 等, 2021. 中国变质岩研究近十年新进展. 矿物岩石地球化学通报, 40(6): 1230-1249.

张理刚, 1985. 稳定同位素在地质科学中的应用. 西安: 陕西科学技术出版社.

张文淮, 1984. 流体包裹体的研究和应用现状. 地质科技情报, 4: 13-19.

张艳, 魏平堂, 2012. Sedex 型 Pb-Zn 矿床氢氧同位素地球化学综述. 矿产勘查, 3(3): 374-378.

张长青, 毛景文, 吴锁平, 等. 2005. 川滇黔地区 MVT 铅锌矿床分布、特征及成因. 矿床地质, 24(3): 336-348.

张遵遵, 龚银杰, 陈立波, 等, 2018. 黔东北沿河大竹园萤石矿床成矿物质来源探讨: 地球化学制约. 地球化学, 47(3): 295-305.

赵永鑫, 1993. 长江中下游地区接触带铁矿床形成机理. 武汉: 中国地质大学出版社.

朱丹尼, 李兆林, 邹胜章, 等, 2018. 踏入时光隧道, 探寻千年汞金秘境: 丹寨汞矿. 中国矿业, 27(B10): 293-294, 305.

朱东亚, 金之钧, 张荣强, 等, 2014. 震旦系灯影组白云岩多级次岩溶储层叠合发育特征及机制. 地学前缘, 21(6): 335-345.

祝新友, 王莉娟, 朱谷昌, 等, 2010. 锡铁山 SEDEX 铅锌矿床成矿物质来源研究:铅同位素地球化学证据. 中国地质, 37(6): 1682-1689.

邹灏, 张寿庭, 徐旃章, 等, 2013. 川东南地区重晶石-萤石矿的稀土元素地球化学特征及其地质意义. 矿物学报, 33(S2): 191-192.

Abarca E, Carrera J, Sánchez-Vila X, et al., 2007. Quasi-horizontal circulation cells in 3D seawater intrusion. Journal of Hydrology, 339(3-4): 118-129.

Ague J J, 1991. Evidence for major mass transfer and volume strain during regional metamorphism of pelites. Geology, 19(8): 855-858.

Ague J J, Baxter E F, 2007. Brief thermal pulses during mountain building recorded by Sr diffusion in apatite and multicomponent diffusion in garnet. Earth and Planetary Science Letters, 261 (3-4) : 500-516.

Alaminia Z, Tadayon M, Griffith E M, et al., 2021. Tectonic-controlled sediment-hosted fluorite-barite deposits of the central Alpine-Himalayan segment, Komsheche, NE isfahan, Central Iran. Chemical Geology, 566 (4) : 120084.

Alba E, 1979. Segundo Simposio de Geología Regional Argentina. Academía Nacional de Ciencias, Córdoba, Argentina, 349-395.

Alderton D H M, Pearce J A, Potts P J, 1980. Rare earth element mobility during granite alteration: Evidence from southwest England. Earth and Planetary Science Letters, 49 (1) : 149-165.

Alt J C, 1995. Subseafloor Processes in Mid-Ocean Ridge Hydrothermal systems. Washington DC: American Geophysical Union Geophysical Monograph, 91: 85-114.

Anderson G M, 1975. Precipitation of Mississippi Valley-type ores. Economic Geology, 70 (5) : 937-942.

Anderson G M, 1991. Organic maturation and ore precipitation in Southeast Missouri. Economic Geology, 86 (5) : 909-926.

Anderson G M, 2008. The mixing hypothesis and the origin of Mississippi Valley-type ore deposits. Economic Geology, 103 (8) : 1683-1690.

Anderson G M, Garven G, 1987, Sulfate-sulfide-carbonate associations in Mississippi Valley-type lead-zinc deposits. Economic Geology, 82 (2) : 482-488.

Anderson G M, Thom J, 2008. The role of thermochemical sulfate reduction in the origin of Mississippi Valley-type deposits. Ⅱ. Carbonate-sulfide relationships. Geofluids, 8 (1) : 27-34.

Ansdell K M, Nesbitt B E, Longstaffe F J, 1989. A fluid inclusion and stable isotopic study of the Tom Ba-Pb-Zn deposit, Yukon Territory, Canada. Economic Geology, 84 (4) : 841-856.

Archibald S M, Migdisov A A, Williams-Jones A E, 2001. The stability of Au-chloride complexes in water vapor at elevated tem-peratures and pressures. Geochimica et Cosmochimica Acta, 65 (23) : 4413-4423.

Asl S M, Jafari M, Sahamiyeh R Z, et al. Geology, geochemistry, sulfur isotope composition, and fluid inclusion data of Farsesh barite deposit, Lorestan Province, Iran. Arabian Journal of Geosciences, 2015, 8: 7125-7139.

Audétat A, Pettk T, 2003. The magmatic-hydrothermal evolution of two barren granites: a melt and fluid inclusion study of the Rito del Medio and Canada Pinabete plutons in northern New Mexico, USA. Geochimica et Cosmochimica Acta, 67 (1) : 97-121.

Audétat A, Pettke T, Heinrich C A, et al., 2008. The composition of magmatic- hydrothermal fluids in barren and mineralized intrusions. Economic Geology, 103 (5) : 877-908.

Ayuso R A, Kelley K D, Leach D L, et al., 2004. Origin of the Red Dog Zn-Pb-Ag deposits, Brooks Range, Alaska: Evidence from regional Pb and Sr isotope sources. Economic Geology, 99 (7) : 1533-1554.

Baker E T, German C R, 2004. On the global distribution of hydrothermal vent fields.//German C R, Lin J, Parson M L et al. Mid-ocean ridges-Hydrothermal Interactions between the lithosphere and oceans. Geophysical Monograph Series, 148: 245-266.

Banks D A, Yardley B W D, Campbell A R, et al., 1994. REE composition of an aqueous magmatic fluid: a fluid inclusion study from the Capitan Pluton, New Mexico, USA. Chemical Geology, 113 (3-4) : 259-272.

Banks D A, Giuliani G, Yardley B W D, et al., 2000. Emerald mineralisation in Colombia: fluid chemistry and the role of brine mixing. Mineralium Deposita, 35 (8) : 699-713.

Barbieri M, Masi U, Tolomeo L, 1977. Geochemical evidence on the origin of the epithermal fluorite deposit at Monte Delle Fate near Cerveteri (Latium, Central Italy). Mineralium Deposita, 12 (3) : 393-398.

Barnes H L, 1997. Geochemistry of Hydrothermal Ore Deposits. New York: John Wiley and Sons, Inc.

Barrett T J, Anderson G M, 1988. The solubility of sphalerite and galena in 1—5 m NaCl solutions to 300℃. Geochimica et Cosmochimica Acta, 52(4): 813-820.

Barton M D, Staude J M, Snow E A, et al., 1991. Aureole systematics. Reviews in Mineralogy and Geochemistry, 26: 723-847.

Battaglia S, 1999. Applying X-ray geothermometer diffraction to a chlorite. Clays and Clay Minerals, 47(1): 54-63.

Bau M, Möller P, 1992. Rare earth element fractionation in metamorphogenic hydrothermal calcite, magnesite and siderite. Mineralogy and Petrology, 45(3): 231-246.

Bea F, Montero P, 1999. Behavior of accessory phases and redistribution of Zr, REE, Y, Th, and U during metamorphism and partial melting of metapelites in the lower crust: an example from the Kinzigite Formation of Ivrea-Verbano, NW Italy. Geochimica et Cosmochimica Acta, 63(7-8): 1133-1153.

Bebout G E, Fogel M L, 1992. Nitrogen-isotope compositions of metasedimentary rocks in the Catalina Schist, California: Implications for metamorphic devolatilization history. Geochimica et Cosmochimica Acta, 56(7): 2839-2849.

Bebout G E, Ryan J G, Leeman W P, et al., 1999. Fractionation of trace elements by subduction-zone metamorphism: Effect of convergent-margin thermal evolution. Earth and Planetary Science Letters, 171(1): 63-81.

Becker H, Jochum K P, Carlson R W, 2000. Trace element fractionation during dehydration of eclogites from high-pressure terranes and the implications for element fluxes in subduction zones. Chemical Geology, 163(1-4): 65-99.

Behrens H, Jantos N, 2001. The effect of anhydrous composition on water solubility in granitic melts. American Mineralogist. 86(1-2): 14-20.

Berkesi M, Guzmics T, Szabó C, et al., 2012. The role of CO_2 -rich fluids in trace element transport and metasomatism in the lithospheric mantle beneath the Central Pannonian Basin, Hungary, based on fluid inclusions in mantle xenoliths. Earth and Planetary Science Letters, 331-332: 8-20.

Berndt M E, Seyfried W E Jr, 1997. Calibration of Br/Cl fractionation during subcritical phase separation of seawater: Possible halite at 9 to 10° N East Pacific Rise. Geochimica et Cosmochimica Acta, 61(14): 2849-2854.

Bertram C, Kratschell A, O'Brien K, et al., 2011. Metalliferous sediments in the Atlantis Ⅱ Deep: Assessing the geological and econcmic resource potential and legal constraints. Resources Policy, 36(4): 315-329.

Beryake R J, Groves D I, Gardoll S, 2001. Orogenic gold and geologic time: A global synthesis. Ore Geology Reviews, 18(1-2): 1-75.

Bethke C M. 1989. Modeling subsurface flow in sedimentary basins. Geologische Rundschau, 78(1): 129-154.

Bethke C M, Marshak S, 1990. Brine migrations across North America: The plate tectonics of groundwater. Annual Review of Earth and Planetary Sciences, 18: 287-315.

Bischoff J L, Seyfried W E, 1978. Hydrothermal chemistry of seawater from 25℃to 350℃. American Journal of Science, 278(6): 838-860.

Bischoff J L, Rosenbauer R J, Fournier R O, 1996. The generation of HCl in the system $CaCl_2$-H_2O: Vapor-liquid relations from 380-500 ℃. Geochimica et Cosmochimica Acta, 60(1): 7-16.

Bjorlykke K, Egeberg P K, 1993. Egeberg. Quartz cementation in sedimentary basins. AAPG Bulletin, 77: 1538-1548.

Bodnar R J, 1992. Can we recognize magmatic fluid inclusions in fossil system based on room temperature phase relations and microthermometric behaviour[J]? Report Geological Survey of Japan, 279: 26-30

Boiron M C, Cathelineau M, Richard A, 2010. Fluid flows and metal deposition near basement/ cover unconformity: Lessons and analogies from Pb-Zn-F-Ba systems for the understanding of Proterozoic U deposits. Geofluids, 10(1-2): 270-292.

Boni M, Schmidt P R, De Wet J R, et al., 2009. Mineralogical signature of nonsulfide zinc ores at Accha (Peru): A key for recovery. International Journal of Mineral Processing, 93(3-4): 267-277.

Bonifacie M, Charlou J L, Jendrzejewski N, et al., 2005. Chlorine isotopic compositions of high temperature hydrothermal vent fluids over ridge axes. Chemical Geology, 221(3-4): 279-288.

Bons P D, Fusswinkel T, Gomez-Rivas E, et al., 2014. Fluid mixing from below in unconformity-related hydrothermal ore deposits. Geology, 42(12): 1035-1038.

Bresser H A, 1992. Origin of base metal vein mineralization in the Lawn Hill mineral field, north western Queensland. Townsville: James Cook University.

Brévart O, Dupré B, Allègre C J, 1981. Metallogenesis at spreading centers: lead isotope systematics for sulfides, manganese-rich crusts, basalts, and sediments from the Cyamex and Alvin areas (East Pacific Rise). Economic Geology, 76(5): 1205-1210.

Brimhall G H, Crerar D A, 1987. Ore fluids: Magmatic to supergene. Reviews in mineralogy, 17: 235-321.

Brimhall G H, Agee C, Stoffregen R, 1985. The hydrothermal conversion of hornblende to biotite. Canadian Mineralogist, 23: 369-379.

Bris N L, Sarradin P M, Pennec S, 2001. A new deep-sea probe for in situ pH measurement in the environment of hydrothermal vent biological communities. Deep Sea Research, 48(8): 1941-1951.

Broadbent G C, Myers R E, Wright J V, 1998. Geology and origin of shale-hosted Zn-Pb-Ag mineralization at the Century deposit, northwest Queensland, Australia. Economic Geology, 93(8): 1264-1294.

Broughton P L, 2017. Orogeny and Hydrothermal Karst: Stratabound Pb-Zn Sulphide Deposition at Pine Point, Northern Canada. Cham: Springer.

Brügmann G E, Birck J L, Herzig P M, et al., 1998. Os isotopic composition and Os and Re distribution in the active mound of the TAG hydrothermal system, Mid-Atlantic Ridge. Proceedings of the Ocean Drilling Program: Scientific Results, 158: 91-100.

Budzinski H, Tischendorf G, 1989. Distribution of REE among minerals in the Hercynian post kinematic granites of Westerzgebirge-Vogtland, GDR. Zeitschrift für Geologische Wissenschaften, 17(11): 1019-1031.

Burnham C W, 1967. Hydrothermal fluids at the magmatic stage. In: Geochemistry of hydrothermal ore deposits(1st ed). Holt: Rinehart and Winston.

Burnham C W, 1979. Magmas and hydrothermal fluids. In: Geochemistry of Hydrothermal Ore Deposits(2nd ed). New York: John Wiley.

Burnham C W, 1997. Magmas and hydrothermal fluids. In: Geochemistry of hydrothermal ore deposits(3rd ed). New York: John Wiley and Sons.

Burrows D R, Wood P C, Spooner E T C, 1986. Carbon isotope evidence for a magmatic origin for Archaean gold-quartz vein ore deposits. Nature, 321: 851-854.

Butterfield D A, Jonasson I R, Massoth G J, et al., 1997. Seafloor eruptions and evolution of hydrothermal fluid chemistry. Philosophical Transactions of the Royal Society of London. Series A: Mathematical, Physical and Engineering Sciences, 355(1723): 369-386.

Cameron E N, Rowe R B, Weis P L, 1953. Fluid inclusions in beryl and quartz from pegmatites of the Middletown district, Connecticut. American Mineralogist: Journal of Earth and Planetary Materials, 38(3-4): 218-262.

Campbell A C, Palmer M R, Klinkhammer G P, et al., 1988. Chemistry of hot springs on the Mid-Atlantic Ridge. Nature, 335: 514-519.

Campbell A R, Robinson-Cook S, 1987. Infrared fluid inclusion microthermometry on coexisting wolframite and quartz. Economic Geology, 82(6): 1640-1645.

Campbell McCuaig T, Kerrich R, 1998. P—T—T—Deformation—Fluid characteristics of lode gold deposits: Evidence from alteration systematics. Ore Geology Reviews, 12(6): 381-453.

Candela P A, 1991. Physics of aqueous phase exsolution in plutonic environments. American Mineralogist, 76: 1081-1.

Candela P A, 1992. Controls on ore metal ratios in granite-related ore systems: An experimental and computational approach. Transactions of the Royal Society of Edinburgh. Earth Sciences, 83(1-2): 317-326.

Candela P A, 1997. A Review of Shallow, Ore-related Granites: Textures, Volatiles, and Ore Metals. Journal of Petrology, 38(12): 1619-1633.

Candela P A, Holland H D, 1986. A mass-transfer model for copper and molybdenum in magmatic hydrothermal systems: The origin of porphyry-type ore deposits. Economic Geology, 81(1): 1-19.

Candela P A, Piccoli P M, 1995. Model ore-metal partitioning from melts into vapor and vapor/brine mixtures. In: Thompson J F H et al. Magmas Fluids and Ore Deposits. Mineralogical Association of Canada Short Course, 23: 101-128.

Cansu Z, Öztürk H, 2020. Formation and genesis of Paleozoic sediment-hosted barite deposits in Turkey. Ore Geology Reviews, 125: 103700.

Carignan J, Gariépy C, Hillaire-Marcel C, 1997. Hydrothermal fluids during Mesozoic reactivation of the St. Lawrence rift system, Canada: C, O, Sr and Pb isotopic characterization. Chemical Geology, 137(1-2): 1-21.

Carpenter A B, Trout M L, Pickett E E, 1974. Preliminary report on the origin and chemical evolution of the Pb-Zn rich brines in central Mississippi. Economic Geology, 69(8): 1191-1206.

Casey E R, Peter H, Marcos Z, et al., 1989. Formation of carboniferous pb-zn and barite mineralization from basin-derived fluids, Nova Scotia, Canada. Economic Geology, 84(6): 1471-1488.

Castorina F, Masi U, Gorello I, 2020. Rare earth element and Sr-Nd isotopic evidence for the origin of fluorite from the Silius vein deposit(southeastern Sardinia, Italy). Journal of Geochemical Exploration, 215: 106535.

Cathles L M, 1990. Scales and effects of fluid flow in the upper crust. Science, 248(4953): 323-329.

Cathles L M, Adams J J, 2005. Fluid flow and petroleum and mineral resources in the upper(<20-km) continental crust. Economic Geology, 100: 11-77

Charlou J L, Donval J P, Douville E, et al., 2000. Compared geochemical signatures and the evolution of Menez Gwen(37°50'N) and Lucky Strike(37°17'N) hydrothermal fluids, south of the Azores Triple Junction on the Mid-Atlantic Ridge. Chemical Geology, 171(1-2): 49-75.

Charvet J, Shu L S, Shi Y S, et al., 1996. The building of South China: Collision of Yangzi and Cathaysia blocks, problems and tentative answers. Journal of Southeast Asian Earth Sciences, 13(3-5): 223-235.

Chaussidon M, Albarède F, Sheppard S M F, 1989. Sulphur isotope variations in the mantle from ion microprobe analyses of micro-sulphide inclusions. Earth and Planetary Science Letters, 92(2): 144-156.

Chen H, Ni P, Wang R C, et al., 2015. A combined fluid inclusion and S-Pb isotope study of the Neoproterozoic Pingshui volcanogenic massive sulfide Cu–Zn deposit, Southeast China. Ore Geology Reviews(66): 388-402.

Chen J Q, Wang F G, Xia X, et al., 2002. Major element chemistry of the Changjiang (Yangtze River). Chemical Geology, 187(3-4), 231-255.

Cheng L, Song Y, Chang H, et al., 2020. Heavy mineral assemblages and sedimentation rates of eastern Central Asian loess: Paleoenvironmental implications. Palaeogeography, Palaeoclimatology, Palaeoecology, 551: 109747.

Chi G, 2011. Hydrodynamic control on localization of uranium deposits in sedimentary basins[C]// Geological Society of America Annual Conference (October 9-12, Minneapolis), Keynote speaker, Geological Society of America Abstracts with Programs, 43: 667.

Clark J R, Williams-Jones A E, 1990. Analogues of epithermal gold-silver deposition in geothermal well scales. Nature, 346: 644-645.

Cline J S, Bodnar R J, 1991. Can economic Porphyry copper mineralization be generated by typical calc-alkaline melt. Journal of Geophysical Research: Soid Earth, 96 (B5): 8113-8126.

Cline J S, Bodnar R J, Rimstidt J D, 1992. Numerical simulation of fluid flow and silica transport and deposition in boiling hydrothermal solutions: Application to epithermal gold deposits. Journal of Geophysical Research Solid Earth, 97 (B6): 9085-9103.

Cole D R, Drummond S E, 1986. The effect of transport and boiling on Ag/Au ratios in hydrothermal solutions: a preliminary assessment and possible implications for the formation of epithermal precious-metal ore deposits. Journal of Geochemical Exploration, 25 (1-2): 45-79.

Collier J S, Sinha M C, 1992. Seismic mapping of a magma chamber beneath the Valu Fa Ridge, Lau Basin. Journal of Geophysical Research: Solid Earth, 97 (B10): 14031-14053.

Constantopoulos J, 1988. Fluid inclusions and rare earth element geochemistry of fluorite from south-central Idaho. Economic Geology, 83 (3): 626-636.

Cooke D R, Bull S W, Large R R, et al., 2000. the importance of oxidized brines for the formation of Australian proterozoic stratiform sediment-hosted pb-zn (sedex) deposits. Economic Geology, 95 (1): 1-18.

Corliss J B, Dymond J, Gordon L I, et al., 1979. Submarine thermal sprirngs on the Galapagos Rift. Science, 203 (4385): 1073-1083.

Cotton F A, Wilkinson G, Murillo C A, et al., 1999. Advanced inorganic chemistry (6th ed). New York: Wiley-Interscience.

Cousens B L, Blenkinsop J, Franklin J M, 2002. Lead isotope systematics of sulfide minerals in the Middle Valley hydrothermal system, northern Juan de Fuca Ridge. Geochemistry, Geophysics, Geosystems, 3 (5): 1-16.

Craddock P R, Bach W, Seewald J S, et al., 2010. Rare earth element abundances in hydrothermal fluids from the Manus Basin, Papua New Guinea: indicators of sub-seafloor hydrothermal processes in back-arc basins. Geochimica et Cosmochimica Acta, 74 (19): 5494-5513.

Crawford M L, Hollister L S, 1986. Metamorphic fluids: The evidence from fluid inclusions. New York: Springer-Verlog.

Crawford W C, Singh S C, Seher T, et al., 2010. Crustal Structure, Magma Chamber, and Faulting Beneath the Lucky Strike Hydrothermal Vent Field. Washington D C: American Geophysical Union Geophysical Monograph Serie.

Cui H, Zhong R C, Xie Y L, et al., 2021. Melt-fluid and fluid-fluid immiscibility in $NagSO_4$-SiO_2-HO_2 system and its implications for the formation of rare earth deposits. Acta Geologica Sinica-English Edition, 95 (5): 1604-1610.

Dai Z H, Yang Z L, Yang Y M, et al., 2019. In Proceedings of the 57th Annual Meeting of the Association for Computational Linguistics.Florence, Italy: 2978-2988.

Deng J, Wang Q F, 2016. Gold mineralization in China: Metallogenic Provinces, deposit types and tectonic framework. Gondwana Research, 36: 219-274.

Dick H J, Lin J, Schouten H. 2003. An ultraslow-spreading class of ocean ridge. Nature, 426 (6965): 405-412.

Ding K, Seyfried J R W E. 1995. In-situ measurement of dissolved H_2 in aqueous fluid at elevated temperatures and pressures. Geochimica et Cosmochimica Acta, 59(22): 4769-4773.

Douville E, Charlou J L, Oelkers E H, et al., 2002. The rainbow vent fluids(36°14′N, MAR): the influence of ultramafic rocks and phase separation on trace metal content in Mid-Atlantic Ridge hydrothermal fluids. Chemical Geology, 184(1-2): 37-48.

Drummond S E, Ohmoto H, 1985. Chemical evolution and mineral deposition in boiling hydrothermal systems. Economic Geology, 80(1): 126-147.

Elderfield H, Upstill-Goddard R V, Sholkovitz E R, 1990. The rare earth elements in rivers, estuaries and coastal sea and their significance to the composition of ocean waters. Geochimica et Cosmochimica Acta, 54(4): 971-991.

Emsbo P, 2017. Sedex brine expulsions to Paleozoic basins may have changed global marine $^{87}Sr/^{86}Sr$ values, triggered anoxia, and initiated mass extinctions. Ore Geology Reviews, 86: 474-486.

England W A, Mackenzie A S, Mann D M, et al., 1987. The movement and entrapment of petroleum fluids in the subsurface. Journal of the Geological Society, 144(2): 327-347.

Etheridge M A, Wall V J, Vernon R H, 1983. The role of the fluid phase during regional metamorphism and deformation. Journal of Metamorphic Geology, 1(3): 205-226.

Eugster H P, 1985. Granites and hydrothermal ore deposits: A geochemical framework. Mineralogical Magazine, 49(350): 7-23.

Eugster H P, 1989. Geochemical environments of sediment-hosted Cu-Pb-Zn deposits. Geological Association of Canada Special Paper, 6: 111-126.

Evans A M, 1987. An Introduction to ore geology(2nd ed). Oxford: Blackwell.

Fallick A E, Ashton J H, Boyce A J, et al., 2001. Bacteria were responsible for the magnitude of the world-class hydrothermal base metal sulfide orebody at navan, Ireland. Economic Geology, 96(4): 885-890.

Fan H R, Zhai M G, Xie Y H, et al. 2003. Ore-forming fluids associated with granite-hosted gold mineralization at the Sanshandao deposit, Jiaodong gold province, China. Mineralium Deposita, 38(6): 739-750.

Fang Y, Zou H, Bagas L, et al., 2020. Fluorite deposits in the Zhejiang Province, southeast China: The possible role of extension during the late stages in the subduction of the Paleo-Pacific oceanic plate, as indicated by the Gudongkeng fluorite deposit. Ore Geology Reviews, 117: 103276.

Fanlo I, Touray J C, Subías I, et al., 1998. Geochemical patterns of a sheared fluorite vein, Parzan, Spanish Central Pyrenees. Mineralium Deposita, 33(6): 620-632.

Farrell C, Holland M, Petersen U, 1978. The isotopic composition of strontium in barites and anhydrites from Kuroko deposits. Mining Geology, 28(150): 281-291.

Fedorowich J S, Stauffer M R, Kerrich R, 1991. Structural setting and fluid characteristics of the Proterozoic Tartan Lake gold deposit, Trans-Hudson Orogen, northern Manitoba. Economic Geology, 86(7): 1434-1467.

Fernandes N A, Gleeson S A, Magnall J M, et al., 2017. The origin of Late Devonian (Frasnian) stratiform and stratabound mudstone-hosted barite in the Selwyn Basin, Northwest Territories, Canada. Marine and Petroleum Geology, 85: 1-15.

Ferry J M, 1983. Regional metamorphism of the Vassalboro Formation, south-central Maine, USA: a case study of the role of fluid in metamorphic petrogenesis. Journal of the Geological Society, 140(4): 551-576.

Ferry J M, Gerdes M L, 1998. Chemically reactive fluid flow during metamorphism. Annual Review of Earth and Planetary Sciences, 26(1): 255-287.

Fisher R V, Schmincke H U, 1984. Pyroclastic Rocks. Berlin: Springer.

Fiske R S, Naka J, Iizasa K, et al., 2001. Submarine silicic caldera at the front of the Izu-Bonin arc, Japan: Voluminous seafloor eruptions of rhyolite pumice. Geological Society of America Bulletin, 113(7): 813-824.

Fouquet Y, 1997. Where are the large hydrothermal sulphide deposits in the oceans? Philosophical Transactions-Royal Society of London Series. Mathematical, Physical and Engineering Sciences, 355(1723): 427-441.

Fouquet Y, Marcoux E, 1995. Lead isotope systematics in Pacific hydrothermal sulfide deposits. Journal of Geophysical Research: Solid Earth, 100(B4): 6025-6040.

Fouquet Y, Von Stackelberg U, Charlou J L, et al., 1991. Hydrothermal activity and metallogenesis in the Lau back-arc basin. Nature, 349(6312): 778-781.

Fournier R O, 1985. Silica minerals as indicators of conditions during gold deposition. Bulletin - United States, 1646: 15-26.

Fournier R O, 1999. Hydrothermal processes related to movement of fluid from plastic into brittle rock in the magmatic-epithermal environment. Economic Geology, 94(8): 1193-1211.

Fournier R O, Kennedy B M, Masahiro A, et al., 1994. Correlation of gold in siliceous sinters with 3He4He in hot spring waters of Yellowstone National Park. Geochimica et Cosmochimica Acta, 58(24): 5401-5419.

Franklin J M, Gibson H L, Jonasson I R, et al., 2005. Volcanogenic massive sulfide deposits.//Economic Geology 100th Anniversary Volume, Littlelon: Society of Economic Geologists.

Fu B, Touret J L R, 2014. From granulite fluids to quartz-carbonate megashear zones: The gold rush. Geoscience Frontiers, 5(5): 747-758.

Fyfe W S, Price N L, Thompson A B, 1978. Fluid in the Earth's Crust. Developments in Geochemisty. Amsterdam: Elsevier.

Gamo T, Sakai H, Kim E S, et al., 1991. High alkalinity due to sulfate reduction in the CLAM hydrothermal field, Okinawa Trough. Earth and Planetary Science Letters, 107(2): 328-338.

Gamo T, Chiba H, Yamanaka T, et al., 2001. Chemical characteristics of newly discovered black smoker fluids and associated hydrothermal plumes at the Rodriguez Triple Junction, Central Indian Ridge. Earth and Planetary Science Letters, 193(3-4): 371-379.

Gardner H D, Hutcheon I, 1985. Geochemistry, mineralogy, and geology of the Jason Pb-Zn deposits, Macmillan Pass, Yukon, Canada. Economic Geology, 80(5): 1257-1276.

Garven G, 1989. A hydrogeologic model for the formation of the giant oil sands deposits of the Western Canada sedimentary basin. American Journal of Science, 289(2): 105-166.

Garven G, 1995. Continental-scale groundwater flow and geologic processes. Annual Review of Earth and Planetary Sciences, 23(1): 89-117.

Garven G, Freeze R A, 1984. Theoretical analysis of the role of groundwater flow in the genesis of stratabound ore deposits. 1. mathematical and numerical model. American Journal of Science, 284(10): 1085-1124.

Garven G, Raffensperger J P, 1997. Hydrogeology and geochemistry of ore genesis in sedimentary basins. In: Barnes HL(ed) Geochemistry of hydrothermal ore deposits(3rd ed). New York: John Wiley and Sons.

Garven G, Ge S, Person M A, et al., 1993, Genesis of stratabound ore deposits in the Midcontinent Basins of North America. 1. The role of regional groundwater flow. American Journal of Science, 293(6): 497-568.

Gebre-Mariam M, Groves D I, McNaughton N J, et al., 1993. Archaean Au–Ag mineralisation at Racetrack, near Kalgoorlie, Western Australia: A high crustal-level expression of the Archaean composite lode-gold system. Mineralium Deposita, 28(6): 375-387.

Genç Y, 2006. Genesis of the Neogene interstratal karst-type Pöhrenk fluorite-barite (±lead) deposit (Kırşehir, Central Anatolia, Turkey). Ore Geology Reviews, 29 (2): 105-117.

German C R, Von Damm K L, 2003. Hydrothermal Processes.//Treatise on Geochemistry. Amsterdam: Elevier: 181-222.

Ghazban F, McNutt R H, Schwarcz H P, 1994. Genesis of sediment-hosted Zn-Pb-Ba deposits in the Irankuh district, Esfahan area, west-central Iran. Economic Geology, 89 (6): 1262-1278.

Giordano T H, Barnes H L, 1979. Ore solution chemistry Ⅵ: PbS solubility in bisulfide solutions to 300 ℃. Economic Geology, 74 (7): 1637-1646.

Glasby G P, Notsu K, 2003. Submarine hydrothermal mineralization in the Okinswa Trough, SW of Japan: An overview. Ore Geology Reviews, 23 (3-4): 299-339.

Gleeson S A, Turner W A, 2007. Fluid inclusion constraints on the origin of the brines responsible for Pb-Zn mineralization at Pine Point and coarse non-saddle and saddle dolomite formation in southern Northwest Territories. Geofluids, 7 (1): 51-68.

Goldberg E D, 1972. The fluxes of marine chemistry. Proceedings of the Royal Society of Edinburgh, Section B, 72 (1): 357-364.

Goldfarb R J, Phillips G N, Nokleberg W J, 1998. Tectonic setting of synorogenic gold deposits of the Pacific Rim. Ore Geology Reviews, 13 (1-5): 185-218.

Goldfarb R J, Groves D I, Gardoll S, 2001. Orogenic gold and geologic time: A global synthesis. Ore Geology Reviews, 18 (1-2): 1-75.

Goldfarb R J, Miller L D, Leach D L, et al., 1997. Gold deposits in metamorphic rocks of Alaska. Economic Geology Monograph, 9:151-90.

Gonchar G G, Shmulovich K I, Yardley B W D, et al., 2012. Fluids in the Crust. Berlin: Springer Science and Business Media.

González-Sánchez F, Camprubí A, González-Partida E, et al., 2009. Regional stratigraphy and distribution of epigenetic stratabound celestine, fluorite, barite and Pb-Zn deposits in the MVT province of northeastern Mexico. Mineralium Deposita, 44 (3): 343-361.

Goodfellow W D, 2000. Anoxic Conditions in the aldridge basin during formation of the sullivan zn-pb deposit: implications for the genesis of massive sulphides and distal hydrothermal sediments.Geological Association of Canada, Mineral Deposits Division Special Publication, 1: 218-250.

Goodfellow W D, Franklin J M, 1993. Geology, mineralogy, and chemistry of sediment-hosted clastic massive sulfides in shallow cores, Middle Valley, northern Juan de Fuca Ridge. Economic Geology, 88 (8): 2037-2068.

Grimaud D, Ishibashi J I, Lagabrielle Y, et al., 1991. Chemistry of hydrothermal fluids from the 17°S active site on the north Fiji Basin ridge (SW pacific). Chemical Geology, 93 (3-4): 209-218.

Gromek P, Gleeson S A, Simonetti A, 2012. A basement-interacted fluid in the N81 deposit, Pine Point Pb-Zn District, Canada: Sr isotopic analyses of single dolomite crystals. Mineralium Deposita, 47 (7): 749-754.

Groves D I, 1993. The crustal continuum model for late-Archaean lode-gold deposits of the Yilgarn Block, Western Australia. Mineralium Deposita, 28 (6): 366-374.

Groves D I, Phillips G N, 1987. The genesis and tectonic control on Archaean gold deposits of the Western Australian Shield: Ametamorphic-replacement model. Ore Geology Reviews, 2 (4): 287-322.

Groves D I, Goldfarb R J, Knox-Robinson C M, et al., 2000. Late-kinematic timing of orogenic gold deposits and significance for computer-based exploration techniques with emphasis on the Yilgarn Block, Western Australia. Ore Geology Reviews, 17 (1-2): 1-38.

Groves D I, Goldfarb R J, Robert F, et al., 2003. Gold deposits in metamorphic belts: Overview of current understanding, outstanding problems, future research, and exploration significance. Economic Geology, 98(1): 1-29.

Gu L X, Zheng Y C, Tang X Q, et al., 2007. Copper, gold and silver enrichment in ore mylonites within massive sulphide orebodies at Hongtoushan VHMS deposit, NE China. Ore Geology Reviews, 30(1): 1-29.

Guney M, Al-Marhoun M A, Nawab Z A, 1988. Metalliferous sub-marine sediments of the Atlantis-Ⅱ-Deep, Red Sea. Canadian Institute of Mining and Metallurgy Bulletin, 81: 33-39.

Guo L N, Deng J, Yang L Q, et al., 2020. Gold deposition and resource potential of the Linglong gold deposit, Jiaodong Peninsula: Geochemical comparison of ore fluids. Ore Geology Reviews, 120: 103434.

Guo S, Zhao K D, John T, et al., 2019. Metasomatic flow of metacarbonate-derived fluids carrying isotopically heavy boron in continental subduction zones: Insights from tourmaline-bearing ultra-high pressure eclogites and veins(Dabie terrane, eastern China). Geochimica et Cosmochimica Acta, 253: 159-200.

Haas J R, Shock E L, Sassani D C, 1995. Rare earth elements in hydrothermal systems: Estimates of standard partial molal thermodynamic properties of aqueous complexes of the rare earth elements at high pressures and temperatures. Geochimica et Cosmochimica Acta, 59(21): 4329-4350.

Halbach P, Hansmann W, Köppel V, et al., 1997. Whole-rock and sulfide lead isotope data from the hydrothermal JADE field in the Okinawa back-arc trough. Mineralium Deposita, 32(1): 70-78.

Halbach P, Pracejus B, Maerten A, et al., 1993. Geology and mineralogy of massive sulfide ores from the central Okinawa trough, Japan. Economic Geology, 88(8): 2210-2225.

Hannington M D, 2014. Volcanogenic massive sulfide deposits.//Treatise on Geochemistry. Amsterdam: Elsevier: 463-488.

Hannington M D, De Ronde C E J, Petersen S, 2005. Sea-floor tectonics and submarine hydrothermal systems. Economic Geology, 100: 111-141.

Hannington M, Jamieson J, Monecke T, et al., 2011. The abundance of seafloor massive sulfide deposits. Geology, 39(12): 1155-1158.

Hanor J S, 1987. Kilometre-scale thermohaline overturn of pore waters in the Louisiana Gulf Coast. Nature, 327(6122): 501-503.

Hanor J S, 1994. Origin of saline fluids in sedimentary basins. Geological Society, London, Special Publications, 78(1): 151-174.

Hanor J S, 1998. Geochemistry and origin of metal-rich brines in sedimentary basins. Tasmania: University of Tasmania.

Hanor J S, McIntosh J C, 2007. Diverse origins and timing of formation of basinal brines in the Gulf of Mexico sedimentary basin. Geofluids, 7(2): 227-237.

Harff J, Meschede M, Petersen S, et al., 2016. Encyclopedia of Marine Geosciences. Berlin: Springer Netherlands.

Harms U, Heckmann H, 2004. Niederberg area along the northwestern margin of the trans-Rhenish Slate mountains - Developmental conditions and formation based on sphalerite chemistry, fluid inclusion analyses and sulfur isotope geochemistry. Neues Jahrbuch fur Mineralogie-Abhandlungen, 180: 287-327.

Heaman L, Ludden J N, 1991. Applications of radiogenic isotope systems to problems in geology. MAC short course, 19: 498.

Hedenquist J W, Lowenstern J B, 1994. The role of magmas in the formation of hydrothermal ore deposits. Nature, 370(6490): 519-527.

Hedenquist J W, Richards J P, 1998. The influence of geochemical techniques on the development of genetic models for porphyry copper deposits. Reviews in Economic Geology, 10: 235-256.

Hedenquist J W, Arribas A J, 1999. Epithermal gold deposits: I. Hydrothermal processes in intrusion-related systems, and Ⅱ. Characteristics, examples and origin of epithermal gold deposits. In: Molnar F, Lexa J, Hedenquist JW(eds) Epithermal mineralization of the Western Carpathians. Society of Economic Geologists, Guidebook Series, 31: 13-63.

Hegner E, Tatsumoto M, 1987. Pb, Sr, and Nd isotopes in basalts and sulfides from the Juan de Fuca Ridge. Journal of Geophysical Research, 92(B11): 11380-11386.

Hein J R, de Ronde C E J, Koski R A, et al., 2014. Layered hydrothermal barite-sulfide mound field, east diamante caldera, Mariana volcanic arc. Economic Geology, 109(8): 2179-2206.

Heinrich C A, 1990. The chemistry of hydrothermal tin (-tungsten) ore deposition. Economic Geology, 85(3): 457-481.

Heinrich C A, 2007. Fluid-fluid interactions in magmatic-hydrothermal ore formation. Reviews in Mineralogy and Geochemistry, 65(1): 1-363.

Heinrich C A, Candela B A, 2014. Fluids and ore formation in the Earth's crust. Treatise on Geochemistry. Amsterdam: Elsevier: 1-28.

Heinrich C A, Günther D, Audétat A, et al., 1999. Metal fractionation between magmatic brine and vapor, determined by microanalysis of fluid inclusions. Geology, 27(8): 755-758.

Heinrich C A, Driesner, T, Stefánsson, A, et al., 2004. Magmatic vapor contraction and the transport of gold from the porphyry environment to epithermal ore deposits. Geology, 32(9): 761-764.

Hekinian R, Fevrier M, Bischoff J L, et al., 1980. Sulfide deposits from the East Pacific Rise near 21N. Science, 207(4438): 1433-1444.

Hellman P L, Smith R E, Henderson P, 1979. The mobility of the rare earth elements: evidence and implications from selected terrains affected by burial metamorphism. Contributions to Mineralogy and Petrology, 71(1): 23-44.

Hellmann R, 1994. The albite-water system: Part I. The kinetics of dissolution as a function of pH at 100, 200 and 300℃. Geochimica et Cosmochimica Acta, 58(2): 595-611.

Henley H F, Brown R E, Stroud W J, 1999. The mole granite-extent of mineralization and exploration potential.Armidale: University of New England, 385-392.

Henley R W, McNabb A, 1978. Magmatic vapor plumes and ground-water interaction in porphyry copper emplacement. Economic Geology, 73(1): 1-20.

Herzig P M, Hannington M D, 1995. Polymetallic massive sulfides at the modern seafloor A review. Ore Geology Reviews, 10(2): 95-115.

Higgins N C, 1980. Fluid inclusion evidence for the transport of tungsten by carbonate complexes in hydrothermal solutions. Canadian Journal of Earth Sciences, 17(7): 823-830.

Hinman M, 1996. Constraints, timing and processes of stratiform base metal mineralisation at the HYC Ag-Pb-Zn deposit, McArthur River. Economic Geology Research Unit Contribution, 55: 56-59.

Hoefs J, 2009. Stable Isotope Geochemistry (6th ed). Berlin: Springer-Verlag.

Holland H D, 1984. The Chemical Evolution of the Atmosphere and the Oceans. Princeton: Princeton University Press.

Holland H D, 2007. The Geological History of Seawater.//Treatise on Geochemistry. Amsterdam: Elsevier: 1-46.

Honma H, Shuto K, 1979. On strontium isotopic ratio of barite from Kuroko-type ore deposits, Japan. The Journal of Japanese Association of Mineralogists, Petrologists and Economic Geologists, 74(9): 321-325.

Houston J R, Dean R G, 2011. Sea-level acceleration based on US tide gauges and extensions of previous global-gauge analyses. Journal of Coastal Research, 27(3): 409-417.

Hu Q Q, Wang Y T, Mao J W, et al., 2015. Timing of the formation of the Changba-Lijiagou Pb-Zn ore deposit, Gansu Province, China: Evidence from Rb-Sr isotopic dating of sulfides. Journal of Asian Earth Sciences, 103: 350-359.

Huang Z L, Li X B, Zhou M F, et al., 2010. REE and C–O isotopic geochemistry of calcites from the word-class Huize Pb–Zn deposits, Yunnan, China: Implication for the ore genesis. Acta Geologica Sinica (English Edition) 84(3), 597-613.

Huh Y, Panteleyev G, Babich D, et al., 1998. The fluvial geochemistry of the rivers of Eastern Siberia: II. Tributaries of the Lena, Omoloy, Yana, Indigirka/Kolyma, and Anadyr draining the collisional/accretionary zone of the Verkhoyansk and Cherskiy ranges. Geochemica et Cosmochimica Acta, 62(12), 2053-2075.

Huizenga J M, Touret J L R, 2012. Granulites, CO_2 and graphite. Gondwana Research, 22(3-4): 799-809.

Humphris S E, Zierenberg R A, Mullineaux L S, et al., 1995. Seafloor hydrothermal systems: physical, chemical, biological, and geological interactions. Geophysical Monograph, 100(5): 327-352.

Huston D L, 1997. Stable isotopes and their significance for understanding the genesis of volcanic-hosted massive sulfide deposit: A review. Reviews in Economic Geology, 8: 157-179.

Huston D L, Taylor B E, 1999. Genetic significance of oxygen and hydrogen isotope variations at the Kidd Creek volcanic-hosted massive sulfide deposit, Ontario, Canada. Economic Geology Monograph, 10: 335-350.

Iizasa K A, Fiske R S, Ishizuka O, et al., 1999. Kuroko-Type Polymetallic Sulfide Deposit in a Submarine Silicic Caldera. Science, 283(5404): 975-977.

Iizasa K, Sasaki M, Matsumoto K, et al., 2004. A first extensive hydrothermal field associated with Kuroko-type deposit in a silicic submarine caldera in a nascent rift zone, Izu-Ogasawara(Bonin) arc, Japan.Oceans MTS/EEE Conference: Techno-Ocean'04, Bridges Across the Oceans: Kobe, Japan, Marine Technology Society, 991-996.

Ioannou S E, Spooner E T C, Barrie C T, 2007. Fluid temperature and salinity characteristics of the Matagami volcanogenic massive sulfide district, Quebec. Economic Geology, 102(4): 691-715.

Ishibashi J I, Ikegami F, Tsuji T, et al., 2015. Hydrothermal Activity in the Okinawa Trough Back-Arc Basin: Geological Background and Hydrothermal Mineralization.//Ishibashi J I, Okino K, and Sunamura M et al. Subseafloor Biosphere Linked to Hydrothermal Systems. Tokyo: Springer: 337-359.

Ishibashi J, Urabe T, 1995. Hydrothermal activity related to arc back arc magmatism in the Western Pacific.//Taylor B. (ed.). Backarc basins: Tectonics and magmatism: New York, Plenum Press, 451-495.

Ishihara S, Takenouchi S, 1980. Granitic magmatism and related mineralization. Mining Geology, 8: 1-247.

James A D C, 2010. The mechanics of metamorphic fluid expulsion. Elements, 6(3): 165-172.

James R H, Elderfield H, Rudnicki M D, et al., 1995. Hydrothermal plumes at Broken Spur, 29 N Mid-Atlantic Ridge: chemical and physical characteristics. Geological Society, London, Special Publications, 87(1): 97-110.

Jannas R R, Beane R E, Ahler B A, et al., 1990. Gold and copper mineralization at the El-Indio deposit, Chile. Journal of Geochemical Exploration, 36(1-3): 233-266.

Jean-Baptiste P, Charlou J L, Stievenard M, et al., 1991. Helium and methane measurements in hydrothermal fluids from the mid-Atlantic ridge: the Snake Pit site at 23° N. Earth and Planetary Science Letters, 106(1-4): 17-28.

Jemmali N, Carranza E J M, Zemmel B, 2017. Isotope geochemistry of Mississippi Valley Type stratabound F-Ba-(Pb-Zn) ores of Hammam Zriba(Province of Zaghouan, NE Tunisia). Geochemistry, 77(3): 477-486.

Jia Y, Li X, Kerrich R, 2001. Stable isotope (O, H, S, C, and N) systematics of quartz vein systems in the Turbidite-Hosted Central and North Deborah Gold Deposits of the Bendigo Gold Field, Central Victoria, Australia: Constraints on the Origin of Ore-Forming Fluids. Economic Geology, 96 (4): 705-721.

Kadik A A, 1979. The system $NaAlSi_3O_8$-H_2O-CO_2 to 20 kbar pressure: I. Compositional and thermodynamic relations of liquids and vapors coexisting with albite. American Mineralogist, 64: 1036-48.

Keith, 2015. From active submarine vent systems to fossil volcanic-hosted massive sulphide deposits: an in-situ analytical study of hydrothermal sulphides. Erlangen: Friedrich-Alexander-Universität Erlangen-Nürnberg.

Kelly W C, Rye R O, 1979. Geologic, fluid inclusion, and stable isotope studies of the tin-tungsten deposits of Panasqueira, Portugal. Economic Geology, 74 (8): 1721-1822.

Kelley D S, Gillis K M, Thompson G, 1993. Fluid evolution in submarine magma-hydrothermal systems at the Mid-Atlantic Ridge. Journal of Geophysical Research, 98: 19579-19596.

Kelley D S, Carbotte S M, Caress D W, et al., 2012. Endeavour Segment of the Juan de Fuca Ridge: One of the Most Remarkable Places on Earth. Oceanography, 25 (1): 44-61.

Kelley K D, Leach D L, Johnson C A, et al., 2004. Textural, compositional, and sulfur isotope variations of sulfide minerals in the Red Dog Zn-Pb-Ag deposits, Brooks Range, Alaska: Implications for ore formation. Economic Geology, 99 (7): 1509-1532.

Kelley K D, Selby D, Falck H, et al., 2017. Re-Os systematics and age of pyrite associated with stratiform Zn-Pb mineralization in the Howards Pass district, Yukon and Northwest Territories, Canada. Mineralium Deposita, 52 (3): 317-335.

Kendrick M A, Honda M, Oliver N H S, et al., 2011. The noble gas systematics of late-orogenic H_2O-CO_2 fluids, Mt Isa, Australia. Geochimica et Cosmochimica Acta, 75 (6): 1428-1450.

Kerr R C, Woods, A W, Worster M G, et al., 1990a. Solidification of an alloy cooled from above. Part I. Equilibrium growth. Journal of Fluid Mechanics, 216: 323-342.

Kerr R C, Woods, A W, Worster M G, et al., 1990b. Solidification of an alloy cooled from above. Part Ⅱ. Non-equilibrium interfacial kinetics. Journal of Fluid Mechanics, 217: 331- 348.

Kerrich R, 1987. The stable isotope geochemistry of Au-Ag vein deposits in metamorphic rocks. Mineralogical Association of Canada Short Course, 13, 287-336.

Kesler S E, 1977. Geochemistry of manto fluorite deposits, northern Coahuila, Mexico. Economic Geology, 72 (2): 204-218.

Kesler S E, Appold M S, Cumming G L, et al., 1994. Lead isotope geochemistry of Mississippi valley-type mineralization in the Central Appalachians. Economic Geology, 89 (7): 1492-1500.

Kharaka Y K, Berry F A P, 1973. Simultaneous flow of water and solutes through geological membranes-1. Experimental investigation. Geochimica et Cosmochimica Acta, 37 (12): 2577-2603.

Khin Z, Huston D, Large R, 1999. A chemical model for remobilisation of ore constituents during Devonian replacement process within Cambrian VHMS Rosebery deposit, western Tasmania. Economic Geology, 94: 529-546.

Kilinc I A, Burnham C W, 1972. Partitioning of chloride between a silicate melt and coexisting aqueous phase from 2 to 8 kilobars. Economic Geology, 67 (2): 231-235.

Kim J, Lee I, Halbach P, et al., 2006. Formation of hydrothermal vents in the North Fiji Basin: sulfur and lead isotope constraints. Chemical Geology, 233 (3-4): 257-275.

King E M, Valley J W, Stockli D F, et al., 2004. Oxygen isotope trends of granitic magmatism in the Great Basin: Location of the Precambrian craton boundary as reflected in zircons. Geological Society of America Bulletin, 116: 451-462.

Klemm L, Pettke T, Heinrich C A, 2008. Fluid source and magma evolution of the Questa porphyry Mo deposit, New Mexico, USA. Mineralium Deposita, 43(5): 533-552.

Klinkhammer G P, Elderfield H, Edmond J M, et al., 1994. Geochemical implications of rare earth element patterns in hydrothermal fluids from mid-ocean ridges. Geochimica et Cosmochimica Acta, 58(23): 5105-5113.

Kogiso T, Tatsumi Y, Nakano S, 1997. Trace element transport during dehydration processes in the subducted oceanic crust: 1. Experiments and implications for the origin of ocean island basalts. Earth and Planetary Science Letters, 148(1-2): 193-205.

Kouzmanov K, Pettke T, Heinrich C A, 2010. Direct analysis of ore-precipitating fluids: Combined IR microscopy and LA-ICP-MS study of fluid inclusions in opaque ore minerals. Economic Geology, 105(2): 351-373.

Kraemer D, Viehmann S, Banks D, et al., 2019. Regional variations in fluid formation and metal sources in MVT mineralization in the Pennine Orefield, UK: Implications from rare earth element and yttrium distribution, Sr-Nd isotopes and fluid inclusion compositions of hydrothermal vein fluorites. Ore Geology Reviews, 107: 960-972.

Krauskopf K B, 1979. Introduction to Geochemistry(2nd ed). New York: McGraw-Hill Kogakushu.

Krebs W, Macqueen R, 1984. Sequence of diagenetic and mineralization events, pine point lead-zinc property, northwest territories, Canada. Bulletin of Canadian Petroleum Geology, 32: 434-464.

Kuhn T, Herzig P M, Hannington M D, et al., 2003. Origin of fluids and anhydrite precipitation in the sediment-hosted Grimsey hydrothermal field north of Iceland. Chemical Geology, 202(1-2): 5-21.

Kumar S, Singh R N, 2014. Modelling of magmatic and allied processes. Society of Earth Scientists Series, 74(8): 17-22.

Kusakabe M, Mayeda S, Nakamura E, 1990. S, o and sr isotope systematics of active vent materials from the mariana backarc basin spreading axis at 18°N. Earth and Planetary Science Letters, 100(1-3): 275-282.

Land L S, 1995. Na-Ca-Cl saline formation waters, Frio Formation (Oligocene), south Texas, USA: Products of diagenesis. Geochimica et Cosmochimica Acta, 59(11): 2163-2174.

Land L S, Prezbindowski D R, 1982. The origin and evolution of saline formation water, Lower Cretaceous carbonates, Southcentral Texas. Developments in Water Science. 16: 51-74.

Lang J R, Baker T, 2001. Intrusion-related gold systems: the present level of understanding. Mineralium Deposita, 36(6): 477-489.

Lang J R, Baker T, Hart C J R, et al., 2000. An exploration model for intrusion-related gold systems. Society of Economic Geologists Newsletter, 40: 1-15.

Laouar R, Salmi-Laouar S, Sami L, et al., 2016. Fluid inclusion and stable isotope studies of the Mesloula Pb-Zn-Ba ore deposit, NE Algeria: Characteristics and origin of the mineralizing fluids. Journal of African Earth Sciences, 121: 119-135.

Large R R, 1992. Australian volcanic-hosted massive sulfide deposits; features, styles, and genetic models. Economic Geology 87(3): 471-510.

Large R R, Maslennikov V V, 2020. Invisible gold paragenesis and geochemistry in pyrite from orogenic and sediment-hosted gold deposits. Minerals, 10(4): 339.

Large R R, Bull S W, Winefield P R. 2001. Carbon and oxygen isotope halo in carbonates related to the McArthur River(HYC) Zn-Pb-Ag deposit, north Australia: Implications for sedimentation, ore genesis, and mineral exploration. Economic Geology, 96(7): 1567-1593.

Large R R, Bull S W, McGoldrick P J, et al., 2005. Stratiform and strata-bound Zn-Pb-Ag deposits in Properozoic sedimentary basins, northern Australia. Economic Geology, 100: 931-963.

Laznicka P, 2010. Giant Metallic Deposits: Future Sources of Industrial Metals. Heidelberg: Springer.

Leach D L, Marsh E, Emsbo P, et al., 2004. Nature of hydrothermal fluids at the shale-hosted Red Dog Zn-Pb-Ag deposits, Brooks Range, Alaska. Economic Geology, 99 (7): 1449-1480.

Leach D L, Sangster D F, Kelley K D, et al., 2005. Sediment-hosted lead-zinc deposits: A global perspective. Economic Geology, 100: 561-607.

Leach D L, Macquar J C, Lagneau V, et al., 2006. Precipitation of lead-zinc ores in the Mississippi Valley-type deposit at Trèves, Cévennes region of southern France. Geofluids, 6 (1): 24-44.

Leach D L, Bradley D C, Huston D, et al., 2010. Sediment-hosted lead-zinc deposits in Earth history. Economic Geology, 105 (3): 593-625.

Lecumberri-Sanchez P, Vieira R, Heinrich CA, et al., 2017. Fluid-rock interaction is decisive for the formation of tungsten deposits. Geology, 45 (7): 579-582.

LeHuray A P, Church S E, Koski R A, et al., 1988. Pb isotopes in sulfides from mid-ocean ridge hydrothermal sites. Geology, 16: 362-365.

Li J, Cai W Y, Li B, et al., 2019. Paleoproterozoic SEDEX-type stratiform mineralization overprinted by Mesozoic vein-type mineralization in the Qingchengzi Pb-Zn deposit, Northeastern China. Journal of Asian earth sciences, 184: 104009.

Li S, Zhang Q, 2008. Geochemistry of the upper Han River basin, China. 1. Spatial distribution of major ion compositions and their controlling factors. Applied Geochemistry, 23 (12): 3535-3544.

Li W B, Huang Z L, Yin M D, 2007. Dating of the giant Huize Zn-Pb ore field of Yunnan Province, southwest China: Constraints from the Sm-Nd system in hydrothermal calcite. Resource Geology, 57 (1): 90-97.

Li W S, Ni P, Pan J Y, et al., 2022. Co-genetic formation of scheelite- and wolframite-bearing quartz veins in the Chuankou W deposit, South China: Evidence from individual fluid inclusion and wall-rock alteration analysis. Ore Geology Reviews, 142: 104723.

Liebscher A, 2007. Experimental studies in model fluid systems. Reviews in Mineralogy and Geochemistry, 65 (1): 15-47.

Lin S, Diercks C S, Zhang Y B, et al., 2015. Covalent organic frameworks comprising cobalt porphyrins for catalytic CO_2 reduction in water. Science, 349 (6253): 1208-1213.

Lin Y, Cook N J, Ciobanu C L, et al., 2011. Trace and minor elements in sphalerite from base metal deposits in South China: A LA-ICPMS study. Ore Geology Reviews, 39 (4): 188-217.

Losada-Calderón A J, 1992. Geology and geochemistry of Nevados del Famatina and La Mejicana deposits. La Rioja Province, Argentina. Monash: Australia, Monash University.

Losada-Calderón A J, McBride S L, Bloom M S, 1994. The geology and ^{40}Ar-^{39}Ar geochronology of magmatic activity and related mineralization in the Nevados del Famatina mining district, La Rioja Province Argentina. Journal of South American Earth Sciences, 7 (1): 9-24.

Losada-Calderón A J, McPhail D C, 1996. Porphyry and high-sulfidation epithermal mineralization in the Nevados del Famatina mining district Argentina. Society of Economic Geologists, Special Publications, 5: 91-118.

Lottermoser B G, 1989. REE behavior associated with strata-bound scheelite mineralization (Broken Hill, Australia). Chemical Geology, 78 (2): 119.

Lottermoser B G, 1992. Rare earth elements and hydrothermal ore formation processes. Ore Geology Reviews, 7 (1): 25-41.

Lowell R P, 2010. Hydrothermal circulation at slow spreading ridges: analysis of heat sources and heat transfer processes.In Rona P A, Devey C W, Dyment J, et al. Diversity of Hydrothermal Systems on Slow Spreading Ocean Ridges. Washington, DC: American Geophysical Union, 11-26.

Lowenstern J B, 2001. Carbon dioxide in magmas and implications for hydrothermal systems. Mineralium Deposita, 36(6): 490-502.

Macqueen J, 1984. Comment and reply on Baffin Bay: Present-day analog of the central Arctic during Late Pliocene to Mid-Pleistocene time: Kellog, T. B. (comment) and Yvonne Herman(reply), Geological Society of America, 12(6): 378-380. Deep Sea Research Part B Oceanographic Literature Review, 31(12): 870.

Mahmoodi P, Rastad E, Rajabi A, et al., 2018. Ore facies, mineral chemical and fluid inclusion characteristics of the Hossein-Abad and Western Haft-Savaran sediment-hosted Zn-Pb deposits, Arak Mining District, Iran. Ore Geology Reviews, 95: 342-365.

Manning D, Pichavant M, 1984. Experimental studies of the role of fluorine and boron in the formation of late-stage granitic rocks and associated mineralization. International Geological Congress, 27: 386-387.

Mao J W, Zhang J D, Pirajno F, et al., 2011. Porphyry Cu–Au–Mo–epithermal Ag–Pb–Zn–distal hydrothermal Au deposits in the Dexing Area, Jiangxi Province, East China—a linked ore system. Ore Geology Reviews, 43(1): 203-216.

Marroni M, Molli G, Montanini A, et al., 1998. The association of continental crust rocks with ophiolites in the Northern Apennines(Italy): implications for the continent-ocean transition in the Western Tethys. Tectonophysics, 292(1-2): 43-66.

Massoth G J, Butterfield D A, Lupton J E, et al., 1989. Submarine venting of phase-separated hydrothermal fluids at Axial Volcano, Juan de Fuca Ridge. Nature, 340(6236): 702-705.

Masterton W L, Slowinski E J, Stanitski C L, 1981. Chemical Principles(5th ed). Philadelphia: Holt Saunders International Editions.

McCaig A M, Delacour A, Fallick A E, et al., 2010. Detachment fault control on hydrothermal circulation systems: Interpreting the subsurface beneath the TAG hydrothermal field using the isotopic and geological evolution of oceanic core complexes in the Atlantic.In Rona P A, Devey C W, Dyment J, et al. Diversity of Hydrothermal Systems on Slow Spreading Ocean Ridges. Washington, DC: American Geophysical Union: 207-239.

McClenaghan M B, Paulen R C, Oviatt N M, 2018. Geometry of indicator mineral and till geochemistry dispersal fans from the Pine Point Mississippi Valley-type Pb-Zn district, Northwest Territories, Canada. Journal of Geochemical exploration, 190: 69-86.

McCuaig T C, Kerrich R, 1998. P-T-t-deformation-fluid characteristics of lode gold deposits: Evidence from alteration systematics. Ore Geology Reviews, 12(6): 381-453.

McLeish D F, Williams-Jones A E, Vasyukova O V, et al., 2021. Colloidal Transport and flocculation are the cause of the hyperenrichment of gold in nature. Pro ceedings of the National Academy of Sciences of the United States of America, 118(20): e2100689118.

Meeker K A, Chuan R L, Kyle P R, et al., 1991. Emission of Emission of Lemental gold particles from Mount Erebus, Ross Island, Antartica. Geophysical Research Letters, 18(8): 1405-1408.

Metrich N, Rutherford M J, 1992. Experimental study of chlorine behavior in hydrous silicic melts. Geochimica et Cosmochimica Acta, 56(2): 607-616.

Metz S, Trefry J H, 2000. Chemical and mineralogical influences on concentrations of trace metals in hydrothermal fluids. Geochimica et Cosmochimica Acta, 64(13): 2267-2279.

Meybeck M, Helmer R, 1989. The quality of rivers: from pristine stage to global pollution. Palaeogeogr. Palaeoclimatol Palaeoecol, 75(4) 283-309.

Michard A, 1989. Rare earth element systematics in hydrothermal fluids. Geochimica et Cosmochimica Acta, 53(3): 745-750

Michard G, Albarede F, Michard A L, et al., 1984. Chemistry of solutions from the 13 N East Pacific Rise hydrothermal site. Earth and Planetary Science Letters, 67(3): 297-307.

Mikucki E J, 1998. Hydrothemal transport and depositional processesin Archean lode-gold systems: A review. Ore Geology Reviews, 13(1-5): 307-321.

Misra K C, 2000. Understanding Mineral Deposit Dordrecht. Dordrecht: Kluwer Academic Publishers.

Möller P, Parekh P P, Schneider H J, 1976. The application of Tb/Ca-Tb/La abundance ratios to problems of fluorspar genesis. Mineralium Deposita, 11(1): 111-116.

Moncada D, Baker D, Bodnar R J, 2017. Mineralogical, petrographic and fluid inclusion evidence for the link between boiling and epithermal Ag-Au mineralization in the La Luz area, Guanajuato Mining District, México. Ore Geology Reviews, 89: 143-170.

Monecke T, Petersen S, Lackschewitz K, et al., 2009. Shallow submarine hydrothermal systems in the Aeolian Volcanic Arc, Italy. Eos, Transactions American Geophysical Union, 90(13): 110-111.

Mottl M J, 1983. Metabasalts, axial hot springs, and the structure of hydrothermal systems at mid-ocean ridges. Geological Society of America Bulletin, 94(2): 161-180.

Munha J, Barriga F J A S, Kerrich R, 1986. High ^{18}O ore-forming fluids in volcanic-hosted base metal massive sulfide deposits: Geologic, $^{18}O/^{16}O$, and D/H evidence from the Iberian pyrite belt; Crandon, Wisconsin; and Blue Hill, Maine. Economic Geology, 81(3): 530-552.

Munoz J L, 1984. F-OH and Cl-OH exchange in micas with applications to hydrothermal ore deposits. Reviews in Mineralogy and Geochemistry, 13(1): 469-493.

Munoz M, Boyce A J, Courjault-Rade P, et al., 1999. Continental basinal origin of ore Fluids from southwestern Massif central Fluorite veins(Albigeois, France): Evidence from Fluid inclusion and stable isotope analyses. Applied Geochemistry, 14(4): 447-458.

Musgrove M, Banner J L, 1993. Regional ground water mixing and the origin of saline fluids: Midcontinent, United States. Science, 259(5103): 1877-1882.

Nakashima K, Sakai H, Yoshida H, et al., 1995. Hydrothermal mineralization in the mid-Okinawa Trough[C]//Sakai H, Nozaki Y. Biogeochemical processes and ocean flux in the Western Pacific. Tokyo: Terra Scientific Publishing, 487-508.

Smith N G, Kyle J R, Magara K, et al. 1983. Geophysical log documentation of fluid migration from compacting shales; a mineralization model from the Devonian strata of the Pine Point Area, Canada. Economic Geology, 78(7): 1364-1374.

Nawab Z A, 1984. Red Sea mining: a new era. Deep Sea Research: Part A, 31(6-8): 813-822.

Nayak B, Halbach P, Pracejus B, et al., 2014. Massive sulfides of Mount Jourdanne along the super-slow spreading Southwest Indian Ridge and their genesis. Ore Geology Reviews, 63: 115-128.

Nesbitt B E, 1996. Applications of oxygen and hydrogen isotopes to exploration for hydro-thermal mineralization. Society of Economic Geologists Newsletter, 27: 1-13.

Newton R C, Manning C E, 2000. Metasomatic phase relations in the system $CaO-MgO-SiO_2-H_2O-NaCl$ at high temperatures and pressures. International Geology Review, 42(2): 152-162.

Newton R C, Manning C E, 2008. Thermodynamics of SiO_2–H_2O fluid near the upper critical end point from quartz solubility measurements at 10 kbar. Earth and Planetary Science Letters, 274(1-2): 241-249.

Ni P, Wang G G, Chen H, et al., 2015a. An Early Paleozoic orogenic gold belt along the Jiang-Shao Fault, South China: Evidence from fluid inclusions and Rb–Sr dating of quartz in the Huangshan and Pingshui deposits. Journal of Asian Earth Sciences, 103: 87-102.

Ni P, Wang X D, Wang G G, et al., 2015b. An infrared microthermometric study of fluid inclusions in coexisting quartz and wolframite from Late Mesozoic tungsten deposits in the Gannan metallogenic belt, South China. Ore Geology Reviews, 65: 1062-1077.

Ni Z Y, Wang T G, Li M J, et al., 2018. Natural gas characteristics, fluid evolution, and gas charging time of the Ordovician reservoirs in the Shuntuoguole region, Tarim Basin, NW China. Geological Journal, 53(3): 947-959.

Nishimoto S, Yoshida H, 2010. Hydrothermal alteration of deep fractured granite: Effects of dissolution and precipitation. Lithos, 115(1-4): 153-162.

Noronha F, Doria A, Dubessy J, et al., 1992. Characterization and timing of the different types of fluids present in the barren and ore-veins of the W-Sn deposit of Panasqueira, Central Portugal. Mineralium Deposita, 27(1): 72-79.

Norton D, Taylor H P, 1979. Quantitative simulation of the hydrothermal systems of crystallizing magmas on the basis of transport theory and oxygen isotope data. Journal of Petrology, 20(3): 421-486.

Nozaki T, Kato Y, Suzuki K, 2013. Late Jurassic ocean anoxic event: Evidence from voluminous sulphide deposition and preservation in the Panthalassa. Scientific Reports, 3: 1889.

Ohmoto H, 1986. Stable isotope geochemistry of ore deposits. Reviews in Mineralogy, 16: 491-559.

Ohmoto H, 1995. Formation of volcanogenic massive sulfide deposits: The Kuroko perspective. Ore Geology Reviews, 10(3-6): 135-178.

Ohmoto H, Rye R O, 1974. Hydrogen and oxygen isotopic compositions of fluid inclusions in the Kuroko deposits, Japan. Economic Geology, 69(6): 947-953.

Ohmoto H, Lasaga A C, 1982. Kinetics of reactions between aqueous sulfates and sulfides in hydrothermal systems. Geochimica et Cosmochimica Acta, 46(10): 1727-1745.

Ohmoto H, Mizukami M, Drummond S E, et al., 1983. Chemical processes of Kuroko formation. Economic Geology Monograph, 5: 570-604.

Oliver J, 1986. Fluids expelled tectonically from orogenic belts: Their role in hydrocarbon migration and other geologic phenomena. Geology, 14(2): 99-102.

O'Neil J R, Clayton R N, Mayeda T K, 1969. Oxygen isotope fractionation in divalent metal carbonates. The Journal of Chemical Physics, 51(12): 5547-5558.

O'Reilly C, Gallagher V, Feely M, 1997. Fluid inclusion study of the Ballinglen W-Sn-sulphide mineralization, SE Ireland. Mineralium Deposita, 32(6): 569-580.

Ondréas H, Cannat M, Fouquet Y, et al., 2009. Recent volcanic events and the distribution of hydrothermal venting at the Lucky Strike hydrothermal field, Mid-Atlantic Ridge. Geochemistry, Geophysics, Geosystems, 10(2): Q02006.

Oosting S E, Von Damm K L, 1996. Bromide/chloride fractionation in seafloor hydrothermal fluids from 9—10°N East Pacific Rise. Earth and Planetary Science Letters, 144(1-2): 133-145.

Oviatt N M, Gleeson S A, Paulen R C, et al., 2015. Characterization and dispersal of indicator minerals associated with the Pine Point Mississippi Valley-type (MVT) district, Northwest Territories, Canada. Canadian Journal of Earth Sciences, 52(9): 776-794.

Pan J Y, Ni P, Wang R C, 2019. Comparison of fluid processes in coexisting wolframite and quartz from a giant vein-type tungsten deposit, South China: Insights from detailed petrography and LA-ICP-MS analysis of fluid inclusions. American Mineralogist, 104(8): 1092-1116.

Paradis S, Dewing K, Hannigan P, 2005. Mineral Deposits of Canada. Mississippi Valley-type Lead-Zinc Deposits (MVT). Natural Resources Canada, 1-28.

Parmentier E M, Spooner E T C, 1978. A theoretical study of hydrothermal convection and the origin of the ophiolitic sulphide ore deposits of Cyprus. Earth and Planetary Science Letters, 40 (1) : 33-44.

Parsapoor A, Khalili M, Mackizadeh M A, 2009. The behaviour of trace and rare earth elements (REE) during hydrothermal alteration in the Rangan area (Central Iran) . Journal of Asian Earth Sciences, 34 (2) : 123-134.

Paytan A, Mearon S, Cobb, Miriam K et al., 2002. Origin of marine barite deposits: Sr and S isotope characterization. Geology, 30 (8) : 747-750.

Pelch M A, Appold M S, Emsbo P, et al., 2015. Constraints from fluid inclusion compositions on the origin of Mississippi valley-type mineralization in the illinois-kentucky district. Economic Geology, 110 (3) : 787-808.

Peng Y W, Gu X X, Chi G X, et al., 2021. Genesis of the Nailenggele Mo–Cu–Pb–Zn polymetallic orefield in the Boluokenu Metallogenic Belt, Western Tianshan, China: constraints from geochronology, fluid inclusions and isotope geochemistry. Ore Geology Reviews, 129: 103940.

Peng Y W, Zou H, Leon B, et al., 2022. A newly identified Permian distal skarn deposit in the Western Tianshan, China: New evidence from geology, garnet U-Pb geochronology and S-Pb-C-H-O isotopes of the Arqiale Pb-Zn-Cu deposit. Ore Geology Reviews, 143: 104754.

Petersen S, Herzig P M, Hannington M D, 2000. Third dimension of a presently forming VMS deposit: TAG hydrothermal mound, Mid-Atlantic Ridge, 26°N. Mineralium Deposita, 35 (2) : 233-259

Peucker-Ehrenbrink B, Ravizza G, Hofmann A W. 1995. The marine $^{187}Os/^{186}Os$ record of the past 80 million years. Earth and Planetary Science Letters, 130 (1-4) : 155-167.

Phillips G N, Groves D I, 1983. The nature of Archaean gold-bearing fluids as deduced from gold deposits of Western Australia. Journal of the Geological Society of Australia, 30 (1-2) : 25-39.

Phillips G N, Powell R, 1993. Link between gold provinces. Economic Geology, 88 (5) : 1084-1098.

Phillips M, Healey M, 1996. Teaching the history and philosophy of geography in British undergraduate courses. Journal of Geography in Higher Education. 20 (2) : 223-242.

Phillips G N, Powell R, 2009. Formation of gold deposits: Review and evaluation of the continuum model. Earth-Science Reviews, 94 (1-4) : 1-21.

Phillips G N, Powell R, 2010. Formation of gold deposits: A meta mophic devolatilization model. Journal of Metamorphic Geology, 28 (6) : 689-718.

Pirajno F, 2009. Hydrothermal Processes and Wall Rock Alteration, Hydrothermal Processes and Mineral Systems. Berlin: Springer Nature.

Pitcairn I K, Teagle D A H, Craw D, et al., 2006. Sources of metals and fluids in orogenic gold deposits: Insights from the otago and alpine schists, New Zealand. Economic Geology, 101 (8) : 1525-1546.

Plumlee G S, Leach D L, Hofstra A H, et al., 1994, Chemical reaction path modeling of ore deposition in Mississippi Valley-type Pb-Zn deposits of the Ozark region, U. S. Midcontinent. Economic Geology, 89 (6) : 1361-1383.

Pokrovski G S, Akinfiev N N, Borisova A Y, et al., 2014. Gold speciation and transport in geological fluids: Insights from experiments and physical-chemical modelling. Geological Society London Special Publications, 402 (1) : 9-70.

Polito P A, Kyser T K, Golding S D, et al., 2006. Zinc deposits and related mineralization of the Burketown Mineral Field, including the world-class Century deposit, Northern Australia: fluid inclusion and stable isotope evidence for basin fluid sources. Economic Geology, 101 (6) : 1251-1273.

Pons J M, Franchini M, Meinert L, et al., 2009. Iron skarns of the vegas Peladas District, Mendoza, Argentina. Economic Geology, 104: 157-184.

Powell R, Will T M, Phillips G N, 1991. Metamorphism in Archaean greenstone belts: Calculated fluid compositions and implications for gold mineralization. Journal of Metamorphic Geology, 9(2): 141-150.

Püttmann W, Merz C, Speczik S, 1989. The secondary oxidation of organic material and its influence on Kupferschiefer mineralization of southwest Poland. Applied Geochemistry, 4(2): 151-161.

Raffensperger J P, Garven G, 1995. The formation of unconformity-type uranium ore deposis. 1, Coupled groundwater flow and heat transport modeling. American Journal of Science, 259(5): 581-630.

Ramsay W R H, Bierlein F P, Arne D C, et al., 1998. Turbidite-hosted gold deposits of Central Victoria, Australia: Their regional setting, mineralising styles, and some genetic constraints. Ore Geology Reviews, 13(1-5): 131-151.

Ravizza G, Martin C E, German C R, et al., 1996. Os isotopes as tracers in seafloor hydrothermal systems: metalliferous deposits from the TAG hydrothermal area, 26°N Mid-Atlantic Ridge. Earth and Planetary Science Letters, 138(1-4): 105-119.

Ravizza G, Blusztajn J, Von Damm K L, et al., 2001. Sr isotope variations in vent fluids from 9 46′-9 54′ N East Pacific Rise: evidence of a non-zero-Mg fluid component. Geochimica et Cosmochimica Acta, 65(5): 729-739.

Rddad L, Bouhlel S, 2016. The Bou Dahar Jurassic carbonate-hosted Pb-Zn-Ba deposits(Oriental High Atlas, Morocco): Fluid-inclusion and C-O-S-Pb isotope studies. Ore Geology Reviews, 72: 1072-1087.

Reed M S, Kenter J, Bonn A, et al., 2013. Participatory scenario development for environmental management: A methodological framework illustrated with experience from the UK uplands. Journal of Environmental Management, 128: 345-362.

Rees C E, Jenkins W J, Monster J, 1978. The sulphur isotopic composition of ocean water sulphate. Geochimica et Cosmochimica Acta, 42(4): 377-381.

Rehrig W A, Heidrick R L, 1972. Regional fracturing in Laramide stocks of Arizona and its relationship to porphyry copper mineralization. Economic Geology, 67(2): 198-213.

Richardson C K, Holland H D, 1979. Fluorite deposition in hydrothermal systems. Geochimica et Cosmochimica Acta, 43(8): 1327-1335.

Richardson C K, Rye R O, Wasserman M D, 1988. The chemical and thermal evolution of the fluids in the Cave-in-Rock fluorspar district, Illinois; mineralogy, paragenesis, and fluid inclusions. Economic Geology, 83(4): 765-783.

Rickard D, 2006. Metal sulfide complexes and clusters. Reviews in Mineralogy and Geochemistry, 61(1): 421-504.

Ridley J, Mikucki E J, Groves D I, 1996. Archean lode-gold deposits: Fluid flow and chemical evolution in vertically extensive hydrothermal systems. Ore Geology Reviews, 10(3-6): 279-293.

Rios F J, Alves J V, Pérez C A, et al., 2006. Combined investigations of fluid inclusions in opaque ore minerals by NIR/SWIR microscopy and microthermometry and synchrotron radiation X-ray fluorescence. Applied Geochemistry, 21(5): 813-819.

Ripley E M, Ohmoto H, 1979. Oxygen and hydrogen isotopic studies of ore deposition and metamorphism at the Raul mine, Peru. Geochimica et Cosmochimica Acta, 43(10): 1633-1643.

Robb L, 2005. Introduction to Ore-forming Processes. Oxford: Blackwell.

Roedder E, 1992. Fluid inclusion evidence for immiscibility in magmatic differentiation. Geochimica et Cosmochimica Acta, 56(1): 5-20.

Romberger S B, 1982. Transport and deposition of gold and the transport of gold in hydrothermal ore solutions. Geochimica et Cosmochimica Acta, 37: 370-399.

Rona P A, 1984. Hydrothermal mineralization at seafloor spreading centers. Earth-Science Reviews, 20(1): 1-104.

Rosso K M, Bodnar R J, 1995. Microthermometric and Raman spectroscopic detection limits of CO_2 in fluid inclusions and the Raman spectroscopic characterization of CO_2. Geochimica et Cosmochimica Acta, 59(19): 3961-3975.

Rouxel O, Fouquet Y, Ludden J N, 2004. Subsurface processes at the Lucky Strike hydrothermal field, Mid-Atlantic Ridge: evidence from sulfur, selenium and iron isotopes. Geochimica et Cosmochimica Acta, 68(10): 2295-2311.

Rouxel O, Shanks W C, Bach W, et al., 2008. Integrated Fe-and S-isotope study of seafloor hydrothermal vents at East Pacific Rise 9-10°N. Chemical Geology, 252(3-4): 214-227.

Ruiz J, Kesler S E, Jones L M, 1985. Strontium isotope geochemistry of fluorite mineralization associated with fluorine-rich igneous rocks from the Sierra Madre Occidental, Mexico; possible exploration significance. Economic Geology, 80(1): 33-42.

Russell M J, 1978. Downward-excavating hydrothermal cells and Irish-type ore deposits: importance of an underlying thick Caledonian prism. Transactions of the Institution of Mining and Metallurgy, 87: 168-171.

Rye R O, 1993. The evolution of magmatic fluids in the epithermal environment: the stable isotope perspective. Economic Geology, 88(3): 733-752.

Sánchez V, Corbella M, Fuenlabrada J M, et al., 2006. Sr and Nd isotope data from the fluorspar district of Asturias, northern Spain. Journal of Geochemical Exploration, 89(1-3): 348-350.

Sangster D F, 1968. Relative sulphur isotope abundances of ancient seas and strata-bound sulphide deposits. Special Paper, Geological Association of Canada, 19: 79-91.

Sarin M M, Krishnaswami S, Dilli K, et al., 1989. Major ion chemistry of the Ganga–Brahmaputra river system: weathering processes and fluxes to the Bay of Bengal. Geochimica et Cosmochimica Acta, 53(5): 997-1009.

Sato K, Sasaki A, 1973. Lead isotopes of the black ore (" kuroko") deposits from Japan. Economic Geology, 68(4): 547-552

Saunders J A, 1990. Colloidal transport of gold and silica in epither-mal precious-metal systems: Evidence from the Sleeper deposit, Nevada. Geology, 18(8): 757-760.

Schmidt C, 2017. Formation of hydrothermal tin deposits: Raman spectroscopic evidence for an important role of aqueous Sn(Ⅳ) species. Geochimica et Cosmochimica Acta, 220: 499-511.

Schmidt K, Koschinsky A, Garbe-Schönberg D, et al., 2007. Geochemistry of hydrothermal fluids from the ultramafic-hosted Logatchev hydrothermal field, 15°N on the Mid-Atlantic Ridge: Temporal and spatial investigation. Chemical Geology, 242(1-2): 1-21.

Schmincke H U, 2004. Volcanism. Berlin: Springer.

Seewald J S, Seyfried W E J, 1990. The effect of temperature on metal mobility in subseafloor hydrothermal systems: constraints from basalt alteration experiments. Earth and Planetary Science Letters, 101(2-4): 388-403.

Seward T M, Barnes H L, 1997. Geochemistry of Hydrothermal Ore Deposits. New York: Wiley.

Seyfried W E J, Ding K, 1993. The effect of redox on the relative solubilities of copper and iron in Cl-bearing aqueous fluids at elevated temperatures and pressures: An experimental study with application to subseafloor hydrothermal systems. Geochimica et Cosmochimica Acta, 57(9): 1905-1917.

Seyfried W E J, Ding K, 2013. Phase equilibria in subseafloor hydrothermal systems: a review of the role of redox, temperature, pH and dissolved Cl on the chemistry of hot spring fluids at mid-ocean ridges.//Seafloor Hydrothermal Systems. Washington DC: American Geophysical Union, 248-272.

Shanks W C Ⅲ, 2001. Stable isotope in seafloor hydrothermal systems: vent fluids, hydrothermal deposits, hydrothermal alteration, and microbial processes. Reviews in Mineralogy and Geochemistry, 43(1): 469-525.

Shanks W C Ⅲ, 2014. Stable isotope geochemistry of mineral deposits.In: Scott S D. (ed.). Treatise on Geochemistry, 2nd edition, 13: 59-85.

Sharma M, Rosenberg E J, Butterfield D A, 2007. Search for the proverbial mantle osmium sources to the oceans: Hydrothermal alteration of mid-ocean ridge basalt. Geochimica et Cosmochimica Acta, 71(19): 4655-4667.

Sharma M, Wasserburg G J, Hofmann A W, et al., 2000. Osmium isotopes in hydrothermal fluids from the Juan de Fuca Ridge. Earth and Planetary Science Letters, 179(1): 139-152.

Sharma R, Banerjee S, Pandit M K, 2003. W-mineralization in Sewariya area, South Delhi fold belt, Northwesten India: Fluid inclusion evidence for tungsten transport and conditions of ore formation. Journal of the Geological Society of India, 61: 37-50.

Shatsky V S, Sobolev N V, Vavilov M A, 1995. Ultrahigh Pressure Metamorphism: Diamond-bearing metamorphic rocks of the Kokchetav massif(Northern Kazakhstan). Cambridge: Cambridge University Press.

Shatsky V S, Theunissen K, Dobretsov N L, et al., 1998. New indicator of ultrahigh-pressure metamorphism in the micaschists of the Kulet site of the Kokchetav Massif(North Ka-zakhstan) (in Russian). Russian Geology and Geophysics, 39: 942-955.

Sheppard S M F, 1986. Characterization and Isotopic Variations inn Natural Waters. In: Valley J L, Taylor H P, O'Neill J R, et al. Stable isotopes in high temperature geological processes. Berlin: De Gruyter.

Shenberger D M, Barnes H L, 1989. Solubility of gold in aqueous sulfide solutions from 150 to 350℃. Geochimica et Cosmochimica Acta, 53(2): 269-278.

Shimizu H, Masuda A, 1977. Cerium in chert as an indication of marine environment of its formation. Nature, 266(5600): 346-348.

Shinohara H, 1994. Exsolution of immiscible vapor and liquid phases from a crystallizing silicate melt: Implications for chlorine and metal transport. Geochimica et Cosmochimica Acta, 58(23): 5215-5221.

Shinohara H, Iiyama J T, Matsuo S, 1989. Partition of chlorine compounds between silicate melt and hydrothermal solutions; I partition of NaCl-KCl. Geochim Cosmochim Acta, 53(10): 2617-2630.

Shinohara H, Kazahaya J W, 1997. Constraints on magma degassing beneath the Far Southeast porphyry Cu-Au deposit, Philippines. Journal of Petrology, 38(12): 1741-1752.

Shmulovich K I, Graham C, 2008. Plagioclase-aqueous solution equilibrium: concentration dependence. Petrology, 16(2): 177-192.

Shmulovich K I, Mercury L, 2006. Geochemical phenomena at negative pressures. Electronic Scientific Information Journal "Herald of the Department of Earth Sciences RAS, 1(24): 1-3.

Shu L, Charvet J, 1996. Kinematics and geochronology of the Proterozoic Dongxiang-Shexian ductile shear zone: With HP metamorphism and ophiolitic melange (Jiangnan Region, South China). Tectonophysics, 267(1-4): 291-302.

Sibson R H, 1994. Crustal stress, faulting and fluid flow. Geological Society, London, Special Publications, 78(1): 69-84.

Sibson R H, Robert F, Poulsen K H, 1988. High-angle reverse faults, fluid-pressure cycling, and mesothermal gold-quartz deposits. Geology, 16(6): 551-555.

Sillitoe R, 2010. Porphyry copper systems. Economic Geology, 105(1): 3-41.

Simonson J, Palmer D A, 1993. Liquid-vapor partitioning of HCl(aq) to 350℃. Geochimica et Cosmochimica Acta, 57(1): 1-7.

Sizaret S, Marcoux E, Boyce A, et al., 2009. Isotopic (S, Sr, Sm/Nd, D, Pb) evidences for multiple sources in the Early Jurassic Chaillac F-Ba ore deposit (Indre, France). Bulletin De La Société Géologique De France, 180(2): 83-94.

Skinner B J, 1979. The many origins of hydrothermal mineral deposits. In: Barnes H L, et al. Geochemistry of Hydrothermal Ore Deposits (2nd ed). New York: John Wiley and Sons.

Skinner B J, 1997. Hydrothermal mineral deposits: what we do and don' t know. In: Barnes H L, et al. Geochemistry of Hydrothermal Ore Deposits (3rd ed). New York: Wiley and Sons.

Slack J F, Shanks W C, Ridley W I, et al., 2019. Extreme sulfur isotope fractionation in the Late Devonian Dry Creek volcanogenic massive sulfide deposit, central Alaska. Chemical Geology, 513: 226-238.

Smith I E, Worthington T J, Stewart R B, et al., 2003. Felsic volcanism in the Kermadec arc, SW Pacific: crustal recycling in an oceanic setting. Geological Society, London, Special Publications, 219 (1): 99-118.

Solomon M, Walshe J L, 1979. The formation of massive sulfide deposits on the sea floor. Economic Geology, 74 (4): 797-813.

Spiess F N, Macdonald K C, Atwater T, et al., 1980. East Pacific Rise: Hot Springs and Geophysical Experiments. Science, 207 (4438), 1421-1433.

Spooner E T C, Chapman H J, Smewing J D, 1977. Strontium isotopic contamination and oxidation during ocean floor hydrothermal metamorphism of the ophiolitic rocks of the Troodos Masif, Cyprus. Geochimica et Cosmochimica Acta, 41 (7): 873-890.

Stallard R F, Edmond J M, 1983. Geochemistry of the Amazon: 2. The influence of geology and weathering environment on the dissolved load. Journal of Geophysical Research Oceans, 88 (C14): 9671-9688.

Staude S, Werner W, Mordhorst T, et al., 2012. Multi-stage Ag-Bi-Co-Ni-U and Cu-Bi vein mineralization at Wittichen, Schwarzwald, SW Germany: Geological setting, ore mineralogy, and fluid evolution. Mineralium Deposita, 47 (3): 251-276.

Steed G M, Morris J H, 1997. Isotopic evidence for the origins of a Caledonian gold-arsenopyrite-pyrite deposit at Clontibret, Ireland. Transactions of the Institutions of Mining and Metallurgy, Section B: Applied Earth Science, 106 (1): 109-118.

Stefánsson A, Seward T M, 2004. Gold (I) complexing in aqueous sulphide solutions to 500℃ at 500 bar. Geochimica et Cosmochimica Acta, 68 (20): 4121-4143.

Stein H J, Hannah J L, 1990. Ore-bearing granite systems. Colorado: Geological Society of America Special Papers.

Sterner S M, Bodnar R J, 1984. Synthetic fluid inclusions in natural quartz I. Compositional types synthesized and applications to experimental geochemistry. Geochimica et Cosmochimica Acta, 48 (12): 2659-2668.

Stoffell B, Appold M S, Wilkinson J J, et al., 2008. Geochemistry and evolution of Mississippi valley-type mineralizing brines from the tri-state and northern Arkansas districts determined by LA-ICP-MS microanalysis of fluid inclusions. Economic Geology, 103 (7): 1411-1435.

Stoffers P, Worthington T J, Schwarz-Schampera U, et al., 2006. Submarine volcanoes and high-temperature hydrothermal venting on the Tonga arc, southwest Pacific. Geology, 34 (6): 453-456.

Stoffregen R E, 1987. Genesis of acid-sulfate alteration and Au-Cu-Ag mineralization at Summitville, Colorado. Economic Geology, 82 (6): 1575-1591.

Stuart F M, Ellam R M, Duckworth R C, 1999. Metal sources in the Middle Valley massive sulphide deposit, northern Juan de Fuca Ridge: Pb isotope constraints. Chemical Geology, 153 (1-4): 213-225.

Sun W D, Binns R A, Fan A C, et al., 2007. Chlorine in submarine volcanic glasses from the eastern manus basin. Geochimica et Cosmochimica Acta, 71 (6): 1542-1552.

Susak N J, Crerar DA, 1985. Spectra and coordination changes of transition metals in hydrothermal solutions: implications for ore genesis. Geochimica et Cosmochimica Acta, 49 (2): 555-564.

Sverjensky D A, 1981. The origin of a Mississippi valley-type deposit in the Viburnum Trend, southeast Missouri. Economic Geology, 76(7): 1848-1872.

Sverjensky D A, 1984a. Europium redox equilibria in aqueous solution. Earth and Planetary Science Letters, 67(1): 70-78.

Sverjensky D A, 1984b. Prediction of Gibbs free energies of calcite-type carbonates and the equilibrium distribution of trace elements between carbonates and aqueous solutions. Geochimica et Cosmochimica Acta, 48(5): 1127-1134.

Sverjensky D A, 1986. Genesis of Mississippi Valley-type lead-zinc deposits. Annual Review of Earth and Planetary Sciences, 14: 177-199.

Sverjensky D A, 1989. The diverse origins of Mississippi Valley-type Zn-Pb-Ba-F deposits. Chronique de la Recherche Minière, 495: 5-13.

Sverjensky D A, Hemley J J, Angelo W M, 1991. Thermodynamic assessment of hydrothermal alkali feldspar-mica-aluminosilicate equilibria. Geochimica et Cosmochimica Acta, 55(4): 989-1004.

Szmihelsky M, Steele-MacInnis M, Bain W M, et al., 2020. Mixing of brine with oil triggered sphalerite deposition at Pine Point, Northwest Territories, Canada. Geology, 49(5): 488-492.

Tan S C, Zhou J X, Zhou M F, et al., 2019. In-situ S and Pb isotope constraints on an evolving hydrothermal system, Tianbaoshan Pb-Zn-(Cu) deposit in South China. Ore Geology Reviews, 115: 103177.

Tao C, Lin J, Guo S, et al., 2012. First active hydrothermal vents on an ultraslow-spreading center: Southwest Indian Ridge. Geology, 40(1): 47-50.

Taran Y A, Bernard A, Gavilanes J C, et al., 2000. Native gold in mineral precipitates from high-temperature volcanic gases of Coli-ma volcano, Mexico. Applied Geochemistry, 15(3): 337-346.

Tarasov V G, Gebruk A V, Mironov A N, et al., 2005. Dee-sea and shallow-water hydrothermal vent communities: Two different phenomena?. Chemical Geology, 224(1-3): 5-39.

Taylor H P, 1974. The application of oxygen and hydrogen isotope studies to problems of hydrothermal alteration and ore deposition. Economic Geology, 69(6): 843-883.

Taylor H P, 1997. Geochemistry of Hydrothermal Ore Deposits: Oxygen and hydrogen isotope relationships in hydrothermal mineral deposits. Hoboken: John Wiley and Sons.

Taylor H P, Strong D F, 1988. Recent advances in the geology of granite-related mineral deposits. Canadian Institute of Mining and Metallurgy, 39: 1-445.

Terakado Y, 2001a. Re-Os dating of the Kuroko ore deposits from the Hokuroku district, Akita Prefecture, northwest Japan. The Journal of the Geological Society of Japan, 107(5): 354-357.

Terakado Y, 2001b. Re-Os dating of the Kuroko ores from the Wanibuchi Mine, Shimane Prefecture, southwestern Japan. Geochemical Journal, 35(3): 169-174.

Thompson A B, Connolly J A D, 1992. Migration of metamorphic fluid: Some aspects of mass and heat transfer. Earth-Science Reviews, 32(1-2): 107-121.

Thompson J F H, Sillitoe R H, Baker T, et al., 1999. Intrusion-related gold deposits associated with tungsten-tin provinces. Mineralium Deposita, 34(4): 323-334.

Thompson J F H, Sillitoe R H, Baker T, et al., 1999. Intrusion-related gold deposits associated with tungsten-tin provinces. Mineralium Deposita, 34(4): 323-334.

Tischendorf G, Gottesmann B, Förster H J, et al., 1997. On Libearing micas: Estimating Li from electron microprobe analyses and an improved diagram for graphical representation. Mineralogical Magazine, 61(409): 809-834.

Tivey M K, 2007. Generation of seafloor hydrothermal vent fluids and associated mineral deposits. Oceanography, 20(1): 50-65.

Tivey M K, Humphris S E, Thompson G, et al., 1995. Deducing patterns of fluid flow and mixing within the TAG active hydrothermal mound using mineralogical and geochemical data. Journal of Geophysical Research: Solid Earth, 100(B7): 12527-12555.

Toramaru A, 1989. Vesiculation process and bubble size distributions in ascending magmas with constant velocities. Journal of Geophysical Research: Solid Earth, 94(B12): 17523-17542.

Tornos F, 2006. Environment of formation and styles of volcanogenic massive sulfides: the Iberian Pyrite Belt. Ore Geology Reviews, 28(3): 259-307.

Toselli G A, 1978. Edad de la Formación Negro Peinado, Sierra de Famatina, La Rioja. Berlin: Revista de la Asociación Geológica Argentina.

Touret J L R, 2001. Fluids in metamorphic rocks. Lithos, 55(1-4): 1-25.

Touret J L R, Huizenga J M, 2011. Fluids in Granulites. Princeton: Geological Society of America Memoir.

Tribuzio R, Riccardi M P, Ottolini L, 1995. Trace element redistribution in high temperature deformed gabbros from East Ligurian ophiolites(Northern Apennines, Italy): constraints on the origin of syndeformation fluids. Journal of Metamorphic Geology, 13(3): 367-377.

Turekian K K, 1969. The Oceans, Streams and the Atmosphere. In: Wedepohl KH(ed) Hand-book of Geochemistry. Berlin: Springer-Verlag,.

Uchida E, Endo S, Makino M, 2007. Relationship between solidification depth of granitic rocks and formation of hydrothermal ore deposits. Resource Geology, 57(1): 47-56.

Valenza K, Moritz R, Mouttaqi A, et al., 2000. Vein and karst barite deposits in the western Jebilet of Morocco: fluid inclusion and isotope (S, O, Sr) evidence for regional fluid mixing related to Central Atlantic rifting. Economic Geology, 95(3): 587-606.

Vaughn E S, Ridley J R, 2014. Evidence for exsolution of Au-ore fluids from granites crystallized in the mid-crust, Archaean Louis Lake Batholith, Wyoming. Geological Society London Special Publications, 402(1): 103-120.

Veizer J, Hoefs J, 1976. The nature of $^{18}O/^{16}O$ and $^{13}C/^{12}C$ secular trends in sedimentary carbonate rocks. Geochimica et Cosmochimica Acta, 40(1): 1387-1395.

Veizer J, Ala D, Azmy K, et al., 1999. $^{87}Sr/^{86}Sr$, $\delta^{13}C$ and $\delta^{18}O$ evolution of Phanerozoic seawater. Chemical geology, 161(1-3): 59-88.

Vera E E, Diebold J B, 1994. Seismic imaging of oceanic layer 2A between 9°30′N and 10°N on the East Pacific Rise from two-ship wide-aperture profiles. Journal of Geophysical Research: Solid Earth, 99(B2): 3031-3041.

Verati C, De Donato P, Prieur D, et al., 1999. Evidence of bacterial activity from micrometer-scale layer analyses of black-smoker sulfide structures (Pito Seamount Site, Easter microplate). Chemical Geology, 158(3-4): 257-269.

Vidal P, Clauer N, 1981. Pb and Sr isotopic systematics of some basalts and sulfides from the East Pacific rise at 21°N(project RITA). Earth and Planetary Science Letters, 55(2): 237-246.

Vigneresse J L, 2007. The role of discontinuous magma inputs in felsic magma and ore generation. Ore Geology Reviews, 30(3-4): 181-216.

Voisey C R, Tomkins A G, Xing Y, 2020. Analysis of a telescoped orogenic gold system: insights from the fosterville deposit. Economic Geology, 115(8): 1645-1664.

Von Damm K L, 1995. Temporal and compositional diversity in seafloor hydrothermal fluids. Reviews of Geophysics, 33(S2): 1297-1305.

Von Damm K L, 2000. Chemistry of hydrothermal vent fluids from 9°-10°N, East Pacific Rise: "Time zero, " the immediate posteruptive period. Journal of Geophysical Research: Solid Earth, 105(B5): 11203- 11222.

Von Damm K L, Edmond J M, Measures C I, et al., 1985a. Chemistry of submarine hydrothermal solutions at Guaymas Basin, Gulf of California. Geochimica et Cosmochimica Acta, 49(11): 2221-2237.

Von Damm K L, Edmond J M, Grant B, et al., 1985b. Chemistry of submarine hydrothermal solutions at 21° N, East Pacific Rise. Geochimica et Cosmochimica Acta, 49(11): 2197-2220.

Von Damm K L, Bray A M, Buttermore L G, et al., 1998. The geochemical controls on vent fluids from the Lucky Strike vent field, Mid-Atlantic Ridge. Earth and Planetary Science Letters, 160(3-4): 521-536.

Walder J, Nur A, 1984. Porosity reduction and crustal pore pressure development. Journal of Geophysical Research: Solid Earth, 89(B13): 11539-11548.

Walther J V, Orville P M, 1982. Volatile production and transport in regional metamorphism. Contributions to Mineralogy and Petrology, 79(3): 252-257.

Wang F Y, Li C Y, Ling M X, et al., 2011. Geochronology of the Xihuashan tungsten deposit in southeastern China: Constraints from Re–Os and U–Pb dating. Resource Geology, 61(4): 414-423.

Wang G G, Ni P, Wang R C, et al., 2013. Geological, fluid inclusion and isotopic studies of the Yinshan Cu–Au–Pb–Zn–Ag deposit, South China: Implications for ore genesis and exploration. Journal of Asian Earth Sciences, 74: 343-360.

Wang H N, Chen J, Junfeng J, et al., 1997. Geological and geochemical characteristics of the hetai gold deposit, South China: Gold mineralization in an auriferous shear zone. International Geology Review, 39: 181-190.

Wang J, Zhang J, Zhong W B, et al., 2018. Sources of oreforming fluids from Tianbaoshan and Huize Pb-Zn deposits in Yunnan-SichuanGuizhou, Southwest China: Evidence from fluid inclusions and He-Ar isotopes. Earth Science, 43: 2076-2099.

Wang R C, Fontan F, Chen X M, et al., 2003. Accessory minerals in the Xihuashan y-enriched granitic complex, southern China: A record of magmatic and hydrothermal stages of evolution. The Canadian Mineralogist, 41(3): 727-748.

Wang X Z, Shan Q, Liang H Y, et al., 2000. Metallogenic age and genesis of Jinshan gold deposit, Jiangxi Province, China. Chinese Journal of Geochemistry, 19(2): 97-104.

Wang Y J, Han X Q, Petersen S, et al., 2014. Mineralogy and geochemistry of hydrothermal precipitates from Kairei hydrothermal field, Central Indian Ridge. Marine Geology, 354: 69-80.

Webster J D, 1992. Fluid-melt interactions involving Cl-rich granites: experimental study from 2 to 8 bar. Geochimica et Cosmochimica Acta, 56(2): 659-678.

Webster J D, Holloway J R, 1990. Partitioning of F and Cl between magmatic hydrothermal fluids and highly evolved granitic magmas. Geological Society of America Special Papers, 246: 21-34.

Wei R, Wang Y, Mao J, et al., 2020. Genesis of the Changba–Lijiagou giant Pb–Zn deposit, West Qinling, central China: constraints from S–Pb–C–O isotopes[J], Acta Geologica Sinica, 94(4): 884–900.

Welhan J A, Lupton J E, 1987. Light hydrocarbon gases in Guaymas Basin hydrothermal fluids: Thermogenic versus abiogenic origin. American Association of Petroleum Geologists Bulletin, 71: 215-223.

Wen S X, Nekvasil H, 1994. Ideal associated solutions: application to the system albite-quartz-H_2O. American Mineralogist, 79: 316-331.

Whitney J, Naldrett A J, 1989. Ore deposition associated with magmas. Reviews in Economic Geology, 4: 1-250.

Wigley T M, Plummer L N, 1976. The dissolution of calcite in CO_2-saturated solutions at 25℃ and 1 atmosphere total pressure. Geochimica et Cosmochimica Acta, 40 (2) : 191-202.

Wilkinson J J, 2001. Fluid inclusions in hydrothermal ore deposits. Lithos, 55 (1-4) : 229-272.

Williams-Jones A E, Bowell R J, Migdisov A A, 2009. Gold in solution. Elements, 5 (5) : 281-287.

Williams-Jones A E, Heinrich C A, 2005. 100th Anniversary Special Paper: Vapor transport of metals and the formation of magmatic-hydrothermal ore deposits. Economic Geology, 100 (7) : 1287-1312.

Wilson C J L, Schaubs P M, Leader L D, 2013. Mineral precipitation in the quartz reefs of the Bendigo gold deposit, Victoria, Australia. Economic Geology, 108 (2) : 259-278.

Winter J D, 2020. Metamorphism, metamorphic rocks and classification of metamorphic rocks.//Encyclopedia of Geology. Amsterdam: Elsevier: 345-353.

Wones D R, Eugster H P, 1965. Stability of biotite-experiment theory and application. American Mineralogist, 50 (9) : 1228-1272.

Worden R H, Smalley P C, 1996. H_2S-producing reactions in deep carbonate gas reservoirs: Khuff formation, Abu Dhabi. Chemical Geology, 133 (1-4) : 157-171.

Worden R H, Smalley P C, Cross M M, 2000. The influence of rock fabric and mineralogy on thermochemical sulfate reduction: Khuff formation, Abu Dhabi. Journal of Sedimentary Research, 70 (5) : 1210-1221.

Wyman D, Kerrich R, Polat A, 2002. Assembly of Archean cratonic mantle lithosphere and crust: plume–arc interaction in the Abitibi-Wawa subduction-accretion complex. Precambrian Research, 115 (1-4) : 37-62.

Xiao YL, Hoefs J, Van Den Kerkhof A M, et al., 2002. Fluid Evolution during HP and UHP Metamorphism in Dabie Shan, China: Constraints from Mineral Chemistry, Fluid Inclusions and Stable Isotopes. Journal of Petrology, 43 (8) : 1505-1527.

Yamada R, Yoshida T, 2011. Relationships between Kuroko volcanogenic massive sulfide（VMS）deposits, felsic volcanism, and island arc development in the northeast Honshu arc, Japan. Mineralium Deposita, 46 (5) : 431-448.

Yang K, Scott S D, 1996. Possible contribution of a metal-rich magmatic fluid to a sea-floor hydrothermal system. Nature, 383: 420-423.

Yang K, Scott S D, 2002. Magmatic degassing of volatiles and ore metals into a hydrothermal system on the modern sea floor of the Eastern Manus Back-Arc Basin, Western Pacific. Economic Geology, 97 (5) : 1079-1100.

Yang Q, Zhang J, Wang J, et al., 2018. Ore-forming fluid and isotope geochemistry of Tianbaoshan large carbonate hosted Pb-Zn deposit in Sichuan Province. Mineral Deposits, 37: 816-834.

Yang Y L, Chen C H, Qin S P, et al., 2023. Mineral textures, mineral chemistry and S isotopes of sulphides from the Tianbaoshan Pb-Zn-Cu deposit in the Sichuan-Yunnan-Guizhou triangle: Implications for mineralization process. Geological Magazine, 160: 471-489.

Yao J L, Shu L S, Santosh M, et al., 2014. Palaeozoic metamorphism of the Neoproterozoic basement in NE Cathaysia: Zircon U–Pb ages, Hf isotope and whole-rock geochemistry from the Chencai Group. Journal of the Geological Society, 171 (2) : 281-297.

Yardley B W D, 1983. Quartz veins and devolatilization during metamorphism. Journal of the Geological Society, 140 (4) : 657-663.

Yardley B W D, 1997. The evolution of fluids through the metamorphic cycle.//Fluid Flow and Transport in Rocks. Dordredht: Springer: 99-121.

Yardley B W D, 2005. 100th Anniversary Special Paper: metal concentrations in crustal fluids and their relationship to ore formation. Economic Geology, 100 (4) : 613-632.

Yardley B W D, 2009. The role of water in the evolution of the continental crust. Journal of the Geological Society, 166(4): 585-600.

Yardley B W D, Bottrell S H, 1992. Silica mobility and fluid movement during metamorphism of the Connemara schists, Ireland. Journal of Metamorphic Geology, 10(3): 453-464.

Yardley B W D, Graham J T, 2002. The origins of salinity in metamorphic fluids. Geofluids, 2(4): 249-256.

Yardley B W D, Cleverley J S, 2015. The role of metamorphic fluids in the formation of ore deposits. Geological Society, London, Special Publications. 393(1): 117-134.

Ye L, Cook N J, Ciobanu C L, et al., 2011. Trace and minor elements in sphalerite from base metal deposits in South China: A LA-ICPMS study. Ore Geology Reviews. 39 (4): 188-217.

Ye L, Li Z L, Hu Y S, et al., 2016. Trace elements in sulfide from the Tianbaoshan Pv-Zn depsosit, Sichuan province, China: A LA-ICP-MS study. Acta Petrologica Sinica, 32: 3377-3393.

Ye M F, Li X H, Li W X, et al., 2007. SHRIMP zircon U–Pb geochronological and whole-rock geochemical evidence for an early Neoproterozoic Sibaoan magmatic arc along the southeastern margin of the Yangtze Block. Gondwana Research, 12(1-2): 144-156.

Yudovskaya M A, Distler V V, Chaplygin I V, et al., 2006. Gaseous transport and deposition of gold in magmatic fluid: Evidence from the active Kudryavy volcano, Kurile Islands. Mineralium Deposita, 40(8): 828-848.

Zeng J, Fan Y, Lin W, 2002. The lead and sulfur isotopic tracing of the source of ore-forming material in Jinshan gold Deposit in Jiangxi Province. Geoscience, 16: 170-176.

Zeng Q, Nekvasil H, 1996. An associated solution model for albite-water melts. Geochimica et Cosmochimica Acta, 60(1): 59-73.

Zeng Z G, Chen D G, Yin X B, et al., 2010. Elemental and isotopic compositions of the hydrothermal sulfide on the East Pacific Rise near 13°N. Science China Earth Sciences, 53(2): 253-266.

Zeng Z G, Chen S, Selby D, et al., 2014. Rhenium-osmium abundance and isotopic compositions of massive sulfides from modern deep-sea hydrothermal systems: Implications for vent associated ore forming processes. Earth and Planetary Science Letters, 396: 223-234.

Zeng Z G, Ma Y, Chen S, et al., 2017. Sulfur and lead isotopic compositions of massive sulfides from deep-sea hydrothermal systems: implications for ore genesis and fluid circulation. Ore Geology Reviews, 87: 155-171.

Zezin D Y, Migdisov A A, Williams-Jones A E, 2011. PVTx properties of H_2O-H_2S fluid mixtures at elevated temperature and pressure based on new experimental data. Geochimica et Cosmochimica Acta, 75(19): 5483-5495.

Zhan L G, 1989. Lead isotopic compositions of feldspars and ores and their geologic significance. Chinese Journal of Geochemistry (English Language Edition), 8(1): 25-36.

Zhang Z X, Li N, Geng X X, et al., 2021. Fluid inclusions, isotopes, and geochronology data constraints on the mineralization of the Carboniferous volcanogenic massive sulfide Xiaorequanzi Cu-Zn deposit in the East Tianshan, NW China. Ore Geology Reviews, 139: 104505.

Zhao C, Ni P, Wang G G, et al., 2013. Geology, fluid inclusion, and isotope constraints on ore genesis of the Neoproterozoic Jinshan orogenic gold deposit, South China. Geofluids, 13(4): 506-527.

Zhao L Q, Ni P, Li W S, et al., 2024. The genesis of the Tianbaoshan Pb Zn deposit in Sichuan, SW China: Insights from sphalerite and fluid inclusion compositions. Journal of Geochemical Exploration, 259: 107424.

Zhong W B, Zhang J, Wang J, et al., 2017. A comprehensive analysis of research status of stable isotope geochemistry in leadzinc deposits of Sichuan-Yunnan-Guizhou (SYG) Pb-Zn metallogenic province. Mineral Deposits, 36 (1): 200-218.

Zhou J C, Wang X L, Qiu J S, 2009. Geochronology of Neoproterozoic mafic rocks and sandstones from northeastern Guizhou, South China: Coeval arc magmatism and sedimentation. Precambrian Research, 170(1-2): 27-42.

Zhou J X, Gao J G, Chen D, et al., 2013. Ore genesis of the Tianbaoshan carbonate-hosted Pb–Zn deposit, Southwest China: Geologic and isotopic (C–H–O–S–Pb) evidence. International Geology Review, 55(10): 1300-1310.

Zhou J X, Luo K, Wang X C, et al., 2018. Ore genesis of the Fule Pb Zn deposit and its relationship with the Emeishan Large Igneous Province: Evidence from mineralogy, bulk C O S and in situ S Pb isotopes. Gondwana Research, 54: 161-179.

Zhou Q, Jiang Y H, Zhang H H, et al., 2013. Mantle origin of the Dexing porphyry copper deposit, SE China. International Geology Review, 55(3): 337-349.

Zierenberg R A, Koski R A, Morton J L, et al., 1993. Genesis of massive sulfide deposits on a sediment-covered spreading center, Escanaba trough, southern Gorda Ridge. Economic Geology, 88(8): 2069-2098.

Zou H, Fang Y, Xu Z Z, 2013. The Source of Ore-Forming Material in Barite-Fluorite Deposits, Southeast Sichuan in China: Sr Isotope Evidence. Applied Mechanics and Materials, 395-396: 187-190.

Zou H, Zhang S T, Chen A Q, et al., 2016. Hydrothermal fluid sources of the fengjia barite-fluorite deposit in southeast sichuan, china: evidence from fluid inclusions and hydrogen and oxygen isotopes. Resource Geology, 66(1): 24-36.

Zou H, Li M, Bagas L, et al., 2020. Fluid composition and evolution of the Langxi Ba-F deposit, Yangtze Block, China: New Insight from LA-ICP-MS study of individual fluid inclusion. Ore Geology Reviews, 125: 103702.

Zou H, Li M, Santosh M, et al., 2022. Fault-controlled carbonate-hosted barite-fluorite mineral systems: The Shuanghe deposit, Yangtze Block, South China. Gondwana Research, 101: 26-43.

第 1 单元　工程材料及热处理训练报告

一、基本理论与基础知识部分

按照教材所述和指导教师讲授的内容，在预习、听讲、操作的基础上，完成下列简答题。

1. 什么是钢的热处理？什么是表面热处理？

2. 简述淬火和回火的定义及其作用。

3. 什么是调质处理？调质处理的作用是什么？

4. 简述金相试样的制备过程。

5. 简述洛氏硬度计（HR-150A）的操作方法。

二、基本技能与实践操作部分

根据实训室实际加工的内容和所用仪器设备等，完成下列记录加工过程、内容、结果的实际操作题。

1. 请将在实训室和热处理车间使用的加热炉的名称及相关参数、构成等信息填入下表。

序号	电炉名称	型号	最高温度	主要构成	主要使用场合
1					
2					
3					
4					
5					

2. 请将实习训练中做过的几种热处理工艺方法及测试结果按要求填入下表。

工件材料	热处理方法	加热温度	保温时间	冷却方法	测试结果

3. 用铅笔手工画出 45 钢退火后的金相组织简图。

4. 试对比 45 钢淬火后实测硬度值与理论值，分析产生偏差的可能原因。

成绩		评阅人		年　月　日

第 2 单元　铸造成形训练报告

一、基本理论与基础知识部分

按照教材所述和指导教师讲授的内容，在预习、听讲、操作的基础上，完成下列简答题。

1. 什么是铸造？铸造生产的特点是什么？

2. 湿型砂通常由哪些材料按比例混合而成？各组成材料的作用是什么？

3. 浇注系统由哪几部分组成？各部分的作用是什么？

4. 手工造型起模时为什么要在模样周围的型砂上刷水？

5. 冒口和冷铁的作用是什么？各有哪几种类型？它们应设置在铸件的什么位置？

6. 挖砂造型时对修分型面有何要求？

二、基本技能与实践操作部分

根据实训室实际加工的内容和所用仪器设备等，完成下列记录加工过程、内容、结果的实际操作题。

1. 画出整模造型铸件图，写出造型所用工具名称及作用，简述造型过程。

造型工具：

序号	名称	作用	序号	名称	作用
1			6		
2			7		
3			8		
4			9		
5			10		

造型过程：

2. 画出挖砂造型铸件图、铸型装配图，写出造型过程。

3. 测量你所制作的砂型浇道的尺寸数据。

项目	长 /mm	宽 /mm	深 /mm
横浇道			
内浇道（前端）			
内浇道（后端）			

4. 写出所用浇注金属材料的名称、牌号、浇注温度，对铸件铸造缺陷产生的原因进行分析。

成绩		评阅人		年　月　日

第 3 单元　锻压成形训练报告

一、基本理论与基础知识部分

按照教材所述和指导教师讲授的内容，在预习、听讲、操作的基础上，完成下列简答题。

1. 什么是锻压？简述锻压成形加工的特点及应用。

2. 氧化、脱碳、过热和过烧的实质是什么？它们对锻件质量有何影响？

3. 模锻和胎模锻有什么区别？

4. 什么是始锻温度和终锻温度？低碳钢和中碳钢的始锻温度和终锻温度范围各是多少？各呈什么颜色？

5. 简述空气锤的工作原理。

6. 日常使用的不锈钢锅、铝合金锅以及铁锅是冲压加工而成的吗？为什么？

二、基本技能与实践操作部分

根据实训室实际加工的内容和所用仪器设备等，完成下列记录加工过程、内容、结果的实际操作题。

1. 手工绘制锻件图，标注尺寸及公差，将相关参数填入表中，简述锻造工艺过程。

零件名称	
毛坯材料规格	
材料牌号	
始锻温度	
终锻温度	

2. 实测题 1 锻件完成件的尺寸，并对完成件质量进行分析，说明产生缺陷的原因。

项目	理论尺寸	学生自测	教师测量
A			
B			
C			
D			

3. 手工绘制冲压件图，标注尺寸及公差，将相关参数填入表中，简述冲压工艺过程。

零件名称	
毛坯材料规格	
材料牌号	
压力机型号	
压力机吨位	

4. 实测题 3 冲压件完成件的尺寸，并对完成件质量进行分析，说明产生缺陷的原因。

项目	理论尺寸	学生自测	教师测量
A			
B			
C			
D			

成绩		评阅人		年　月　日

第 4 单元　焊接成形训练报告

一、基本理论与基础知识部分

按照教材所述和指导教师讲授的内容，在预习、听讲、操作的基础上，完成下列简答题。

1. 简述熔焊、压焊、钎焊各自的定义。

2. 焊条电弧焊的焊条由哪几部分组成？各起什么作用？

3. 简述氧气切割与等离子切割的不同之处（工作原理和应用范围）。

4. 简述氩弧焊和 CO_2 气体保护焊的各自特点和适用焊接材料。

5. 点焊机示意图如右图所示，试写出各部分的名称，并简述点焊的工作原理。

1. ________2. ________3. ________4. ________

5. ________6. ________7. ________8. ________

9. ________

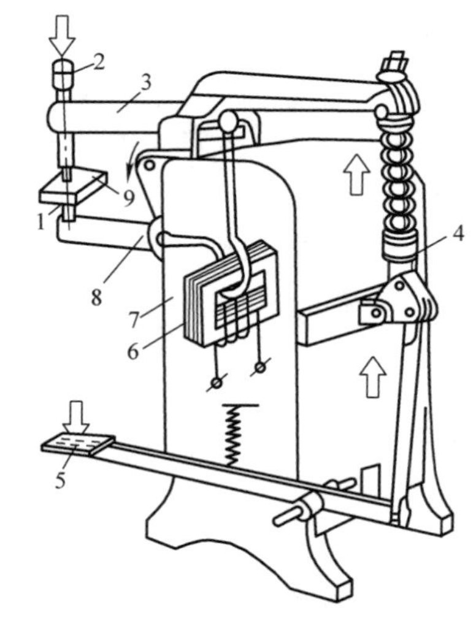

二、基本技能与实践操作部分

根据实训室实际加工的内容和所用仪器设备等，完成下列记录加工过程、内容、结果的实际操作题。

1. 写出训练中所使用的交流弧焊机和焊接材料相关参数

焊机型号		电流调节范围 /A	
初级电压 /V		焊条型号	
空载电压 /V		焊条牌号	
工作电压 /V		母材材料牌号	
额定输入功率 /kV · A		母材规格尺寸 /mm	

2. 手工绘制焊条电弧焊焊接过程简图，简述焊接工艺（包括焊接接头形式、坡口形式、焊接位置以及焊接参数的选择等），并对试件进行质量分析。

3. 保持焊接速度、焊接角度不变，调节焊接电流，在给定值的基础上上下浮动约 30%，试对焊接结果进行分析。

4. 汽车车身、轮船船体、压力容器、房屋屋梁、桥梁分别宜采用什么焊接方法？简述理由。

成绩		评阅人		年　月　日

第 5 单元 陶艺制作训练报告

一、基本理论与基础知识部分

按照教材所述和指导教师讲授的内容，在预习、听讲、操作的基础上，完成下列简答题。

1. 简述陶泥和瓷泥的主要成分、特点和用途。

2. 简述 5 种陶艺最基本的成形工艺方法、应用特点及注意事项。

3. 简述拉坯成形的制作步骤。

4. 试比较在陶瓷坯体上进行装饰和在釉上或釉下彩绘装饰的工艺特点与应用。

5. 简述烧制过程中的装窑方式、烧制曲线、烧制气氛、烧制温度和烧制时间对陶艺作品品质的影响。

二、基本技能与实践操作部分

根据实训室实际加工的内容和所用仪器设备等，完成下列记录加工过程、内容、结果的实际操作题。

1. 手绘所构思的陶艺作品示意图，并在右侧列出所使用的成形工具、成形方法种类与名称，并写出成形步骤、装饰方法。

2. 针对成形完毕的陶艺作品，分析制作过程中需要改进或者完善的地方。烧制所用窑炉属于何种类型？采用的烧制温度和烧制时间是多少？

成绩		评阅人		年　月　日

第6单元　车削加工训练报告

一、基本理论与基础知识部分

按照教材所述和指导教师讲授的内容，在预习、听讲、操作的基础上，完成下列简答题。

1. 试写出卧式车床主要组成部分的名称及作用。

2. 车刀损坏的原因有哪些？如何正确安装车刀？

3. 简述车削时试切的目的，并写出其方法与步骤。

4. 车削加工时，如需变换主轴转速，应在什么情况下进行？为什么？

5. 加大吃刀量时，如果刻度盘多转了 3 格，直接退回 3 格可以吗？为什么？

二、基本技能与实践操作部分

根据实训室实际加工的内容和所用仪器设备等，完成下列记录加工过程、内容、结果的实际操作题。

1. 短轴零件图如下图所示，写出其毛坯种类、材料牌号、安装方法，并编制加工工艺过程卡。

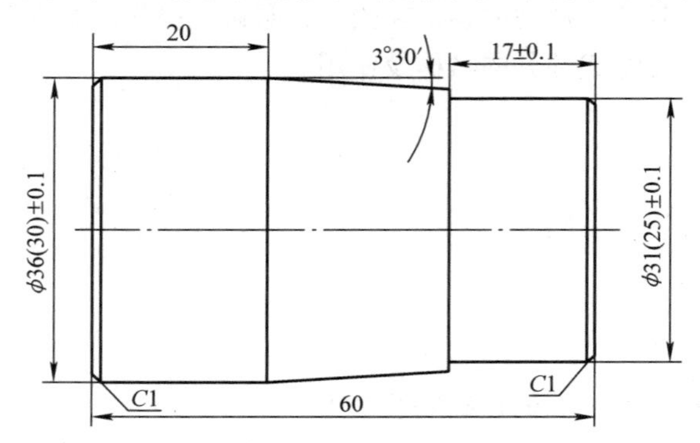

序号	工序内容	工艺简图（画出定位基准符号）	使用的机床、工具、量具

2. 实训题 1 的短轴加工主要尺寸测量结果。

序号	理论尺寸 /mm	学生自测	教师测量
1	17±0.1		
2	3°30′		
3	D±0.1		
4	d±0.1		

3. 轴零件图如下图所示，写出其毛坯种类、材料牌号、安装方法，并编制加工工艺过程卡。

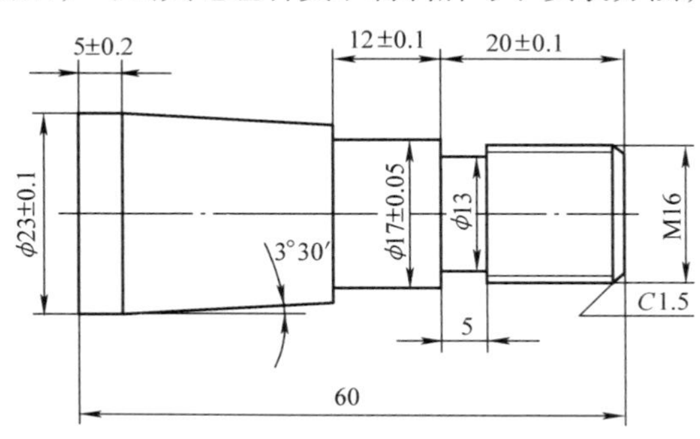

序号	工序内容	工艺简图（画出定位基准符号）	使用的机床、工具、夹具

（续）

序号	工序内容	工艺简图（画出定位基准符号）	使用的机床、工具、夹具

4. 实训题 3 的轴加工主要尺寸测量结果。

序号	理论尺寸 /mm	学生自测	教师测量
1	$\phi17\pm0.05$		
2	M16		
3	$\phi23\pm0.1$		
4	12 ± 0.1		
5	$3°30'$		

成绩		评阅人		年　月　日

第 7 单元　铣削加工训练报告

一、基本理论与基础知识部分

按照教材所述和指导教师讲授的内容，在预习、听讲、操作的基础上，完成下列简答题。

1. 简述铣削加工的特点和应用。

2. 试比较顺铣和逆铣的特点（从刀具寿命、装夹稳固性、工作台运行平稳性等方面）及其应用。

3. 铣削时为什么要停机变速、开机对刀?

4. 简述常用的铣床附件以及各自的应用场合。

5. 用 V 形架安装轴类零件铣键槽时，如何保证键槽相对于轴中心线的对称度?

二、基本技能与实践操作部分

根据实训室实际加工的内容和所用仪器设备等，完成下列记录加工过程、内容、结果的实际操作题。

1. 手绘所铣削的多边形零件示意图，填写工艺说明表及加工结果测量表。

工艺说明表：

毛坯种类		毛坯尺寸		毛坯材料	
机床型号		机床功率		机床编号	
分度头型号		分度头中心高		量具名称	
量具规格		刀具名称		刀具规格	
铣削速度 /(m/min)		进给速度 /(mm/min)		吃刀量 /mm	

加工结果测量表：

项目	具体尺寸	学生自测	教师测量
理论尺寸Ⅰ			
理论尺寸Ⅱ			
理论尺寸Ⅲ			
理论尺寸Ⅳ			

2. 小锤头零件图如下图所示，在图右侧写出毛坯种类、材料牌号、铣削安装方法，并编制加工工艺过程卡。

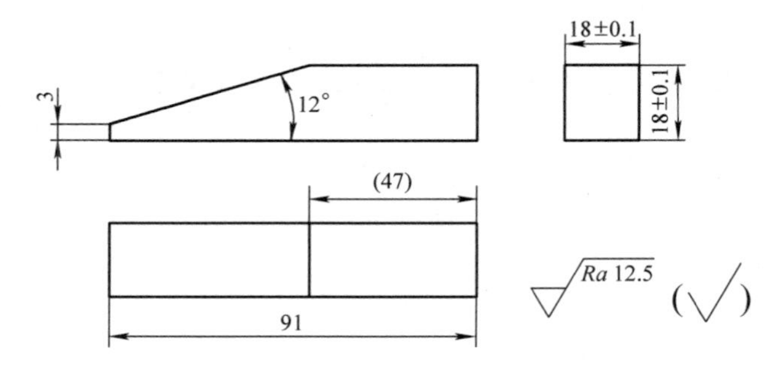

序号	工序内容	工艺简图（画出定位基准符号）	使用的机床、工具、量具

3. 实训题 2 的小锤头加工主要尺寸测量结果。

序号	理论尺寸 /mm	学生自测	教师测量
1	18±0.1（1）		
2	18±0.1（2）		
3	17°		
4	3		

成绩		评阅人		年　月　日

第 8 单元　钳工训练报告

一、基本理论与基础知识部分

按照教材所述和指导教师讲授的内容，在预习、听讲、操作的基础上，完成下列简答题。

1. 钳工的基本操作主要有哪些？

2. 加工前为什么要对毛坯或半成品进行划线？常用的划线工具有哪些？

3. 选择锉刀的大小、形状和粗细的依据是什么？

4. 锯条如何划分粗、中、细齿的？如何正确选用？

5. 简述攻螺纹的操作要领。

二、基本技能与实践操作部分

根据实训室实际加工的内容和所用仪器设备等，完成下列记录加工过程、内容、结果的实际操作题。

1. 选做题。图 a 为螺母零件图，每人做一件；图 b 为燕尾配合件图，两人组合各做其一，完成配合件。在空白处写出毛坯种类、材料牌号，编制加工工艺过程卡。

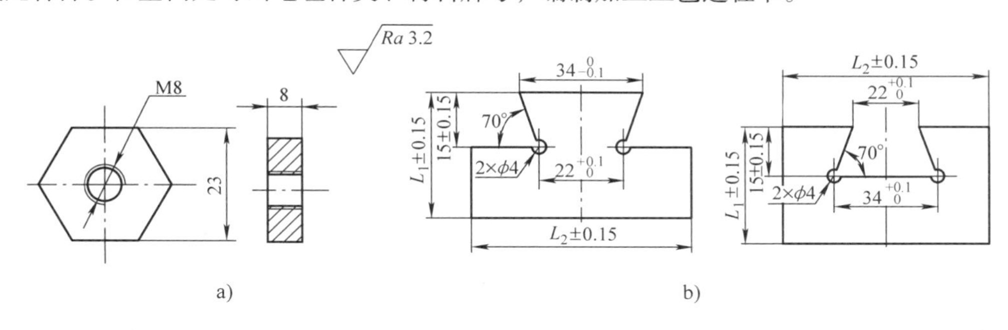

a)　　　　　b)

序号	工序内容	工艺简图（画出定位基准符号）	使用的机床、工具、量具

2. 实训题 1 的螺母 / 燕尾配合件加工主要尺寸测量结果。

序号	理论尺寸 /mm		学生自测	教师测量
	螺母	燕尾		
1	23（用样板检测）	$34_{-0.1}^{0}/22_{0}^{+0.1}$		
2	8	15±0.15		
3	M8	70°		
4	*Ra* 3.2μm	L_2±0.15		

3. 锤头零件图如下图所示，在图右侧空白处写出毛坯种类、材料牌号，编制加工工艺过程卡。

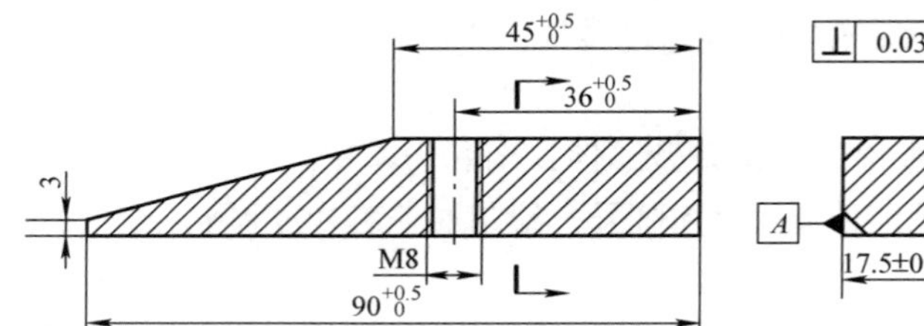

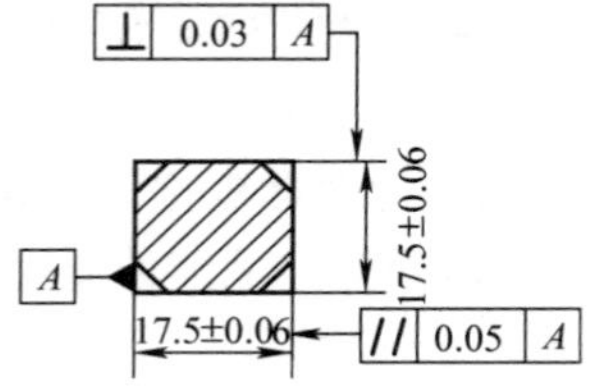

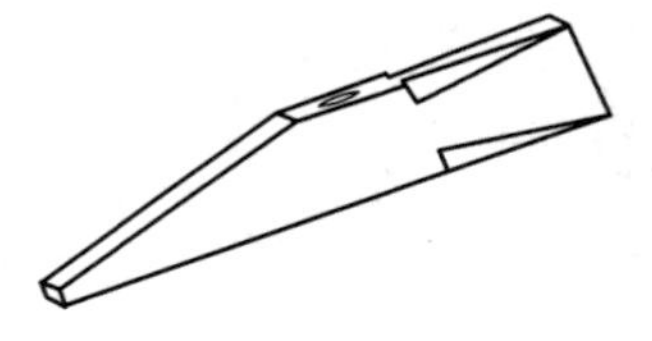

序号	工序内容	工艺简图（画出定位基准符号）	使用的机床、工具、量具

4. 实训题 3 的锤头主要加工尺寸测量结果。

序号	理论尺寸	学生自测	教师测量
1	17.5mm±0.06mm		
2	平行度 0.05		
3	垂直度 0.03		
4	倒角 *C*2		
5	表面粗糙度 *Ra* 3.2μm		

成绩		评阅人		年　月　日

第 9 单元　数控车削加工训练报告

一、基本理论与基础知识部分

按照教材所述和指导教师讲授的内容，在预习、听讲、操作的基础上，完成下列简答题。

1. 简述数控车削加工工艺特点（与普通车削相比）。

2. 简述数控车床的组成、分类和用途。

3. 数控车床工件坐标系有哪几个坐标轴？如何建立工件坐标系？

4. 简述数控车床对刀的基本过程。

5. 试解释 G70、G73 指令的含义及作用。

二、基本技能与实践操作部分

根据实训室实际加工的内容和所用仪器设备等，完成下列记录加工过程、内容、结果的实际操作题。

1. 零件图如下图所示，在图右侧空白处写出机床名称、型号、数控系统代号、毛坯种类、规格尺寸、材料牌号，编制加工工艺方案。

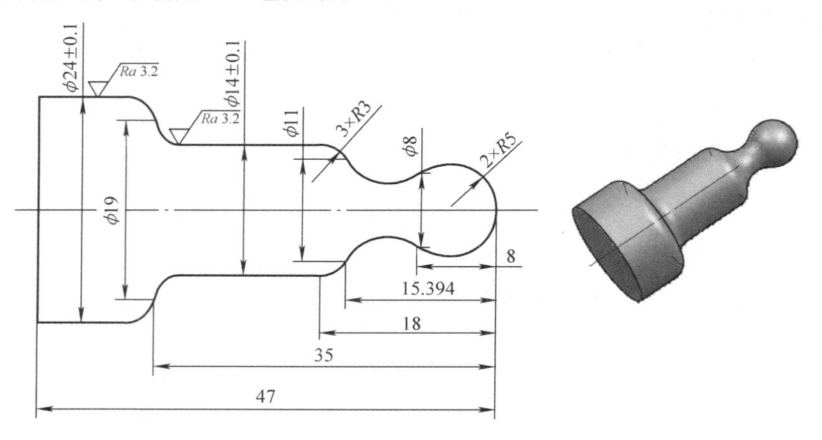

序号	工序内容	参数设置、刀具选择、加工说明

编程：

段号	程序	说明

2. 自主设计零件图，手绘在下面空白处。材料为铝合金棒料，直径为 ϕ25mm，编写数控车削加工程序，并完成粗、精加工。要求，工件设计长度尺寸控制在 60mm 以内，工件直径最细处不能小于 6mm。

编程：

段号	程序	说明

成绩		评阅人		年　月　日

第 10 单元　数控铣削加工训练报告

一、基本理论与基础知识部分

按照教材所述和指导教师讲授的内容，在预习、听讲、操作的基础上，完成下列简答题。

1. 简述数控铣削加工工艺特点（与普通铣削相比）。

2. 简述数控铣床的组成、分类和用途。

3. 建立工件坐标系时，坐标系原点位置的选择应注意哪些原则？

4. 简述数控铣削对刀的基本过程。

5. 简述数控铣削加工编程中，G17、G18、G19 指令的含义及作用。

二、基本技能与实践操作部分

根据实训室实际加工的内容和所用仪器设备等，完成下列记录加工过程、内容、结果的实际操作题。

1. 在数控铣床上加工如下图所示方形凸模轮廓外形，在图右侧空白处写出机床名称、型号、数控系统代号、毛坯尺寸（A、B、H 未加工前的尺寸）、材料牌号，编制加工工艺方案。写出数控加工程序单。

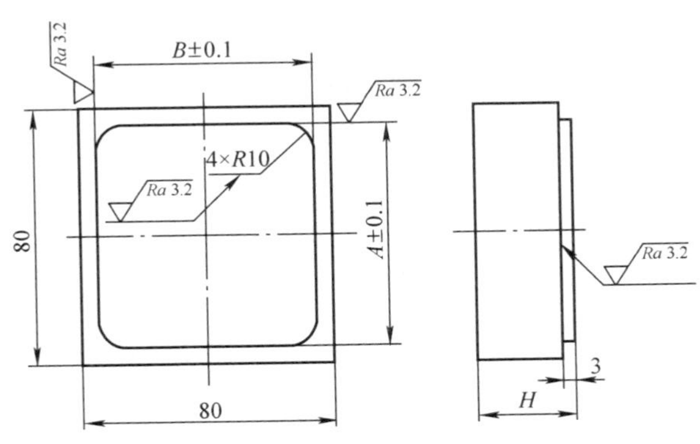

序号	工序内容	参数设置、刀具选择、加工说明

编程：

段号	程序	说明

2. 实训题 1 所示零件加工主要尺寸测量结果。

序号	理论尺寸	学生自测	教师测量
1	$A\pm0.1$		
2	$B\pm0.1$		
3	深度 3		
4	表面粗糙度值 Ra 3.2μm		

3. 自主用 CAD 软件设计零件图（见示例），并手绘示意图于示例图右侧。写出数控加工程序单，完成加工。毛坯大小 70mm × 60mm × 10mm，材料为聚酯塑料，用雕刻刀进行加工，深度为 0.2mm，转速为 1000r/min，进给速度为 300mm/min。

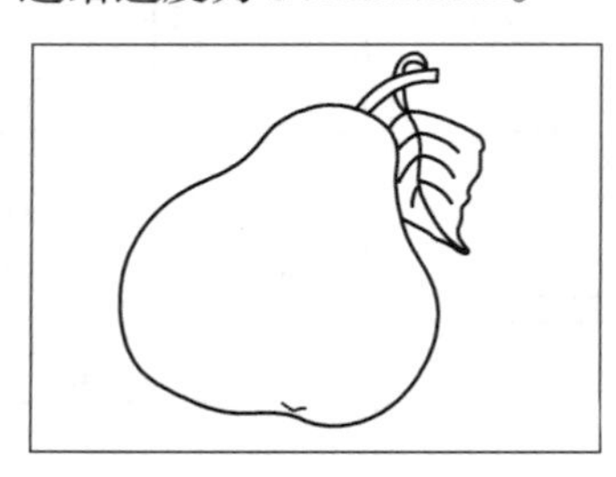

编程：

段号	程序	说明

成绩		评阅人		年　月　日

第 11 单元　特种加工训练报告

一、基本理论与基础知识部分

按照教材所述和指导教师讲授的内容，在预习、听讲、操作的基础上，完成下列简答题。

1. 简述线切割加工的原理、特点及应用。

2. 简述线切割加工的操作步骤。

3. 简述激光加工的原理、特点及应用。

4. 简述熔融沉积快速成形工作原理。

5. 简述超声波加工的原理、特点与加工应用。

二、基本技能与实践操作部分

根据实训室实际加工的内容和所用仪器设备等，完成下列记录加工过程、内容、结果的实际操作题。

1. 试写出所用线切割设备的名称、型号、加工范围以及基本构成。

2. 线切割加工零件图如下图所示，请按照图上尺寸生成线切割加工程序并操作设备加工出零件。实测零件和余料尺寸，将相关参数及所测尺寸填入下表，计算放电间隙。（ϕ3mm 孔可用钻床加工）

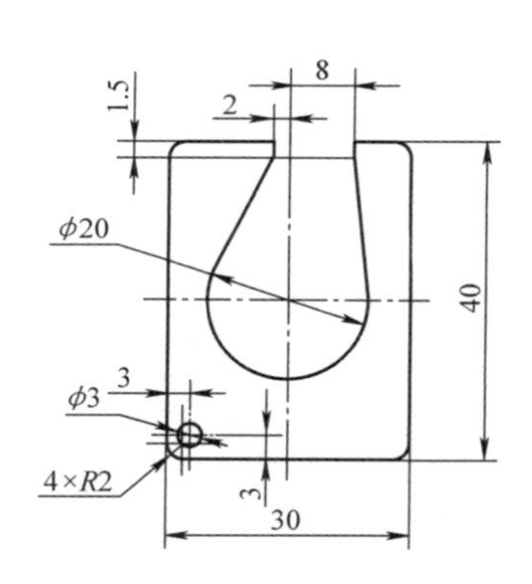

工件材料	
电极材料	
工件极性	
电极极性	
脉冲宽度	
脉冲间隔	
30mm（零件 / 余料）	
ϕ20mm（零件 / 余料）	

3. 手工绘制激光切割加工零件简图，将相关参数填入下表。操作设备加工出零件，实测尺寸记录后，计算激光加工切缝大小。

工件材料	
切割速度	
空程速度	
缩放系数	
能量等级	

4. 绘制熔融沉积成形加工零件示意图，将相关参数填入下表。操作设备加工出零件，对成形质量进行分析。

设备名称	
设备型号	
成形材料	
成形件尺寸	
成形时间	

成绩		评阅人		年　月　日

训练总结

请你对本次工程训练做简要总结，谈谈你的整体印象，并结合几个印象比较深刻的训练项目，从教学内容、教学效果、教师的教学态度、教学方法、教学水平等方面，说说你的收获与体会、意见与建议等。字迹清晰整洁，字数约 500 字。

成绩		评阅人		年　月　日